一本书读懂

翡翠

杨德立 著

用新视角讲述翡翠的书

历史和现状资料十分丰富的书

把翡翠来龙去脉说清楚了的书

行内行外都有看点的书

U0390807

云南出版集团公司

云南科技出版社

·昆 明·

图书在版编目（ＣＩＰ）数据

一本书读懂翡翠 / 杨德立著. -- 昆明 : 云南科技
出版社，2014.3
ISBN 978-7-5416-8027-4

Ⅰ．①一… Ⅱ．①杨… Ⅲ．①翡翠－基本知识 Ⅳ.
①TS933.21

中国版本图书馆CIP数据核字(2014)第054344号

责任编辑：赵伟力
　　　　　唐坤红
　　　　　李凌雁
整体设计：晓　晴
责任校对：叶水金
责任印制：翟　苑

云南出版集团公司
云南科技出版社出版发行
（昆明市环城西路609号云南新闻出版大楼　邮政编码：650034）
昆明高湖印务有限公司印刷　全国新华书店经销
开本：787mm×1092mm　1/16　印张：20.5　字数：440千字
2014年5月第1版　　2021年4月第2次印刷
定价：268.00元

最近三五年在书市难得见到有理论、实践强的书了，今天终于看到了，这就是杨校长德立先生的《一本书读懂翡翠》。

目前全国上下各行各业迷漫着浮躁心理，没有接触过翡翠的去写翡翠教材，没真正搞过翡翠商贸的去写翡翠商贸，从来不敢买块翡翠毛料切切赌赌的去写赌石；黄龙玉刚进入市场还没搞清楚它是怎么回事的时候，就忙着去写"标准"。结果大批谬误百出的垃圾书垃圾标准在睡大觉。

世事洞明皆学问，人情练达即文章。德立先生为什么在经济下滑翡翠市场低迷的时候出版此书？实际上他在上世纪九十年代初已是昆明宝石学校的校长了，宝石教学十多年，并写出了大中专宝玉石教材。但他一直不敢去写全面论述翡翠的书，因为他认为自己还缺少实践。

退休后他融入珠宝市场十多年，有次他感慨地对我说：目前的珠宝教学与市场完全是两码事，教学与实践严重脱节。他参与珠宝市场运作一段时间后如鱼得水，把理论知识很快运用到经营实践中，借助中国经济的快速发展，协助他服务的珠宝企业，从小到大发展到全云南省数一数二。从买料切料、设计加工，到培训销售，翡翠链的全过程他都反复经历了。这时他感觉到，也是责任心驱使，可以去写翡翠书了。这种精神这种作风在当今难能可贵。从写翡翠的微观世界到翡翠的宏观世界，从翡翠玉文化到翡翠商品贸易，从翡翠的地质产出到翡翠的技术指标，翡翠的各个方面他都用心去挖掘它们的本质，每一部分都有自己的创新亮点，达到了相当的广度和深度。而且他的文笔流畅，全书谋篇布局严谨。这需具备许多综合知识，如宝石地质学、宝石矿物学、历史学、商贸学、物理学、化学、美学等。所以说，一本好书是作者多年的综合知识与文字功夫的积累，是综合素质的表现，而不是乱编乱抄乱凑。

从周经伦老师的世界第一部翡翠书《云南相玉学》到现在杨老师的此书，其间，我给有关翡翠的书写序言已超过十部了。这些翡翠书各有侧重，周经伦老师侧重写缅甸玉石矿山的场口及赌石；张竹邦老师的《翡翠探秘》侧重于翡翠的历史文化；戴铸明老师的《翡翠鉴赏与选购》侧重于真伪与质检；而杨德立老师的《一本书读懂翡翠》较为全面但侧重于商贸与理论。他们代表着云南学派对翡翠研究的深度，标志着翡翠研究的方向。但目前仍存在一些空白，如缅甸翡翠的地质特征与成矿条件及其成矿理论等。我相信一定会有人去解决这些问题。

写书是一件很痛苦的事，在这个浮躁的社会能静下心来去写内容那么丰富那么厚的一本书，那要有多大的毅力呀！其他姑且不说，就这一点我也要向杨校长德立先生学习致敬！

前言 石头里的那些事和情
SHITOU LI DE NAXIE SHI HE QING

翡翠，一个美丽的名字，在东方的大地上传扬。她时而变幻出七色的迷彩，时而播撒出温润的吉祥，时而披掩着神秘的面纱，时而惊爆出高昂的身价……

有人说，她是一个精灵，一个采日月之精华，集天地之灵气的精灵。也许，这是对的。因为，大约在一亿年前，我们的地球母亲正经历着一场巨大的变动，到处是岩浆活动、火山喷发、海洋进退、陆地隆陷，天外巨大的流星，也猛烈地撞击。恐龙灭绝了，很多物种消失了。而就在此时，印度板块与欧亚板块碰撞，欧亚板块向上仰冲，形成了喜马拉雅山系和横断山系，印度板块向下俯冲，被压在两座大山底下，形成了"高压低温"的"地宫"，于是，这个精灵，这个绿色的精灵，就在地球的那个偏僻的角落里诞生了。

尔后，经过八千多万年漫长的地质年代，地球母亲又孕育出了我们人类，她同时用山崩地裂、海啸洪冲，把这个精灵暴露出地表。于是，斗转星移，当太阳和月亮轮流滋润着地球，大地一片安详的时候，在那片遥远的蛮荒之地，我们东方的人类，与这个精灵相遇了。

其实，她不是精灵，她是翡翠，一种美丽的石头。当她来到这个奇异的国度，这个从赶马粗夫到帝王千金都即将认识她的民族中，谁都不曾想到，她竟然可以演绎出如此丰饶美丽而又惊心动魄的故事。

这是为什么？她带有何种自然密码？经历过怎样的曲折坎坷？如何与古老的文明相亲相融？具有哪些独特的高贵品质？何以被大师们心领神悟，雕治绝美？何以受万众瞩目，疯狂追逐？而最终，她又怎样通过光怪陆离的市场，来到寻常百姓家，与我们做伴，代代相传？

很多事，无数情。我愿和读者朋友们一起，走近她，探个究竟。

目 录
CONTENTS

FEICUI
DE ZIRAN SHUXING
翡翠
的自然属性

翡翠从进入中国玉石大家族之日起，就携带了她特有的自然属性、文化属性和商品属性。我们把她在自然界生成的性质称为自然属性。在自然科学中，她属于非金属矿物，人们已经用地质学、矿物学、物理学（光学、色彩学、力学）、化学、材料学等，对她进行了全面的研究。

软玉不是指翡翠之外的所有玉石。法国人把翡翠称为硬玉，和田玉称为软玉。这只是分别专指这两种玉，这只是翡翠发展史上的一个插曲，不可推而广之。

翡翠与和田玉都是中国人奉为至宝的玉石，尤其是翡翠，被称为"玉中之王"。然而，最早用现代矿物学理论和方法研究它们的，却是法国矿物学家德穆尔（A.Damour）。德穆尔于1846~1863年间，对从中国得到的这两种"帝王玉"样品进行了分析研究，结果认为：翡翠是单链状的辉石类矿物，可用$NaAlSi_2O_6$表示；和田玉是双链状的角闪石矿物，可用$CaMg_5[Si_4O_{11}]_2(OH)_2$（透闪石）和$Ca_2(Mg, Fe^{2+})_5[Si_4O_{11}]_2(OH)_2$（阳起石）表示。他依据两者摩氏硬度的差别，将相对较硬（6.5~7）的翡翠命名为"Jadeite"，意译为硬玉，相对较软（6~6.5）的和田玉命名为"Nephrite"，意译为软玉。

尔后，国际矿物协会（IMA）确认：软玉（透闪石—阳起石）是已知矿物品种，而硬玉则是一种新发现的矿物品种；同时，采纳了硬玉和软玉这两个名称。从此，这两种玉石就分别有了两个名字，一个是中国人取的，另一个是法国人取的。长期以来，一玉两名和两玉四名在国内引起了种种误读，例如把翡翠之外的所有玉石都划为软玉等，实为错误。其实，这两种玉无论发现、取名、历史、使用、热爱、最大的市场等，都在中国，我们应该用自己取的名字直呼其名，简单而又明了。而在国际交流译成外文时，应按中国取的名字用汉语拼音直译为"Feicui"和"Hetianyu"。这正如外国的宝石被中国直译过来一样，例如托帕石，译自"Topaz"，坦桑石，译自"Tanzanite"，这并不深奥，也不费解，对等而已。

现在，随着翡翠市场的迅速发展，国内珠宝科学工作者以现代科学的方法和手段对翡翠的研究亦步步深入，翡翠的自然属性比150多年前的德穆尔时代，已经长足进展，更加丰富，更加清楚了。

翡翠的物质组成

一 翡翠的化学成分

迄今为止，国内外学术界对翡翠的化学成分表达式的研究较为统一，给出的是$NaAlSi_2O_6$。

此表达式在化学上可称为连硅酸铝钠（若称"硅酸铝钠"则错），可归为钠铝硅酸盐大类。但是，在矿物中它并不是单分子化合物，而是多原子晶体，因此，称"连硅酸铝钠"还不准确。此表达式只是最简式，或称实验式，它只能表示该晶体中钠Na、铝Al、硅Si、氧O四种原子的原子个数比或摩尔（mol）数之比为$1:1:2:6$，它不能表示真实的晶体结构，即晶体中各原子的空间关系、化学键、晶格形状等等。同样，有很多资料用Na_2O、Al_2O_3、SiO_2等氧化物形式表示翡翠的化学组成，也只能表示各元素的质量百分含量，而不能揭示其真实的晶体结构。有不少人以此认为翡翠是由这些氧化物混合组成的，实在是误解，翡翠的组成中根本就不存在这些氧化物。

现代的研究发现，翡翠是一种由多种矿物组成的复杂集合体。被取名为硬玉的$NaAlSi_2O_6$只是其中的一种主要矿物。那么，这种主要矿物——硬玉的晶体到底是怎样构成的呢？

以氧化物形式表示元素的质量百分含量，是分析化学中对送检样品所有组成元素进行全分析时的一种表示方法，因较为专业而不再进一步解释。

二 硬玉晶体的结构

1. 硬玉晶体的基本单元

硬玉晶体的基本单元是硅氧正四面体，其空间结构如图1-1-1所示。在硅氧四面体中，1个硅原子位于正四面体的中心，4个氧原子位于4个顶角，硅原子与氧原子共用一对电子形成极性共价键。硅原子的4个价电子用完，氧原子的2个价电子只用了一个，还剩余1个，因此整个硅氧四面体显-4价，可用结构简式表示如图1-1-2。

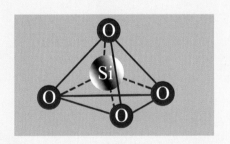

O
Si
O
O
O

图1-1-1　硅氧正四面体

4-
O
—O—Si—O—
O

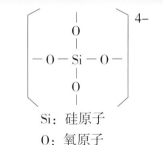

Si：硅原子
O：氧原子

图1-1-2　SiO_4^{4-}的结构简式

2. 硅氧单链的形成

每个硅氧四面体以共用2个顶角上的氧原子互相连接，无限个四面体沿连接的直线方向向两端延伸，形成一条链状的阴离子硅氧单链，如图1-1-3所示。

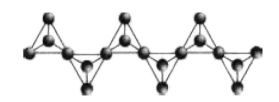

图1-1-3　辉石类矿物的硅氧单链

在阴离子硅氧链中，每两个四面体的电价数为-4，其配位数为2，刚好可以与1个钠离子Na^+和1个铝离子Al^{3+}以离子键结合，2个阳离子的电价数之和为+4，这样，阴、阳电荷平衡，形成一个链节，如图1-1-4所示。无限个这样的链节连接，就成为一条完整的钠铝硅氧链，按其原子个数比或摩尔数比，即：Na：Al：Si：O=1：1：2：6，便可写出最简式$NaAlSi_2O_6$。

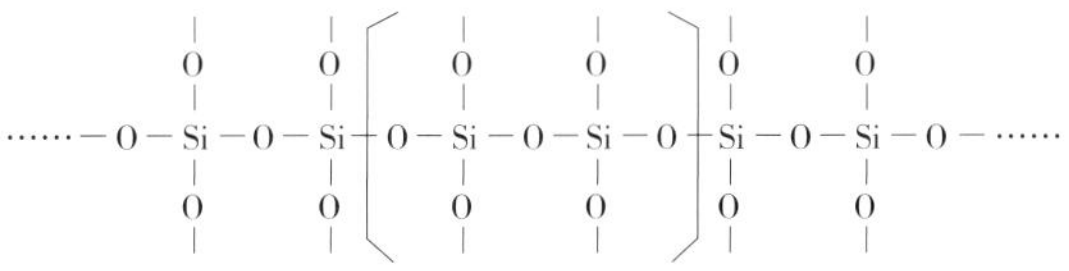

……—O—Si—O—Si—O—Si—O—Si—O—Si—O—Si—O—……

图1-1-4　辉石类硅氧单链中的链节

3. 硬玉晶体的形成

无限条钠铝硅氧链互相平行且360°全方位结合，链、链之间由Na^+和Al^{3+}的离子键交替作用，最终形成了硬玉的晶体。硬玉晶体的分子式可用下式表示：

$$\left[\!\!\!-NaAlSi_2O_6-\!\!\!\right]_n \qquad 其中 n \to \infty$$

硬玉晶体有如下特性：

（1）晶系：单斜晶系。

（2）解理：平行｛110｝完全。

（3）晶体常数：C_{2h}^6—$C2/c$；

a_0=0.9480～0.9423nm，b_0= 0.8562～0.8564nm，c_0= 0.5219～0.5223nm；

$\beta = 107°58' \sim 107°56'$。

（4）晶格质点：Na^+、Al^{3+}、$(Si_2O_6)^{4-}$。

（5）晶体形态：独立单晶极少见，通常为多晶集合体。在多晶集合体上常见四种形态：粒状、短柱状、长柱状、纤维状。

（6）晶体大小：$r<0.1mm$，肉眼不可见，宝石显微镜（大于80倍）可见，粒状，称为隐晶。$0.1mm<r<0.5mm$，肉眼隐约可辨，或10倍放大镜下可见，粒状或短柱状，称为微晶。$r>0.5mm$，肉眼可见，较大者长度可在10mm左右，十分明显，长柱状或纤维状，称为显晶。以上隐晶、微晶、显晶三类晶体常混杂集合，但微晶和显晶居多。

应该指出的是，以上六个特性中，晶格质点、晶体形态和晶体大小在翡翠的商品属性中特别重要。晶格质点涉及翡翠的矿物组成，因而涉及了商品的种类；晶体形态和大小涉及了翡翠的种质，因而涉及了商品的档次。

如果翡翠的晶体颗粒细微到隐晶质，致密而坚实，那么便是玻璃种级别的高档翡翠。

晶体越小，结合越紧密，翡翠品质越高。

三 硬玉晶体的类质同象替代

晶体晶格中的质点被其他类似的质点所替代，称为类质同象替代。类质，即类似的质点，主要是半径、电价、离子构型相类似；同象，由于替代的质点类似，故晶格常数变化很小，结构不变，晶形基本相同。类质同象替代现象在自然界产出的矿物中较为常见。

下面是硬玉晶体中的两种类质同象替代及产物。

1. 铝离子Al^{3+}的类质同象替代及产物

硬玉晶格中的铝离子Al^{3+}可被铬离子Cr^{3+}替代。就单个晶体而言，替代后转变为另一种矿物钠铬辉石$NaCrSi_2O_6$。然而就整个块体（集合体）来说，就产生了数量问题，即替代了多少？这一问题常用百分率来判定。

根据矿物学命名原则，两种以上矿物组成的复杂矿物集合块体中，某种矿物的含量≥80%时，方可用该矿物的名称命名这块多矿物集合体。

根据这一原则，上述替代未超过20%时，这块集合体仍叫硬玉；超过80%时，这块集合体就叫钠铬辉石。若两种矿物在20%与80%之间互相消长变动。则形成了一系列的连续的固溶体，可称为钠铝铬辉石。这一现象可表示如下：

2. 钠离子Na^+与铝离子Al^{3+}的同时替代及其产物

硬玉中的Na^+可以被钙离子Ca^{2+}替代，由于+1价与+2价电荷不平衡，则Al^{3+}同时会被镁离子Mg^{2+}、二价铁离子Fe^{2+}或三价铁离子Fe^{3+}替代而得到补偿。这是一种不完全替代，由此转变成了另一种矿物绿辉石（Ca，Na）（Mg，Fe^{2+}，Fe^{3+}，Al）Si_2O_6。

同样，当硬玉与绿辉石各占80%以上时，该块集合体各得其名；当两者在20%与80%之间共存时，会形成一系列连续的辉石类复杂的固溶体。

$$NaAlSi_2O_6 \rightleftharpoons Na（Al^{3+}，Cr^{3+}）Si_2O_6 \rightleftharpoons NaCrSi_2O_6$$

| 硬玉 | 钠铝铬辉石 | 钠铬辉石 |

四 翡翠的矿物成分

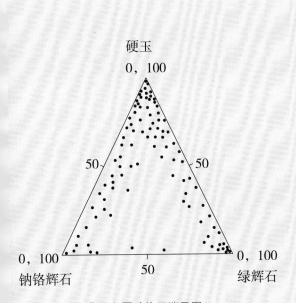

图1-1-5 翡翠主要矿物三端元图

较纯的硬玉可形成玻璃种、冰种翡翠；
较纯的绿辉石可形成墨翠；
较纯的钠铬辉石可形成正绿色的干青种翡翠。

1. 翡翠的主要矿物成分

大量研究表明，翡翠是一种多矿物的多晶集合体。其主要矿物正是上述的三种：硬玉、钠铬辉石、绿辉石。这三种矿物的固溶体显现出了更加多样的变化，我们可以用图1-1-5所示的正三角形三端元图来说明。

对样品的三种主要矿物的百分数进行测定，便可以在图上投点，大量的样品投点，便可以得出上述三端元图。从图上可以形象地看出，投点集中于硬玉端元，绿辉石端元较少。钠铬辉石端元最少。该图说明：

（1）这三种矿物普遍存在于翡翠之中；

（2）这三种矿物中硬玉的含量较多；

（3）投点分别越靠近三个端元，翡翠这一混合的固溶体就逐渐分别转化为较纯净的这三种矿物。

这三种主要矿物的晶体结构都有一个共同点，即都具有硅氧单链且以$\left[Si_2O_6\right]^{4-}$为链节。矿物学中正是把具有这一特定结构的矿物归为一类，命名为辉石类矿物。辉石类矿物除了这三种之外，还有它们之间阳离子互相替代的一系列产物，例如，还有透辉石、锂辉石等更多的矿物。

在自然界的实际产出中，较纯的硬玉和较纯的绿辉石是两种高档的翡翠品种，较纯的钠铬辉石也是一种知名的翡翠品种。

2. 翡翠的次要矿物

翡翠的次要矿物有角闪石（若干亚种）、铬铁矿$FeCr_2O_4$、钠长石$NaAlSi_3O_8$、褐铁矿$FeO（OH）\cdot nH_2O$、赤铁矿Fe_2O_3等。

前三种与翡翠同期成矿，是原生矿物。其中，角闪石会与硬玉发生交代而产生大片的黑色。铬铁矿被认为是翡翠中Cr^{3+}的来源。

很多研究认为，钠长石就是硬玉的母岩，下列方程式说明了它们之间的关系：

$$NaAlSi_3O_8 \xrightarrow{\text{去硅作用}} NaAlSi_2O_6 + SiO_2$$
$$\text{钠长石} \qquad\qquad \text{硬玉} \qquad \text{二氧化硅}$$

后两种矿物褐铁矿与赤铁矿是翡翠矿体被风化时，沿晶隙或裂隙浸入的，是次生矿物。

翡翠还会含有少量的其他矿物和离子，它们有时会或多或少地影响翡翠的质量。

3. 翡翠的致色矿物和致色离子

纯净的硬玉是无色透明的，但翡翠却显现了丰富的色彩，这是因为它还含有若干致色矿物和致色离子。此处所说的致色矿物，是指已经研究清楚其成分（即阴阳离子组成）能写出其分子式的矿物；而致色离子，则是指尚不清楚与之匹配的阴离子，但已确认是其致色的阳离子。

矿物产生颜色，是当光线照射时，矿物中离子的外层轨道上的电子受到激发，作不同能级的电子跃迁，产生不同波长的光波而引起的。由于受离子浓度，几种离子混合致色，晶格内、外的位置，配位阴离子种类以及原生还是次生等诸多因素的影响，翡翠颜色的色调和浓淡都是渐变的，过渡的，于是形成一系列的颜色，可称色系。翡翠的主要色系有：

（1）绿色系：上述翡翠的三种主要矿物中，钠铬辉石和绿辉石都是绿色调的不同矿物，它们是Al—Cr—Fe类质同象替代的连续的系列产物。其中，Al^{3+}无色，Cr^{3+}致绿色，Fe^{3+}致黄色，Fe^{2+}致灰绿色。Cr^{3+}替代的程度（数量）和形状，影响着绿色的浓淡和形状。但并非Cr^{3+}越多越好，研究表明，当无其他致色离子干扰而Cr^{3+}的含量在百分之零点几不超过1时，绿色的色调最正，色感最阳（艳）。Fe^{3+}和Fe^{2+}的存在会影响绿色

也就是说，当翡翠呈现的绿色发灰发暗时，则是铁离子的存在影响所致。

发灰发暗，并向黄绿或蓝绿偏色。

Fe^{3+}的存在导致翡翠显现红色。

（2）红—黄色系列： 较纯的红色由较纯的赤铁矿引起，较纯的黄色由较纯的褐铁矿引起，它们的致色离子都是Fe^{3+}。由于两种矿物在翡翠中常互溶共生，所以出现褐色，且形成了红—褐—黄一系列过渡色调的褐红色与褐黄色。

红—黄色只出现在翡翠次生矿的雾层及雾与肉的交汇处，有时也沿着裂纹深入到玉肉之中，这是因为翡翠次生矿在风化过程中，赤铁矿与褐铁矿的微粒沿外层晶隙或裂隙浸入的缘故。这时的Fe^{3+}并未进入硬玉晶体的晶格中。

Mn^{2+}的存在导致翡翠呈现紫色。

（3）紫色系列： 翡翠的紫色是由极微量的MnO引起的，致紫色的离子是Mn^{2+}，MnO的含量仅在0.1%～0.01%之间。研究表明，Mn^{2+}是与绿辉石中的Mg^{2+}、Ca^{2+}或Fe^{2+}发生类质同象替代而进入晶格的，与其共生的还有极微量的钛离子Ti^{2+}和镓离子Ga^{2+}，这5种离子的存在，与Mn^{2+}叠加，形成了紫色向红紫色和蓝紫色分别过渡的系列色。

Cr^{3+}+Fe^{3+}+Mn^{2+}使翡翠呈现蓝色。

（4）蓝色系列： 纯正的天蓝色和海蓝色在翡翠中极为罕见。翡翠的蓝色在普蓝和青色之间成系列，它可以向灰暗的青色过渡而成为发暗的黑蓝色（油青），也可以向明亮的普蓝色过渡而成为绿蓝色（水草花）。对翡翠蓝色的研究相对薄弱，一般认为它是由含量较多的Cr^{3+}、Fe^{3+}、Mn^{2+}的色调叠加所致，也有文献认为它与Fe^{2+}的存在有关。

白色翡翠是因为翡翠本身不含任何致色离子。

（5）白色系列： 白色是对可见光的全反射。翡翠的白色有三种情况。一种是白色不透明的整块翡翠，它是由晶粒较粗大的较纯的硬玉组成，业内叫白底或瓷底，不含任何致色离子。第二种亦是由不含任何致色离子的较纯的硬玉晶体组成，但晶粒极细，为隐晶或接近隐晶的微晶，所谓的白色实是无色，业内称为玻璃种或高冰种。第三种是在透明和半透明的块体内，常见一些絮状的白色物，业内叫棉，其矿物成分是钠长石，也不含任何致色离子。

（6）黑色系列： 黑色是对可见光的全吸收。翡翠的黑色有四种情况：第一种是角闪石形成的，墨绿色旁边常用伴有片状黑色。第二种是铬铁矿形成的，黑色常成斑状，其旁有其释放的Cr^{3+}所致的绿色。第三种是暗色的尘埃状不透明微粒所致，这些微粒由多种成分组成，它们充填在较大的晶隙和裂隙之间，使整个块体都呈现黑色或灰黑色，行业内称为墨玉。第四种是较纯的绿辉石块体所呈现的黑色，它在反射光下看是较均匀较纯的黑色，但在透射光下看，则是漂亮的墨绿色，业内称为墨翠，是一种高档的翡翠品种。

　　除上述六种颜色系列外，低档翡翠上还有少量不美观的脏杂的颜色。

　　应该特别指出的是，翡翠的颜色不是在非透明材料上的平面呈现，它受翡翠其他因素的影响，显得十分丰富而美妙，我们将在其商品属性中进一步介绍。

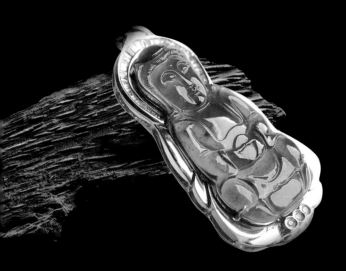

翡翠的结构

矿物的结构，主要是指组成矿物的晶体的大小、形态以及它们之间互相结合的关系。如上节所述，翡翠是一种多晶多矿物集体，它的结构决定着商品的品质，非常重要。

业内所说的"龙到处有水"，是指含铬的热液会给翡翠带来绿色，绿色被称为"龙"；热液同时能细化晶体，细化了的晶体会透明，被称为"水"。于是人们看见绿色所到的地方，水头都会好，是相辅相成的。

一 影响翡翠结构变化的原因

地壳的运动是永恒的。翡翠成矿后，在数千万年漫长的地壳运动中，它可能会受到下列三种变质作用而继续发生变化。

1. 重结晶变质作用

后期温度和压力的变化可以引起重结晶变质。其过程是，晶体的大小在同一时间的析出趋于均一化，但不同时间段的析出，则是先析出的细小，后析出的粗大。其结果是，在同一翡翠的块体上，会出现晶粒由粗到细的变化，这种结构称为变晶结构。业内所说的"变种"，成因便在于此。当然，也有整块较快析出的，整块晶粒都小；整块较慢析出的，整块晶粒都大。

这三种变质作用，可能一种发生在一个矿体上，也可能多种发生在一个矿体上；可能只发生过一个期次，也可能发生多个期次。这正是导致翡翠品质千变万化而使人无奈感叹"神仙难断寸玉"的根本原因。

2. 交代变质作用

后期热液浸入可引起交代变质。其过程是，含铬的热液或含其他杂质的热液都可能浸入而交换代替原来的成分。其结果是，含铬的热液会给翡翠带来绿色，且细化晶体，业内所说的"龙到处有水"，原因就在于此。但其他热液也有带来脏杂的可能。这种结构称为交代结构（图1-2-1）。

图1-2-1 翡翠的热液浸入交代结构

3. 动力变质作用

后期强烈的压力可能引起动力变质。其过程是，翡翠原来的晶体破碎变小，甚至糜棱化。其结果是，形成微晶质甚至隐晶质的翡翠块体。业内称道的"老种"，成因正出于此。这种结构称为碎裂结构或糜棱结构。

二 翡翠晶粒间的关系

翡翠成矿后又发生的多种类多期次的变质作用，可以使翡翠的结构呈现出极为复杂的多样性。

1. 晶粒的大小

晶粒大小的测量并按大小将它们分类，不同的文献略有不同；也有人用肉眼观察 "明显可见、约可见、不可见" 来描述，因观察者的视力及光线的不同，也并非是统一的。所以本书采用按$r>0.5mm$，$0.5>r>0.1mm$，$r<0.1mm$的范围，把它们分为显晶、微晶和隐晶三大类的描述方法。如此约定，是基于将来我们在对翡翠原料的辨认和成品质量的评判中，能够较为准确而又实用地应用它们。

晶粒大则翠性明显，其质地粗糙，一般为半透明至不透明度；

晶粒小则翠性不明显，其质地细腻，一般为透明或半透明。

2. 晶体的形态

如第一节所述，翡翠晶体形成粒状、短柱状、长柱状和纤维状，这些都是基本形态。经过变质作用后，还出现了弯曲状和齿状的形态。所有形态的集合在翡翠块体上有三个规律：

（1）同种形态、不同大小的晶体往往集合成一个块体，形成不等粒结构。这种情况较多。

（1）业内说"种一般"。

（2）同种形态、相同大小的晶体也会集合成一个块体，形成等粒结构。这种情况较少，且块体较小。

（2）业内说"种很好"。

（3）不同种形态集合成块体，形成粒状、柱状、纤维状、弯曲状、齿状的混合结构。这种情况较多。

（3）业内说"种较差"。

翡翠摆件：十二生肖大聚会

3. 晶体的结合方式

翡翠的无限的小晶粒在地质力的作用下，以何种方式结合成块体呢？我们仅从结合的紧密程度加以分析。

结合程度越紧密，翡翠透明度越高。

（1）紧密结合：晶粒间的距离极小，甚至零距离，肉眼观察不到晶体的界面，晶体间无任何气态、液态或固态的杂质存在。当光线进入后，在整个块体中因无气体和液体的折射，也无固体的阻挡，所以能只经过晶粒的折射后透出，因而是透明的。这种方式常由隐晶结构或微晶结构形成。

（2）半紧密结合：部分晶体间的距离微小，肉眼能观察到模糊的晶体界面，微隙中存在气体，液、固态的杂质可能进入，也可能不进入。当光线进入后，由于在晶体和气体之间无数次的折射，而遭受损失，若遇不透明固体阻挡，还会被反射回去。因而是半透明的。这种方式常由不等粒的微晶结构形成。

（3）疏松结合：较多的晶粒间有距离形成空隙，甚至有空洞，肉眼能观察到明显的晶体界面，空隙和空洞中有外来物充填，外来物阻挡了光线的通过而使块体不透明，但同时起到黏结晶粒的作用。这种方式常由显晶结构形成。

三 翡翠的晶隙、石纹、裂绺

1. 翡翠的晶隙

翡翠晶粒之间的三种关系中，晶粒之间或多或少、或大或小都可能存在着微隙，这就是晶隙。

晶隙大小与晶体的大小、形态、排列方式及外力作用等相关。基本规律是：晶体越小，晶形越单一，排列越有序，变质动力越大，晶隙就越小，甚至趋近于零；反之，晶体越大，晶形越复杂，排列越无序，变质动力越小，则晶隙越大。

翡翠晶隙在同一块体上因晶粒的变化而变化，它直接影响着成品的质量。

2. 翡翠的石纹

翡翠的石纹的形成大致有两种情况。一种是块体受地质应力的作用，晶体之间发生塑性变形限度内的微小位移，后期又重新熔融结晶，便可能留下与周围晶体不一样的痕迹。另一种是微小位移留出的晶隙外来物填充，外来物后期结晶，也留下与周围不一样的痕迹。这两种痕迹都被称为石纹。

这种石纹也被称为玉纹，就像玛瑙的同心纹一样，不破坏块体的连续性，就不影响成品的质量。

3. 翡翠的裂绺

翡翠裂绺的产生亦大致有两种原因。一种是成矿时受地质应力的作用，超过其弹性限度或塑性变形极限，晶体之间发生破裂，破裂穿切块体。另一种是在开采、运输、加工直至使用的过程中，受外力猛烈撞击，超过弹性限度或塑性变形极限而破裂。

两种原因产生的裂纹，在外观上可以区分。开采前产生的，多有外来物填充，可见黄褐等色，或见其他的脏杂物，甚至泥沙等，即使无填充，其裂口也是陈旧的。而开采后才产生的裂绺多无外来物填充，明显可见发白的新鲜的隙口。

翡翠的裂纹矿物学上称为裂开。裂开有大有小，大裂就称裂，细小的裂又称绺，许慎《说文解字》解释："纬十缕为绺"，即十根丝线为一缕，此处借喻：像丝线般细的裂叫绺，故称裂绺。

晶隙大小对我们观察翡翠的结构很有帮助。

种越"老"，结晶颗粒越细小，晶隙越细微。

石纹一般不影响成品的质量。

无论何种原因产生的裂绺，对成品的质量都有严重的影响。

翡翠的物理性质和化学性质

翡翠的理化性质较多，本书只介绍与市场应用相关的部分。不涉及实验室检测、鉴定的理论，仪器和方法，如显微观察、红外光谱、岩片偏光、X射线衍射、拉曼等。

翡翠的成分和结构都很复杂，它不像单晶体宝石和某些成分与结构都较单一的玉石那样是均匀的，翡翠每一个块体上各种因素都在变化，变化的结果使翡翠块体的任意部分与其他部分可能是不均匀的。所以，它的物理参数不是一个唯一的值，而是一个区间。

一 翡翠的物理性质

1. 密 度

翡翠的密度是3.33~3.50g/cm³。

翡翠三种主要矿物的密度分别是：硬玉3.33g/cm³，绿辉石3.37g/cm³，钠铬辉石3.50g/cm³。由于三者的密度十分接近，所以三者在集合体中的百分率对翡翠密度的影响并不明显。对翡翠密度影响大的是结构，晶粒越粗结合越疏松的，密度较小，晶粒越细结合越紧密的，密度较大。

由右侧资料数据可见，翡翠具有比其他常见玉石和砾石更大的密度，即大小差不多的情况下，翡翠显得更重。这个特性在对翡翠毛料的真假进行初步判断时，十分有用。对那些人力拿得动的十多公斤乃至几公两的石头，有经验的挖玉人和玩毛料的人，只要用手掂一掂，就可知其真假了。

普通砾石与其他几种玉石的密度比较：
普通砾石2.65~2.75g/cm³，钠长石（俗称水沫子）2.57~2.64g/cm³，和田玉2.9~3.1g/cm³，岫玉2.44~2.82g/cm³，绿玉髓2.61~2.65g/cm³，花岗岩2.80~3.07g/cm³。

图1-3-1 硬度笔

几种常见物品的摩氏硬度：
金2.5，银3，指甲3，普通钢小刀5，普通玻璃5，和田玉6~6.5，花岗岩6，玛瑙7，水晶7。硬度越高，佩戴中受擦划和磨损的可能性越小。

2. 硬　度

在地质学和宝石学中应用的硬度是摩氏硬度，它是用10种指定矿物互相刻划的结果。用这些指定矿物制作成硬度笔，组合起来便是硬度计（图1-3-1），其中最硬的是钻石，硬度为10，最软的是滑石，硬度是1。从1到10为从软到硬的梯度，选择它们去刻划其他矿物岩石和珠宝玉石，便可以测定被刻划者的硬度。

翡翠的摩氏硬度是6.5~7。其三种主要矿物的摩氏硬度分别是：硬玉7，绿辉石5.5，钠铬辉石5。可见有明显差别，三者的比例对翡翠的硬度有影响。翡翠的加工业告诉我们，较纯的绿辉石（墨翠）和较纯的钠铬辉石（干青），雕刻时比普通翡翠较软，较容易。而普通翡翠中，颗粒大结合松的，较软，反之较硬。

左边小刀、玻璃等的数据，也是互相刻划的经验结果，由此可以知道，翡翠与日常生活中的很多物品相比，硬度较高，佩戴中是不怕擦划的。

3. 折射率

翡翠的折射率是1.660~1.680。

折射率用折射仪（图1-3-2）测定，用于度量透明和半透明物体对光线折射的程度。由于自然界产出的各种珠宝玉石极少有完全相同的折射率，尤其是外观与翡翠相似的若干种天然或人工的玉石，如水沫玉、碧玉、马来玉、绿玻璃等，全都没有与翡翠相同的折射率，所以，在翡翠的仪器鉴定中，折射率是决定性的参数。

外观近似翡翠的绿色和田玉，折射率为1.61~1.63；而常冒充翡翠的石英岩玉，折射率为1.54。

图1-3-2 几种宝石折射仪

竹报平安

宝珠观音

金枝玉叶

满堂翠福镯

4. 韧　性

韧性是外力对物体施以挤压、拉伸、剪切、弯曲、打击时，物体保持不变形不破裂极限时可以承受和抵抗的能力。韧性可以用相对韧度定量描述。物体的韧性与硬度并无必然联系，而是与自身的结构相关。钻石的硬度最高，为10，但相对韧度很低，仅为7.5，受撞击易碎裂。翡翠的硬度为6.5～7，但相对韧度为500，在所有宝玉石中排列第二，第一是和田玉，为1000。

相对韧度是在相同条件下测定若干指标得出的综合值，矿物是否碎裂，还与是否有暗裂、解理发育是否完全等条件相关，做成成品后，还与其几何外形密切相关。例如，同样质量的一块翡翠，做成块状的玉佩与做成环状的手镯，从某高度坠落，玉佩完好而手镯可能就会断裂。但同样是手镯，从某一高度落下，翡翠手镯完好，而水沫玉手镯可能就会断裂。

5. 透明度

矿物的透明度是指矿物允许可见光穿透的程度，用透光系数X表示，矿物的单位厚度为1cm：

$$X = I / I_0$$

式中I_0为光线射入矿物前的强度，I为光线射出后的强度。由于在矿物内部光能必然损失，故$I<I_0$，所以$0<\alpha<1$。α趋近0，透明度越差；α趋近于1，透明度越高。

该式在理论上指出了矿物透明度量化测定的方向，但实际测定时要考虑的条件，使用的仪器，计算的公式要复杂得多。若与水质、油质等领域里透明度的测定相比，则更显繁复。国标GB/T23885-2009曾给出翡翠透明度测定的方法及计算公式，引起业界争议，也有学者研究出比国标较为简便的方法，仪器及公式，但这些都是学术界的研究。在翡翠交易中，没有任何一位买家卖家使用这些方法去测量、评估或买卖，至今，也没有任何一家鉴定机构出具翡翠透明度的数据。

6. 光　泽

当光线照射到加工好的翡翠成品时，可能产生反射、漫反射、折射、内反射、全内反射、透射六种光学效应，光泽主要是其中反射和漫反射的

翡翠的韧性很好。如果用某个力撞击钻石戒面，钻石碎裂了，用同样的力去撞击翡翠戒面，则翡翠不会碎裂。

由于没有完全透明的翡翠，所以翡翠的透明度还是用很透明、透明、半透明、微透明、不透明5个程度词汇进行定性描述。

综合效果。

按照矿物光泽的描述，翡翠可有玻璃光泽、亚玻璃光泽、蜡状光泽、树脂光泽。

翡翠的光泽与其结构和抛光相关，未抛光的翡翠是没有上述光泽的。晶粒越细结合越紧密的，抛光的效果越好，反之，晶粒越粗结合越疏的，再好的抛光技术也只能得到一定的效果。但对同一结构即同一块翡翠，抛光技术的好坏，可以显现出不同的光泽效果，直接影响着成品的价值。

二 翡翠的化学性质

翡翠是多种矿物包括杂质组成的集合体，这些矿物可以分为两大类：一类是链状硅酸盐，如硬玉、绿辉石、钠铬辉石等，它们正好是翡翠的主要矿物；另一类是金属氧化物、氢氧化物和某些盐，如赤铁矿Fe_2O_3、氧化锰MnO_2、褐铁矿$FeO（OH）\cdot nH_2O$、铬铁矿$FeCr_2O_4$等，它们恰好是次要矿物，充填在晶隙和裂隙之中。这两类矿物当然都遵从物质之间能否发生化学反应的基本规律。

1. 与强酸的反应（弱酸不反应）

硅酸盐一般不与强酸反应，链状硅酸盐更不会与强酸反应：

$$链状硅酸盐 + 强酸 =\!\!\!/\!\!\!=$$

金属氧化物、氢氧化物和某些盐正好能与强酸反应，由于反应是在晶隙和裂隙极微小的空间进行，所以需要很长时间并加热提高反应速度。例如：

$$Fe_2O_3 + 3H_2SO_4 \xrightarrow{\quad \Delta \quad}_{\text{长时间}} Fe_2（SO_4）_3 + 3H_2O$$

2. 与强碱的反应（弱碱不反应）

硅酸盐能与强碱反应，链状硅酸盐也能与强碱反应，只是反应速度较慢，需加热。如：

$$NaAlSi_2O_6 + 3NaOH \xlongequal{\quad \Delta \quad} 2Na_2SiO_3 + Al（OH）_3$$

金属氧化物、氢氧化物、某些盐都不会与强碱反应：

$$金属氧化物 + 强碱 =\!\!\!/\!\!\!=$$

翡翠的化学性质告诉我们：

（1）翡翠只是在长时间加热的条件下，才能与强酸或强碱反应，在日常生活的条件下，并不接触强酸强碱，一般的洗涤剂、化妆品、调味剂、汗液等，都只具有很弱的酸、碱性，或者是中性，都不会与翡翠发生反应，所以，我们尽管放心佩戴。

（2）有人正是利用了翡翠的这些化学性质，设计了整套化工流程，制作出了B货和B+C货。我们将在后文详细介绍。

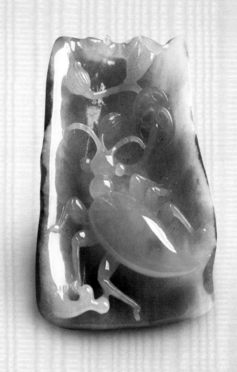

FEICUI
DE CHANDI YU CHANCHU

翡翠
的产地与产出

翡翠产自何处？她是怎样被开采出来又如何走进市场？我们发现，从她的孕育条件开始，到成熟、诞生、开采、外貌、入市一系列过程，都与其他宝玉石大不相同，深深地吸引着人们。

翡翠矿区有史以来就极难进入，这不仅因为它地处偏远、山林险恶，更重要的原因是缅甸武装林立、派系纷杂的特殊国情。时至今日，翡翠所携带的巨大的财富已为世人所知而愈显突出，围绕那块地区的邦规国法愈加严厉，大有外人不得近身，只能"望矿兴叹"之感。虽然那里从未有过系统的大规模的地质普查，不过，近百年来，地矿学家和珠宝学者断断续续的考察与研究，加上商人们的信息，矿区的基本情况还是清楚的。

翡翠的产地

一 以硬玉为主的矿物的产地

前已述及，"硬玉"是法国矿物学家德穆尔取的名字，硬玉并不等同于翡翠。若仅从主要矿物成分是硬玉这一角度考察，世界上产硬玉的国家共有六个。

除缅甸外，其他五个国家的原料制成成品后，大都并不美观，很少有美如缅甸产的特质。显然，这至少可以说明，五地所产硬玉的其他组分和块体，与缅甸产的硬玉有很大区别。在中国市场上，几乎100%的翡翠都产自缅甸，本书介绍的所有的翡翠属性，都取样于缅甸翡翠。所以我们常说，世界上优质翡翠的产地只有唯一的一个，那就是缅甸。

世界产硬玉的国家及其地区共有六个：缅甸的克钦邦、美国的加利福尼亚、俄罗斯的乌拉尔和西萨彦岭、日本的四国和九州、哈萨克斯坦的巴尔克什、危地马拉的埃尔普罗格雷索。

二 缅甸翡翠的产区

1. 行政划属

缅甸有7邦7省共14个行政区，缅族为主的称省，少数民族为主的称邦，首都是位于中部的内比都。

翡翠的主产区，在缅甸北部的克钦邦，首府是密支那。克钦邦主要少数民族是克钦族，另有掸族，汉族等更少的少数民族。克钦族在中国叫景颇族，掸族在中国叫傣族，在云南的西南部，中缅边境的若干少数民族都跨境而居，或者说，那一地区历史上都是以部族为主的社会形态，世代相传，生生不息。

另有一个较小的产区叫后江产区，属于与克钦邦西邻的实皆省。

2. 地理位置

缅甸北部有三条较大的江，从北向南并流。它们从东到西依次是恩梅开江、迈立开江、亲敦江。其中，恩梅开江发源于我国西藏的察隅县，迈立开江发源于缅北山区，两江在密支那汇合后称伊洛瓦底江，继续向南流。亲敦江发源于缅甸北部的缅印边境地区，向南流到缅中部曼德勒（瓦

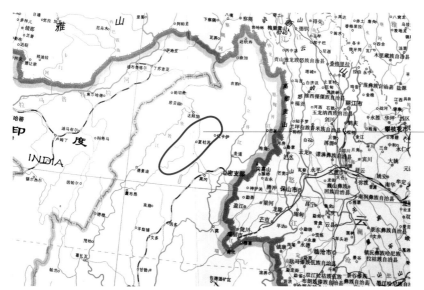

图2-1-1　矿区位置示意图

图2-1-2　帕敢的清晨

图2-1-3　雾露河边

城）以南的敏建，又汇入伊洛瓦底江。雾露河是亲敦江上游东侧的一条主要支流，雾露河本身又由群山之间的无数小支流汇集而成。翡翠的矿点，正是在这些小支流与雾露河的河流里、河岸边，或周围的高山上。所以，从缅甸地图上看，翡翠矿区的位置，是在缅北亲敦江与迈立开江之间，一个北东—南西向的山区里，从经度上看，约在东经96°～97°之间（图2-1-1）。

从纬度上看，矿区处于北纬25°～26°之间，并不属热带。但是，那里刚好处于西东向的喜马拉雅山南麓与北南向的横断山西麓的低凹的交汇处，两大山系挡住了北、东向的寒流，却拢住了印度洋北上的暖湿气流，所以那里形成了热带雨林气候。那里终年炎热潮湿，一望无际的山峦层叠起伏，崇山峻岭之中原始森林密布，河流纵横，毒虫猛兽出没，瘴疠弥漫。千百年来，只有当地部落民族散居，土司头人统治。他们的某些特别的生活习惯，让外人备感神秘，于是不知何年何月，采玉的云南人把那里叫作"野人山"，那条河旱季每天大半天大雾弥漫，所以叫作雾露河。这两个名称，散见于与该地相关的很多古籍文献，笔者于2002年深入矿区考察时，与当地人交谈，发现当地人仍然如此称呼（当地汉语通行）。在缅甸，官方称"HuKaWng"（音译：胡康山）和"Uyu"（音译：乌尤河）。

矿区的中心小镇叫帕敢（图2-1-2），帕敢地处野人山深处的雾露河畔（图2-1-3），河两岸及周围山峦的玉石场口星罗棋布，是历史最久，产好玉最多，产量最大的矿区（图2-1-4）。从帕敢出发，便可分别到达数十公里至近百公里的各个矿点、场口。

中国境内离矿区最近的县城是腾冲，从腾冲往西，有公路68公里到中缅边境的猴桥口岸，出境后有108公里公路到缅甸的密支那，从密支那再往西，约30公里到勐拱，勐拱地处伊洛瓦底江河谷平原的北部边缘，并不产玉，是古时马帮把毛料运出山区后的第一个驿站和集散地。勐拱再往西北，就可进入玉石产区野人山雾露河。数百年来直到数年前，进入矿区并无正规公路，只有顺山势而行的便道，这种便道是由马帮和大象历经数百年踩出来的，近代又由汽车碾压而成。这种便道旱季时土灰厚积高过轮轴，大车可走，小车难行，毛料尚可运出，雨季时泥泞坑凹，人畜难行，车辆绝行（图2-1-5）。近几年路况稍有改善，沿此路行120km，便可到达帕敢。

图2-1-4　帕敢矿区远眺

图2-1-5　玉石之路难于上青天

3. 历史背景

缅族，古称骠族。公元849年，他们在距野人山以南600多公里的平原地区的蒲甘建立了第一个王朝——蒲甘王国，统一了缅甸南部。野人山的东面，便是现今云南省的怒江、腾冲、陇川、瑞丽4县1市。中原的战国之前，那里与云南连成一片，曾出现过以永昌府（今云南保山市）为都城的哀牢国，公元69年归顺东汉。尔后，在唐、宋两代，那里臣服于南诏国、大理国。元朝征服大理国后，元、明、清三朝均在永昌府和丽水郡（今缅甸密支那市）设郡吏管治。数千年来，野人山的原住部族面对着东面和南面的两个强国，居于安全生存的目的，何方强大便归向何方。

1886年缅甸沦为英殖民地，英政府将野人山划进缅甸，1897年2月，英政府强行与清政府签订了《滇缅条约附款》及《西江通商专条》，掠去了野人山、昔马、南坎、北丹尼、果敢等云南边境的大片领土，并进行了实际控制，清政府和民国政府都曾为那一地区的归属与英政府争执不休（图2-1-6）。1960年，中缅两国边界谈判，那里正式划为缅甸，界碑树立，尘埃落定。

图2-1-6　玉石场历史上的行政归属变迁

4. 人文环境

由于上述历史的原因，更由于翡翠的发现，运输、使用都在中国，所以，过去的数百年里，在那里开矿的，都是现今保山、德宏边境一带的中国人。保山、德宏方言汉语在那里通行，克钦语、缅语、傣语、英语夹杂其间。

由于翡翠矿体蕴藏的特殊性，矿区又非常边远封闭，所以，找矿的盲目性很大。二十世纪八十年代之前的数百年里，矿区形成了特殊的低风险运作模式。玉石老板与挖玉工合作，老板出资，向矿区管理者交费，以结绳丈量的方法购得地段，再选点开挖。从选地到选点，都是三分经验七分运气。然后，老板出食宿、工具及一切费用，工人出苦力而不拿工资，挖到玉，按约定比例分成；挖不到，工人再去另一家出苦力，混饭吃，老板则血本无归。老板又沦为挖玉工，不畏险苦，又去帮别人挖，挖到了，又重新发达做老板。挖玉工与老板就这样轮回（图2-1-7）。

图2-1-7A 挖玉工或许原来是老板

于是，人们的见闻是：有的人只要去挖，就能挖到玉，挖得大玉好玉，衣锦还乡，光宗耀祖；更多的人受到诱惑，变卖家产去挖，挖得倾家荡产也挖不到，两手空空，无颜返乡。可见，翡翠这种玉石，从寻它之日起，就充满了"赌性"和传奇。挖玉人无论老板或工人都相信玉有天命、玉有灵性、人玉有缘等等，这些观念在玉石场代代相传，以致影响着买卖、加工、销售、消费整个行业。

图2-1-7B 挖玉工或许将成为玉石大老板

20世纪90年代，中国市场需求强劲，刺激矿山迅速发展，缅政府意识到翡翠资源的重要性，遂将矿区设为禁区，将翡翠定为"国宝"，非经缅中央矿业部允许，外国人不得进入。矿业部在矿区设立管理和税收部门，对所有场口的开采权实行投标竞拍，产出的毛料，必须运到首都内比都，统一拍卖，完税后方可出国，否则就以"盗运国宝罪"和"偷税漏税罪"严加惩处。

然而，缅甸国情特殊，克钦邦高度自治，自己拥有军队，与缅中央政府的矛盾由来已久，间或发生武装冲突，增加了矿区若干不确定因素。

近十几年来，随着大资本的相继进入，古老的开采方式逐渐消退，取而代之的是大规模机械化开采（图2-1-8）。较大的公司拥有数十台"怪手"（当地人对挖掘机的称呼）和数十台60吨以上的自卸车，移山截河，地毯式开采。这种方式增加了挖到玉的概率，但同时也增加了成本，推高了玉价。

图2-1-8　现代大规机械化生产

翡翠的矿床成因

以探险为目的最早进入矿区的，是西方人汉内上校，他于1837年进入矿区，将其见闻写成文章发表。但以科考为目的最早进入矿区的，则是英国地质学家诺埃特林（Noetling），他于1892年进入矿区开展地质工作，留下了宝贵的资料。尔后，又有数位西方地质学家进入矿区考察。

以边界勘察为目的第一个进入矿区的中国人，是民国滇缅界务调查专员腾冲人尹明德，他于1930年5月乔装打扮，不畏艰险，深入中缅未定界南北沿线广大区域，其间冒险进入玉石场区六天，1932年2月返回腾冲后，写出《云南北界勘察记》八卷，较详细地记录了玉石场的地理位置、挖玉汉人、原住各族夷包括"野人"，以及一些挖玉场景，等。

以挖玉为目的进入矿区的第一个有文化且能写作的中国人，是盈江人周经伦先生，他于1970年历经千难万险，靠双脚从盈江走进玉石场，亲历挖玉、相玉、卖玉全过程，走过小工、工头、老板、挖到大玉发了大财的成功路，1989年6月写出了中国第一本翡翠专著《玉石天命》，两年后又出版了另一本翡翠专著《云南相玉学》（图2-2-1）。

图2-2-1　周经伦著作

1999年，地质学家、珠宝专家欧阳秋眉女士进入矿区考察，出版了学术性很强的专著《翡翠全集》。此时，离西方地质学者进入矿区已经一个多世纪了。2002年，以摩伕先生为首的珠宝专家、地质专家、珠宝老板33人组成民间考察团赴缅，笔者有幸参加（图2-2-2）。考察团由缅政府派专人带队，进入矿区，对矿区的地质特征、矿床成因、成矿时间、矿床类型等进行深入的考察，出版了一批专著和论文，至此，矿区的矿床成因等诸方面情况有了较为明晰的成果。

图2-2-2　考察团：后排左起第一位是摩伕，前排左起第六位是作者

一　成矿原因

距今1.35亿年至6500万年前的白垩纪，是地球板块运动的活跃期，漂浮在上地曼软流层的六大板块即亚欧板块、印度洋板块、太平洋板块、美洲板块、非洲板块和南极板块，在不停地漂移运动。它们互相碰撞，在互相碰撞的接触带上，形成了巨大的断裂或深深的海沟，同时有高山隆起或海沟生成。在断裂的接触带两侧，常形成十分特殊的地质条件而生成十分特殊的矿床。

白垩纪晚期，印度板块与亚欧板块碰撞激烈，印度板块向下俯冲，亚欧板块向上仰冲，生成了一条北东—南西方向的大断裂，大断裂的西部属印度板块，被东部的亚欧板块压在下部，形成了"高压低温"的特殊地质条件。

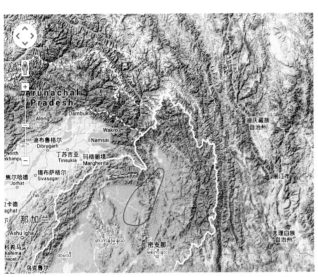

图2-2-3　矿区在两大山系交汇并向平原过渡的地阶地带

翡翠矿是在一万个大气压的高压和较低的温度（200～300℃）下形成的。

而在之后的新生代古近纪（旧称第三纪），距今约6500万年至3700万年，印度板块从南向北，太平洋板块从东向西。再次猛烈碰撞挤压亚欧板块，致使近东西向的喜马拉雅山和近南北向的横断山隆起，终于形成了数千万年后我们人类看见的地形。

翡翠矿的产区，就在大断裂的西侧印度板块之上，具高压低温的成矿条件。从地形上看，翡翠原生矿出露的标高为海拔275～1550m之间，已属两条大山系向伊洛瓦底江平原过渡的地阶地带了（图2-2-3）。

简言之，两次板块碰撞，是翡翠矿形成的基础地质原因。

二 成矿时间

以第一次碰撞的白垩纪晚期看，应在9000万~7000万年，以第二次碰撞的古近纪早期看，应在6000万年，故较接近的说法应该是，在距今9000万~6000万年之间。更准确的地质年代，近些年用碳同位素或钴同位素等方法测定，距今3000万年，在地球演化的漫长年代中，较为年轻。

三 矿区面积

若从现在开采的区域算，北东向与南西向倾斜长约190km，东西两向宽约40km，面积约7600km²，在北纬25°~27°、东经96.5°~98°之间，近似一个倾斜的不规则的长椭形。

若以具有成矿条件的区域估计，沿大断裂往北，可以进入我国西藏的察隅地区，往南，可以到缅甸茵夺基湖以南地区，而东西两侧也发现有超基性岩存在，故成矿带有可能扩展到近2万平方公里。

四 矿区地质特征

矿区产出翡翠原生矿的主要岩体，都是超基性岩中的蛇纹石化橄榄岩或角闪石橄榄岩。其中，见少量花岗岩脉穿插，并见玄武岩及安山岩。也就是说，超基性岩是翡翠矿存在的基本条件，蛇纹石化橄榄岩和角闪石橄榄岩是翡翠原生矿的围岩，也是母岩。

五 矿床特征

翡翠矿床像其他很多矿床一样，分为原生矿床和次生矿床两大类。

原生矿是指成矿后未经自然力搬动过的矿，它们形成的矿床就是原生矿床。次生矿是指成矿后被自然力如地震、火山、海啸、山崩、洪水等的力量搬离原地，搬运过程中受滚动、撞击、风吹、日晒、水蚀、微生物侵蚀等等风化作用而形成的矿，它们重新富集而成的矿床就是次生矿床。

1. 翡翠的原生矿床

从整个矿区的宏观上看，翡翠的原生矿床从北东往南西方向排列，是

翡翠原生矿开采出来，无皮无雾，直接可看到玉肉，较易判断翡翠的好坏。

图2-2-4 专家张金富在坑道内测量3000吨大玉矿体

有规律组成脉状的，但同时矿脉的矿体并不连续，而是单独的一个隔开一个，如分开但有序的串珠一般。具体去看，这些"串珠"中间厚边缘薄，呈透镜状，它们之间相隔几公里甚至几十公里，且不等距；矿体的大小更不相同，小的几十公斤，大的几吨几百吨；2000年，在莫纳场口，向一座超基性岩的大山打平洞进山肚，发现一块重3000吨的原生矿大玉（图2-2-4）。

由此也证实了上一篇所述：钠长石去硅便生成翡翠。

　　正是由于这些矿体是独立地分散在群山之中，所以数百年来的挖玉人难寻规律，多靠运气，"只缘身在此山中"。

　　原生矿体的成矿岩石特征有规律性，其内部是玉质，往外依次包裹的岩层是：钠长岩带—碱性角闪石岩带—硅化蛇纹石岩带—绿泥石片岩带—最外层才是蛇纹石化橄榄岩或角闪石橄榄岩。

2. 翡翠的次生矿床

　　根据矿床成因和矿床特点，翡翠次生矿又可分为下列4类：

　　（1）残积矿床。原生矿的覆盖层被自然力剥蚀，矿体上部结构疏松的部分被搬运离去，残留下的部分结构紧密，品质较好，又被覆盖。残积矿床较少，规模不大，往往在远离河道的高地。残积矿块体大小不一，有棱角，无皮或皮薄。

　　（2）坡积矿床。也叫残坡积矿床。原生矿被搬运不远就停止，堆积在较平缓的山坡上，又被覆盖。坡积矿床不多，亦在离河道较远的高地，块体大小不一，皮薄，有棱但棱口不锐。

　　（3）叠加矿床。这种矿床全被垂直剖面式开挖，工程量浩大，从上到下分为4层：

　　第一层：灰色现代冲积层，开挖前

图2-2-5　叠加矿床

长满茂密的植被，无翡翠块体，厚几米到十几米。

第二层：黄色新近纪冲积层，翡翠砾石和其他砾石被混杂冲积在一起，沉积而成。黏结不紧密，翡翠块体有皮，有一定滚圆度，一般在几公斤到几百公斤之间，无更大块体。厚可达二十几米。

第三层：红褐色。古近纪冲积层，由卵石与沙砾沉积而成，不含翡翠。厚可上百米。

第四层：灰黑色。它已经到了岩体的基底，岩体是含翡翠的残积矿，其顶部又被第四纪的含翡翠和其他砾石混合的沉积层覆盖，共同组成了第四层。本层胶结紧密，翡翠个体滚圆度好，有皮壳，可出几十吨的大玉。第四层厚数十米。

挖玉人称"黑石脚"。

以上4层总厚度可达100～300米。由于有两层重叠都含翡翠，故名叠加矿床。叠加矿床在矿区很多（图2-2-5）。

（4）近代河床冲积矿床。也叫河漫滩矿床（图2-2-6）。在现在的雾露河及其大大小小的支流两岸，都可能沉积着近代河流冲积而成的翡翠砾石，它们与普通砾石混杂，被不厚的岩土覆盖；也有的就在河边，雨季淹没，旱季露出；更有的沉积在河底，被河水日夜冲刷；有的河段底部就在含翡翠的残积矿床顶上，又形成了相连的矿床。

近代河床冲积矿床在矿区很多，其翡翠砾石又叫水石，有皮，滚圆度极好，光滑如卵，几公斤到几十公斤的居多。

图2-2-6A 近代河床冲积矿床，也叫河漫滩矿床

图2-2-6B 河漫滩矿床及其开采

毛料的开采

一 场 口

无论何种类型的矿床，一旦被发现，就会被开采。凡是被开采的地点，即是矿点，矿点无论是洞内还是露天，业内都叫作"场口"。

1. 场口的名称

各个场区所产毛料，外观、玉质、颜色都有各自的特点。所以行家们常常根据毛料所出场区、场口，来判断这块毛料是否可赌。

场口的名称，多以矿点所在地的山名、寨名、地名或发现者的人名来称呼，这些名称可能是克钦（景颇）语、掸（傣）语、缅语、方言汉语，传进中国后又用汉字记录，再用各地方言或普通话读出，如帕敢、麻蒙、莫溪沙、度冒、会卡，等等，所以不可望字生义。

2. 场口的分布

据缅政府官方统计，在中国翡翠市场强劲拉动下，矿区注册登记的采玉公司有266家，很多家公司不止一个矿点，如今，某些场口挖完了，某些场口又新开了，场口在不断更新之中，所以场口远不止此数。

缅政府矿业部为了方便管理，把矿区划为8个行政小场区，它们是：帕敢场区、龙肯场区、香洞场区、会卡场区、后江场区、雷打场区、达木坎场区、南奇场区。场口的分布图较多，本书提供一张缅制矿区场口图（图2-3-1）。

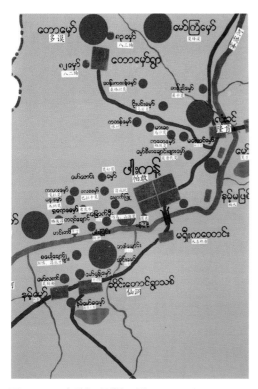

图2-3-1 缅制玉石场口图

3. "场"与"厂"的使用

在矿区滇西方言汉语中，"场"与"厂"的发音是区别不开的，语言表达无异。但在文字表达上两字确有区别，虽然在尹明德与周经伦的书中使用"厂"字，但在应用习惯中，"厂"字易让人联想到工厂，而"场"字却是指球场、采石场、停车场等一片宽敞的地方，可以联想到矿山，所以，本书使用"场"。

二 历史上的开采

历史上的开采全靠人力，使用锄、镐、钢钎等简单工具，运输则靠背篓、挑担。开采的方式主要有三种：

1. 打洞子

在远离河流的高山，打平洞，支坑架，进入到矿体开采。此法投资的大小，人数的多少需具体看矿体的大小（图2-3-2）。

2. 开场子

在远离河流的高地，垂直开挖山体直到黑石脚，再按矿脉走向平面整体推进，形成巨大的露天矿场。此法投资大，人数多，有的场口几千人肩挑背扛，场面震撼（图2-3-3）。

在河滩边的坡地上，也用此法，但场地较小。直到2002年，仍有少部分较小的场口沿用全人工的办法，工人们很辛苦，对远方的客人很友好（图2-3-4）。

3. 扎猛子

开采雾露河及其无数支流河底的水石，则用扎猛子（潜水）的方法。潜水者口含管子，长长的管子通到岸边，岸边有人用单车打气筒不停地打气供气，采水石者便可较长时间潜在河水底，找到疑似毛料，用篮筐一块一块捞上岸（图2-3-5）。此法投资小，人也少，但现在已经绝迹了。

图2-3-2A 笔者在莫纳矿洞口

图2-3-2B 莫纳场矿洞

图2-3-3 千军万马上战场

图2-3-5 捞水石

图2-3-4 采矿工人很友好

图2-3-6 笔者2002年参与考察矿区的现代化开采

图2-3-7A 宝玉出土，笑逐颜开

三 现代的开采

所谓现代，其实才始于二十世纪九十年代末，至今不过十几年时间。中国市场的强劲需求提供了大资本的涌入，现代化矿山开采的重型机械得以大规模应用（图2-3-6），终于终结了数百年苦力艰辛而缓慢的开采历史。

（1）原来只能打平洞，现在用提升设备可以打竖井，最深已打到120米。

（2）原来只能潜水捞石，现在用大型推土机和怪手，可以筑坝断水，开河改流，直接在无水的河床上开采。

（3）原来千军万马上战场，现在大型怪手和巨型翻斗车（60吨以上）上战场。需要特别介绍的是，当挖到黑石脚时，由于胶结紧密，现今可用风钻打眼，炸药爆破，将矿层炸松，然后怪手挖掘。每台怪手前配有1~2名经验丰富的分选工，他们凭眼看皮壳，用手掂重量，便可以把毛料从混杂的砾石里找出来。有的甚至用钢钎往乱石里戳，听一听发出的声音，也可以把毛料分辨出来（图2-3-7）。

当然，会有拳头大小的毛料难免漏检，被翻斗车拉在废土石里倒弃。成群的人们会等在倾倒处，淘拣上天的恩赐（图2-3-8）。

图2-3-7B　工人分选毛料

黑石脚：位于岩体的第四层，胶结紧密，致使最早时期单纯的人工开采十分艰难。

图2-3-8　上天恩赐也许还能发大财

四　产量概况

翡翠产量的变化，很有启示。下表给出的数据，跨越108年。

1902年：腾冲输入271担，每担约50公斤，折算为13.5吨。

资料来源：《腾冲县志稿》李根源审编

1979年：矿区产122347磅，2.7磅=1公斤，折算为45.3吨。

资料来源：《缅甸计划财政部统计年鉴》盖沂昆译。

1988年：矿区产423064磅，2.7磅=1公斤，折算为156.7吨。

资料来源：《缅甸计划财政部统计年鉴》盖沂昆译。

1992年~1995年：矿区平均年产480吨。

资料来源：《缅甸经济》韩德英著

2005年~2010年：矿区平均年产600吨。

资料来源：综合。

虽然翡翠不像石油那样，开采完消耗完人类便不再拥有，翡翠开采完却仍留在人间，但是自然界却不复存在了，到那时会如何呢？资源拥有国、消费国、开采者、投资者、收藏者、卖家、买家，这条翡翠链上的所有人，都在思索。

可见，除了逐时期递增、改革开放后猛增之外，2010年的产量是108年前（1902年）的45倍。虽然我们对成矿带的总面积有一个粗略的估算，但对总储量却无法估计。不过有一点是十分明确的：地球已经过了它激烈活动的成矿期，翡翠矿不可再生，照这样的速度开采下去，翡翠——这种中国人如此喜爱的、唯一的、昂贵的资源，还能维持多久？

五　矿区最新动态

从2013年下半年至本书付印的2014年5月，缅甸政府派军队已经全面禁止了矿区的开采。从笔者获得的上百张最新彩照看（图2-3-9），昔日繁忙轰鸣的怪手和翻斗车已不见踪影，很多场口空无一人，只有山军控制的少数场口有少量人影在人挖肩挑。虽然碧绿连绵的山林生出了大片刺眼的裸土，但野人山似乎恢复了百年前的宁静。

图2-3-9　笔者获得的最近矿区图

赌石毛料

赌石神秘莫测。赌石可以使人一夜暴富，也可以使人一夜赤贫，这样的故事，古老的隐退了，新鲜的又涌现出来，充满了百年的传奇。那么，什么是赌石呢?

一 毛料外观的基本特征

最早被人类发现的，必然是那些已经出露于地表的毛料。它们因冲积而成，因此常出现在河边或山箐。这样的毛料是典型的次生矿，都有一层皮壳包裹，切割开后可见分为三个部分（图2-4-1）。

翡翠原石被开采出来后，在未加工之前，行话称为毛料，也叫石头。

玉肉

雾

皮壳

图2-4-1A　典型次生毛料由三个部分组成

图2-4-1B　皮、雾、肉典型构成

1. 皮

最外层是皮，也叫皮壳，就是风化层。不同场口的风化条件不同，因而皮壳也不同，常表现在：

（1）厚薄：厚的可大于2cm，薄的只几毫米；

（2）颜色：黑、白、黄、褐、灰、青等等；

（3）滚圆：从棱角分明，到不分明，直到圆滑；

（4）裂绺：裂绺的大小，多少，深浅；

（5）沙发：手搓是否落沙，行话叫沙发，沙的粗细，落的多少；

（6）其他：如黑癣、褐斑等等。

2. 雾

皮壳下面的一层，往往显褐黄色到褐红色，行话叫雾。雾其实是半风化层，富含Fe^{3+}，是过渡层。雾可厚可薄，厚的可有几个厘米，薄的可如纸，也有的没有雾层，直接就是玉质。

图2-4-2　原生矿毛料

3. 肉

最里面未经风化的玉质，行话叫玉肉。肉和雾就是人们取之加工，最终成为饰品的部分。

后来，随着有目的的开挖，又挖出了无皮无雾，直接是玉肉的毛料，那就是原生矿（图2-4-2），人们第一次挖到原生矿，是1877年，距今130多年前的事。

数百年来，人们给各种各样的毛料取了上百种的名称，愈使不沾此道的人难以捉摸，备感神秘。其实，我们可以从六个角度对毛料进行分类，毛料的归属就比较清晰了。

二 毛料的分类

1. 从矿床学的角度

绝大多数金属和非金属固体矿物，包括各种宝玉石矿，从根本上只分为两大类：原生矿和次生矿。

（1）原生矿：原生矿毛料未风化，无皮无雾直接显露玉质，比较容易看清玉质的变化。其玉质好差皆有，其外观棱角分明，无滚圆，常呈大型巨型岩体出现（图2-4-2），其赌性不大。

（2）次生矿毛料：次生矿又叫砂矿，砂矿经过风化，必有皮，或有雾，皮的厚薄可以说明风化程度的轻重与结构的疏密。

原生矿在搬运过程中，必然发生猛烈的滚动和碰撞，有裂绺的部分，或者结构疏松的部分，将不断分离，进一步风化乃至沙化；只有那些裂小裂少和结构致密的部分才能够保存下来。所以，砂矿玉质好的居多，而且个体可以很小，几公两，甚至花生米大小的都有。

砂矿被搬运较远的，如十几公里至几十公里的，其外形滚圆度好，若再经河流千万年冲刷，其皮壳十分光滑；若是后期多期次搬运，皮壳经磨损又反而可能很薄；若搬运不远，则其滚圆度差，可能还保留着原生矿的形状。

在毛料市场上，看一看有皮无皮，就可以知道它是原生矿还是砂矿了。

次生矿床产出的翡翠一般质地细腻，结构致密。高档翡翠多产自属于次生矿床的现代河流冲积层矿床。

2. 从开采的位置的角度

毛料可以从三种地貌位置上开采，矿区的玉工就以此把毛料分为三类。

（1）山石：从远离现代河流的高山上开采到的，叫山石。山石必有原生矿，也可能有残积矿、坡积矿或叠加矿，这三者都属于砂矿。

（2）水石：在现代河流即雾露河及其大小支流里开采到的，叫水石；河漫滩开采到的，也叫水石。水石，属砂矿。滚圆度很好且十分光滑（图2-4-3）。

图2-4-3 水石

图2-4-4　半山半水石

（3）半山半水石：在离雾露河两岸不远的地阶上开采到的，叫半山半水石，属砂矿。其特点是滚圆度和皮厚都属中等（图2-4-4）。

3. 从场口被开挖的先后的角度

从此角度把毛料分老场玉和新场玉。老场玉又叫老山玉、老坑玉，新场玉又叫新坑玉、新山玉。

（1）老场玉（老山玉、老坑玉）：早期发现的那些场口，如帕敢、麻蒙、会卡等，叫老场，老场产出的玉叫老场玉。如前所述，最早被发现的毛料必然是出露地表的砂矿，或者处于浅表层易于挖到的砂矿，砂矿是原生矿被大自然风化淘汰过的，所以品质好的所占比例就多一些，业内就有"老坑（老场、老山）玉好"的普遍说法。其实不然，老场玉也有差料。

（2）新场玉（新坑玉、新山玉）：后期（1877年后）才发现的另一些场口，如朵摩、缅摩、八三等，被称为新场，新场产出的玉叫新场玉。新场是近代人们有一些地质知识和经验而找到的场口，其中有很多原生矿。原生矿未经风化淘汰，品质差的原样存在，好的所占比例自然较低，业内就有了"新场（新坑、新山）玉不如老场（老坑、老山）玉好"和"新场玉不好"的说法。其实，新场玉中必然有好料，老场玉中的好料，原本正是新场玉中好料"大浪淘沙"后的保留者。

（3）"新、老"概念的演变：由于过去数百年中，人们对"老场玉比新场玉好"的粗糙认识，当人们在毛料市场里换了个角度，从毛料去认识场口时，就变化成"好料出自老场，差料出自新场"了。

再进一步，就演变成了"好的就老，老的就好"和"差的就新，新的就差"这种易于流传的简单的等式概念。

这种等式概念近三十年来，不仅限于场口和毛料，而且延伸到翡翠玉质优劣的评价，更进一步，还引申到翡翠成品真假的称谓。这些问题我们将在翡翠的商品属性中进一步辨析。

（4）"新、老"概念在成矿年代上的误区："新、老"概念在成矿年代上常引起的另一个推论是：好料是老的，老的是成矿最古老的，所以好料生成的时间早；差料是新的，新的是成矿最新近的，所以差料生成的时间晚。

这是刚好相反的错误结论。从前述我们已经知道，翡翠成矿后，又经历了漫长的多期次的多种地质变质作用，品质才得到进一步的优化；因此恰恰是老坑玉成矿时间晚，新场玉成矿时间早。

> 正确的概念应该是：差料新场玉多是生成时间早的，好料老场玉多是生成时间晚的。

4. 从产出的场口的角度

这种分类直接用场口的名字称呼毛料，上已述及，如会卡石、后江石、达木坎石等等。

同一场口的毛料，由于它们成矿的条件相同，所以，其外观如皮壳的厚薄、颜色、沙发、滚圆度等，基本相同，内部玉质好坏的概率，基本稳定。但不同场口的毛料，由于区域地质条件不同，会造成外观和内部玉质好坏的概率都不相同。

> 毛料交易中场口十分重要，既是最常用的，也是最难掌握的。若把场口说错，对方就会猛出价或者猛砍价，若场口说得对，对方就会小心翼翼，出价或砍价都较为靠谱。毛料交易动辄几十万几千万，懂得场口是十分重要的。

但是，近些年来，开采速度太快，场口的更新也快，毛料买卖看场口的本领大有难跟之势，很多玩石头的人也不太看场口，直接看明货了。

以上四个角度，已经概括了所有的毛料。但是，毛料一旦运到加工厂，加工厂又从以下第5、第6两个新的角度进行分类。

5. 从档次的角度

（1）高档料：带绿色的、品质好的和非常好的，即种、水、色、底都好的，可以做出高档和特高档成品的毛料。行话中的"色料"专指绿色的高档料，而不包括其他颜色的高档料。

（2）中档料：普通品质的，即种、水、色、底一般的，可以做出中档成品的毛料。

（3）低档料：品质低档，有脏杂色、裂多不透，只可以做低档成品的毛料。很低档的又叫桩头料，有调侃之意，即只能拿去做拴马绳的桩

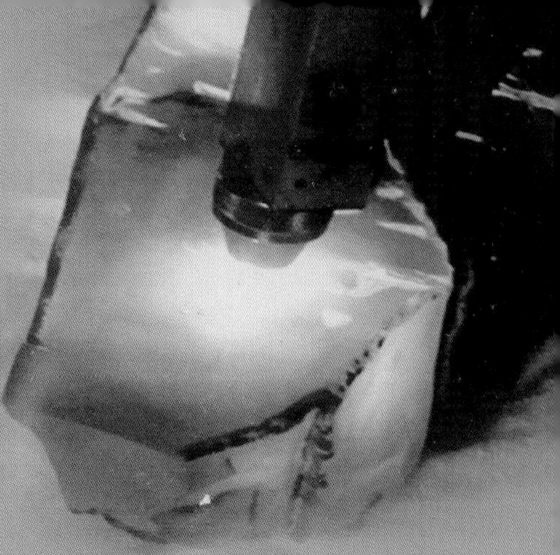

下图是内比都公盘一块重1180千克的巨大赌石，无须切开已见皮壳表现极好，百年罕见，数亿元以上，无愧王者。

OFFER PRICE
Pieces : 1
Weight : 1188 kg

头。也有的称为"砖头料",较为贬义的说法是"粪草料"。

从档次的角度分类,将决定加工者的层次和加工费。

6. 从用途的角度

根据毛料的档次、形状、大小及其他特征,决定它们可以做成何种成品,进而又可以分为五种类别:戒面料、手镯料、挂件料、手玩件料、摆件料。

三 赌 石

以上六种分类,是从地质、矿物、开采、应用的角度,在对毛料情况基本明白的前提下进行的。而当最后,当毛料来到市场上进行买卖的时候,人们又从它能否赚取最大利益的角度,把它分为了下列三大类。

1. 赌货,即赌石

有皮壳,货主认为皮壳上有好的表现,很诱人,货主想卖出好价,便不把皮壳擦开的(行话说:不开窗、不开口、不打开),叫蒙头货(图2-4-5);或者专找好的地方,只开极小的几个口,让人见到几点绿几点水,引诱你的,叫开窗货(图2-4-6)。蒙头货和开窗货都叫赌货,或赌石。显然,赌石属于砂矿。

如果我们从材料的角度去研究,就会发现翡翠块体最重要、最关键的特点,就在于块体本身的不均一性,即其质地、结构,颜色、裂络等等材料品质,在同一块体上是非均匀分布的。它不像钻石,更不像玻璃、塑料、钢铁等等材料那样,一个块体上的每一个部分都是一样的、均匀的。翡翠的大块体,如数十公斤到数十吨的,此部分与彼部分必有变化,而局部的部分可能相对均一,也可能即使方寸之间仍不均一。尤其是宝贵的绿色,有时1毫米之

从翡翠出土之时起,它的品质天生就充满了复杂的变数。更何况,还有一层厚薄不均的不透明的皮壳,挡住了人们观察内部的视线。所以,从古至今,人们很难判断内部玉质的优劣,行话感叹"神仙难断寸玉"。即使是高科技飞速发展的今天,也没有任何仪器能够探明内部玉质的情况。

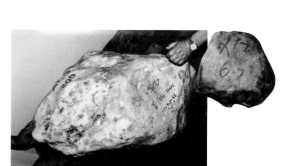

图2-4-5 蒙头货

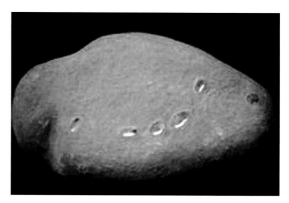

图2-4-6 开窗货

差，便迥异有无；较小的块体，如数公斤及其以下的，是由大块体风化解体而来，必然带有不均一的特征，只是程度较小而已。这种不均一性，是由于多种成分的不均一岩浆逐渐冷却形成不均一固溶体，再加上成矿后多期次的变质作用，使其发生多次变化所致。

这种变化被包裹，但却蕴藏着从零到千万亿万巨大的财富，似乎近在眼前，却又远在天边，于是人们就会产生无尽的猜想与冲动，猜想与冲动进入市场，与金钱结合，就产生了赌，小赌、中赌、大赌、豪赌，不一而足。

2. 半赌货，即半赌石

有的毛料本身就自然裸露出部分较好的玉质，但仍难以判断大部分玉质的好坏，赌性很大，就叫半赌货。有些则是人为地将皮壳擦开几个较大窗口，也叫半赌货（图2-4-7），这些窗口都是货主研究好了开在最好的地方，让人看诱人买。窗口的表现也许一直深入内部一直都好，也许只在表面几毫米处让你空欢喜。

有些切开的毛料，有较大面积的玉肉可以观察，但仍难判断未切开部分的优劣，行话说"还有赌性"，也属于半赌货。有的次生矿没有皮壳，但内部情况不是很明白，也属半赌货。

3. 明　货

切开后玉肉的情况已经明白的毛料叫明货（图2-4-8明货）。一般讲来，一块毛料从三分之一处切开，或者从相对的两个方向平行切两刀为三块，玉肉的优劣就基本明白了。不过这种"明白"仍然是相对的。因为每个人对同一块明货给出的价格仍然不会相同，主要原因是，每个人对这块明货拿去做什么？做多少？加工费是多少？做出成品后可以卖多少？等等诸多后续问题，又会有很不相同的看法、算法、和估价法。

半赌货与赌货从本质上说只是赌性的程度不同，所以行家们很多时候并不严格区分，把它们都看作是赌石。

图2-4-7　半赌货

正是在这两种交易中，赌石及半赌石天生的千变万化，注定了它不会平淡无奇，它那似是而非、似可捉摸又难捉摸、似搞定又未搞定或只部分搞定的禀性，鬼使神差地与十万百万、千万亿万的巨大财富分分合合，在一念之差或转眼之间变幻。于是，衍生出了那些赤贫与暴富的永远也讲不完的故事，名扬四海。

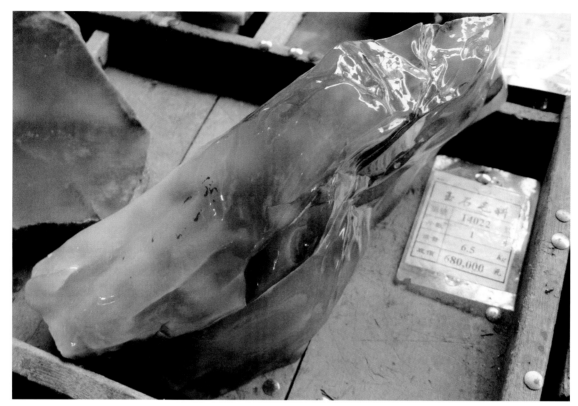

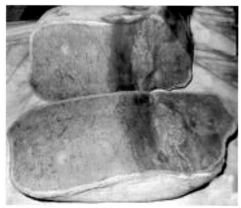

图2-4-8 明货

明货毕竟已经避开了最大的风险，它虽然不会暴富，却也不会暴输，更不会上当，做的是明白生意。所以如今，做明货者远多于做赌货者。

三 毛料的交易

毛料货主把毛料分为赌货、半赌货、明货三类并作适当处置后，就把毛料带入市场交易。三类毛料的交易都有两种形式：一种是传统交易，大约始于明末清初；另一种是公盘交易，始于现代1964年。

1. 传统交易

（1）传统交易的一般形式

传统的交易中，毛料是放在货主的家中或仓库里卖的。无论是在缅甸的密支那、曼德勒（瓦城）、泰国的清迈，还是在中缅边境的腾冲、瑞丽、盈江，要买毛料的人，须到毛料老板的家中去，而毛料老板要确认是业内商客，才会迎客交易，行外人是见不到毛料的。不过随着20世纪90年代末翡翠市场的急速发展，数十万人入行，毛料已出现在大街的商店里，在云南瑞丽，还开设了两个专门的毛料市场，大批的毛料，就放在摊位上任客人挑选。然而尽管市场变化，交易中仍然保留着两个数百年不变的传统：

一是好货不露面，那种数十万上百万一公斤的高档毛料，那种上千万上亿一块的天赐奇宝，是不给一般的小买主看的，必须有人介绍，货主确认买家是大贾巨商且确有购买意向，才能看货。

二是讲价不开口。买家如果相中某块石头，双方就开始讲价，但此时的"讲"其实并不开口，而是双方伸手到一方的口袋里或衣襟下，互相捏手指，用行内的指法讨价还价。如今买卖的人多了，懂指法的人少了，双方就用计算器按个数字给对方，仍不开口。

这两个传统一直沿伸到成品。成品中的百万以上的高档货也是不上柜的，要确认是大买主，才引客入内室，上座上茶看货。在各地一级批发市场里，客人问价，货主不答，尤其是在旁边有其他人时，更不讲话，而是用计算器按数字给对方看进行讨价还价。

这两个传统延袭至今，究其原因，其意有四：一是卖家看客喊价，对每个买家出的价并不一样，某些高手名人买货砍价出过的价一旦传开，这块石头这批货可能再也抬不起价来；二是买家看货估价，每块石头每批货在每个买家心目中的价格都不一样，一旦看走眼而又讲出来，会让人贻笑大方，颜面扫地；三是忌讳不吉利，双方十万百万千万讲出来，露了财，招来古训"大玉大祸"的霉运；四是由此体现这个行业的神秘与高贵。

（2）传统交易中的自然陷阱

如果说股市的警示语是"股市有风险，入市须谨慎"，那么赌石的警

图2-4-9 "一刀穷"，刀刀穷，桩头料，粪草料

示语就应该是"赌石有陷阱，入市须壮胆"。

有人看皮壳表现很好，出大价钱几十万几百万买进，一刀解开，玉质很差，只值几万几千，甚至分文不值，行话叫"解垮"。解垮了血本无归，倾家荡产，就叫"一刀穷"（图2-4-9）。解垮的人甚觉脸面无颜，消声屏息，知道的人越少越好。

有人看皮壳一般，谈成小价钱几万十几万买下，一刀解开，玉质极好，价值几百万几千万，叫作"解涨"。解涨了自然一夜间暴富，就叫"一刀富"。解涨的人认为财神光顾，财运亨通，常放鞭炮庆喜，旁边的人都想沾点财气，乐于道喜，于是喜讯一传十十传百，人人知道。

不过有趣的是，有人一刀解垮了，看着两半石头不甘心，再解，一刀

乍听起来，涨的故事多垮的故事少，而实际是，涨的少垮的多，故行话说"多看少买，十解九拽"。

下去，玉质又好了，转悲为喜。也有人看着解开的两半石头，与原来的判断相差太大，已经灰心，不过认为还有卖样，赶紧卖出去，好歹捞点本钱捞回来，殊不知买的人拿去切一刀，又大涨特涨值上千万，卖家闻知，又气得吃不下睡不着，"几个月都心情不好"。

当然，皮壳是内部玉质风化后的外部表现，两者之间存在着一定的联系规律，有些行话表述了这些规律，如"宁买一线不买一片"、"绿随癣走"、"沙粗种粗、沙细种细"、"龙到处有水"等等。都可以用矿物学的理论给予阐释。很多皮壳表现的行话名称，如白沙皮、黄盐沙、乌沙、蟒带、松花等，形象且具有代表性，也可以得到科学的解释，有利于理性的判断。

但是，同一块赌石同一个皮壳，不同的人却会有不同的看法，各人赌种、赌水、赌色、赌裂，确实难以一致。所以毛料的买家们如果是好朋友，经常会互问："你看多少（万）？"直接用钱度量。同一块石头，有的看到二十万，有的却看到三百万，相差可以数十倍。有的行家高手，掌握规律较好，交易时又能"剑胆琴心"，所以赢多输少，总体是赢，自然越做越大。当然，这需要若干年用自己数十万上百万的钱"真刀真枪"的买卖积累，用别人的钱是学不出来的。常见有大钱的新入行者找"专家"帮买毛料，就应该找这些有经历有业绩的高手，这些才是真正的专家而不是"砖家"。

（3）传统交易中的人为陷阱

如果赌石只有自然的陷阱，那只能算惊险，还不能算凶险。赌石的凶险还在于有人为的陷阱，主要是两类：

一是假赌石。由于赌石的自然属性本身就有真有"假"，于是用假石、做假皮、做假心、做假口、上假色的假赌石也应运而生，掺和其间，等你随时落井，让你防不胜防。

用其他不是翡翠的带绿色的石头冒充翡翠；更有甚者，到山上捡些表皮灰黑色的普通砾石，即俗称的鹅卵石，丢到一堆灰黑色的真的低档毛料中，便是"赌石"，等你来赌。

拿一块很低档的无皮的桩头料，甚至拿一块其他普通石头，用水泥加

数百年来，赌石的交易都是凭眼力看石头，叫"相玉"。相玉靠的是技术、经验、胆略加运气，赌涨了自享，赌垮了自认。所以，赌石处处有陷阱，这种陷阱与生俱来，犹如急流之漩涡，大海之巨浪，没有任何行政部门来为你"保驾护航"。

也有人用市场价值较低的原生矿毛料，将其棱角打磨，做层假皮，然后把有颜色的地方故意露出来，当作开窗色料，等待不明所以的人来赌。

上玉石场某场口的泥沙包裹一层假皮，有的还仿真皮加点绿色，有的还在该场口埋上一段时间再刨出来，让皮壳更加逼真，等你来赌。

解成两半垮了的石头，开过小口有点水头，把心挖空，用绿染料加胶做个假心，把两半石头用水泥重新黏合，仔细掩饰黏合线与皮一样，俨然有水有绿的好料，等你来赌。

在开小窗口后，发现有点水，但无绿色，于是在小窗口的后方掏一个洞，通到前方离小口几毫米的地方，塞进绿牙膏或绿染料，然后把洞封死，仔细掩饰洞口与皮一样，又是有水有绿的好料，等你来赌。

把那种结构疏松的低档料，放到紫色的染料里浸泡，或者局部放到绿色的染料里浸泡，让染料沿裂隙或晶隙浸入，取出后做皮，等你来赌（图2-4-10）等等，还有其他种种做假法。

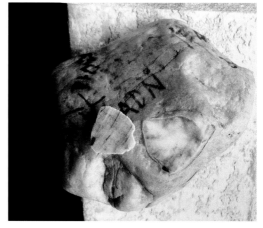

图2-4-10　上色假赌石

假赌石只能靠买家自己辨认，买假了自吞苦果自认倒霉，没有哪一个行政部门会来为你"打假"。但买家也不是好惹的，曾有一个部队上的大买家，货主拿一块石头喊价八十万，他"感觉"是做假的，叫货主快拿走，货主咬死是真的，他怒道：我们现在就去解开，如果是真的，不还价，就给你八十万，如果是假的，——他把手枪拔出来往桌上一砸，吼道："老子毙了你！"吓得货主抱起石头就跑。

二是猛喊价。赌石的价本来就看法不一，高低相差很大，于是货主就猛喊价，行话说"高得离谱""喊齐天"，看你可有本事还价？因为毛料买卖这一行有一个非常重要的行规，就是买家还价后，如果卖家同意，就算成交，不许反悔，人人遵守，历来如此。

于是，又想要石头又还不好价，一还不好就掉进陷阱里，多吃你几十万几百万便是常有的事。曾有一块石头，不少买家的看法都是二三十万的货，实际上货主也清楚就这个价位已有赚头，但如果看你眼生，认为你不懂，看你像个大老板，要趁机狠宰你一刀，开口就喊六百万。喊价与实价相差如此之大，谁能还到二十万？一还价，高过此数的，就是卖家赚了

值得一提的是，带绿的高档翡翠价值不菲，不法商贩做假绿色的很多。培养自己对绿色色调的判断能力很重要。一块玉料上的绿与做成首饰后的绿有很大区别，抛过光与未抛光的绿也不同。故一定要在实践中对绿色色调仔细研究、准确判断。要注意用聚光电筒观察玉石只能看玉石内裂纹、杂质的多少，决不能在聚光电筒下观察绿的好坏。

又多赚的，低于此数，货主不卖，买家又可惜又无奈，还可能被货主嘲笑"懂又不懂，还来玩石头"。

但这次的买家是位道高一丈者，故意还价：两万！货主气急：你怎乱来？买家笑道：你敢乱喊，我就敢乱还。行内叫"喊齐天，还齐地"。双方大眼瞪小眼，气氛紧张，货主无语，发现遇到高手，又想把石头卖掉，只得重新开价。一来二往，双方成了朋友。

当然，更多的是上大当，疼痛永记心头。资深高手常告诫："入行要小心，人家拿根鸡毛伸到你嘴里搅一搅，叫你黄胆水都吐出来！"

然而赌石就是怪，就是有魔力，永远都吸引着"不信邪"的冒险者。一位在其他行业发了大财的大老板，改行来玩石头，自恃拿着几个亿，财大气粗我怕谁？哗啦哗啦就出手，才买了两批石头，拿回去解开全是"粪草料"，几百万转眼间变成几堆废石头。这才手抖了，不敢买了。几个亿算什么，就是几百个亿，丢到毛料买卖里去，泡泡都不冒几个。正所谓这一行说的，叫你"站着进去，躺着出来。"

要想入行赌石者，须忌浮躁，更忌狂妄。必须俯首虚心学习，最好先拜师，这一行，师门秘道多的是。

2. 公盘交易

所谓公盘，就是以拍卖的形式销售毛料。开公盘，就是开毛料拍卖会。

毛料的公盘迄今为止，全世界只有十个。一个在缅甸，由缅甸国家矿业部控制，于1964年在原首都仰光首次开盘，现已迁至新首都内比都。按缅甸法律，玉石场开采出的毛料，必须运到内比都的公盘拍卖，成交后完税，才是合法的，才能办理出境手续外运（图2-4-11）。另外九个公盘

图2-4-11　缅甸内比都公盘

图2-4-12　平洲公盘

都在中国，广东省佛山市平洲玉器街从2006年至今有七个公司先后开设了七个（图2-4-12），云南中缅边境的瑞丽市于2011年开设了一个，盈江县也于同年开设了一个。

由于每一份毛料的体积普遍很大，重量在数十公斤到数十吨，每次拍卖又在数千份以上，所以公盘的场地很大，内比都和平洲的公盘面积都大于半个足球场。又因拍卖是投标竞买，所以公盘的场地也叫标场。

但是，毛料的投标，却不像其他商品那样买家同场举牌，公开竞价，而是投"暗标"，具体过程如下：

（1）组织管理

拍卖公司拥有标场，是第三方组织管理者，负责整个公盘的操作，包括资金与毛料的交割，收取摊位费与成交的提成费。买卖双方若发生争议，在内比都由缅矿业部下设机构仲裁，在国内由当地宝协仲裁。

（2）卖家备货

卖家把毛料运到标场，按指定位置，大的堆放在露天广场，小的摆放在室内货架，交纳摊位费并自报起拍价，标场把每一份毛料都编上号码并写出起拍价。缅公盘早期隔年一次，后来一年几次，2012年因政府军与克钦军交战停开一年，2013年6月重开。平洲各公盘料齐就开，几家公盘一年十几次。

（3）买家资格

不是任何人都可以进场竞投。缅甸公盘的参投者除提前实名报名办证外，每人都须交纳5万欧元的保证金，方可进场，违规便全额罚扣。缅公盘结算只用欧元，缅币、人民币和美元都不用。平洲的七个公盘都需到平洲宝协实名办理会员证，每年交300元会员费且由两名老会员签名担保，开盘时凭会员证入场。瑞丽和盈江的公盘起步晚，较为宽松。

（4）买家投标

公盘开始，有3~5天看货时间，买家进场，一堆一份，明货、赌货、半赌货，反复仔细看，如果是几人合股，还反复商议，从成千上万份毛料中寻找适合自己的目标，估算着这份毛料可以做手镯几支，挂件几个，边料剩多少，做工要多少，做出来后能卖多少，能赚多少，所以最多只能出价多少等等。然而最麻烦的是，此时你并不知道还有多少人也看中这份毛料，看中的那些人又愿出多少；也许根本只有你，你压根就是白白假想，到头来自己盘算自己。但是不算又不行，十万百万千万的钱，投高了大亏不是小数，投少了又怕被别人投走而错失发财良机，非常让人纠结。正是“人在暗中，价在暗中，利在暗中，亏在暗中”。考的是本事、金钱和胆识。

（5）标书填写

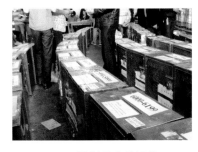

买家用填写标单（图2-4-13）的方式，把要买的毛料的编号和愿出的价格填好，投入标箱内。标箱设若干个（图2-4-14），每个标箱接收一定编号区间的标书。投标时间截止，由标场组织公正开箱验标，出价最高者中标。

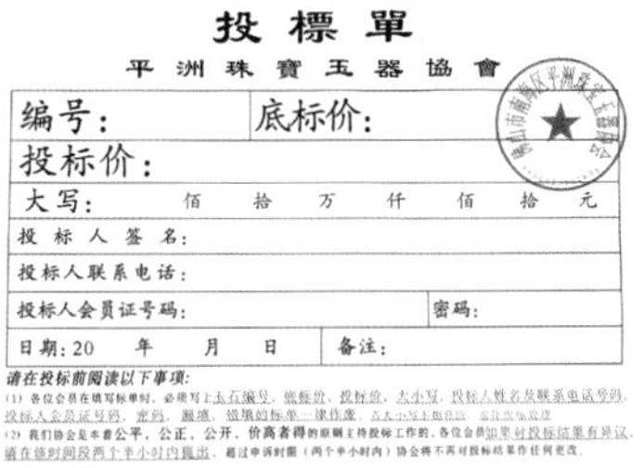
投標單
平洲珠寶玉器協會

编号：	底标价：
投标价：	
大写：　佰　拾　万　仟　佰　拾　元	
投标人签名：	
投标人联系电话：	
投标人会员证号码：	密码：
日期：20　年　月　日	备注：

请在投标前阅读以下事项：
(1) 各位会员在填写标单时，必须写上[illegible]
(2) 我们协会是本着公平、公正、公开、价高者得的原则主持投标工作的，各位会员如果对投标结果有异议，请在[illegible]提出，超过申诉时限（两个半小时内）协会将不再对投标结果作任何更改。

图2-4-13　平洲公盘投标单

图2-4-14　平洲公盘投标箱

（6）卖家拦标

所谓拦标，是公盘规则中允许卖家做的一个狠招。卖家为了吸引买家注意，可以把标底报得很低，引诱人。例如，标底写明的是10万，为的是吸引你，但实际上至少他要100万才卖，怎么办？很简单，他可以去填张标书，填上这份石头的编号再填100万，这样，只有高于100万的才可能中标买走，低于100万的，便被半路拦截，货主自己把自己的货“买”走了。这种规则，很有利于卖方，却又给买方增加了一个难解的密，一只拦路虎。

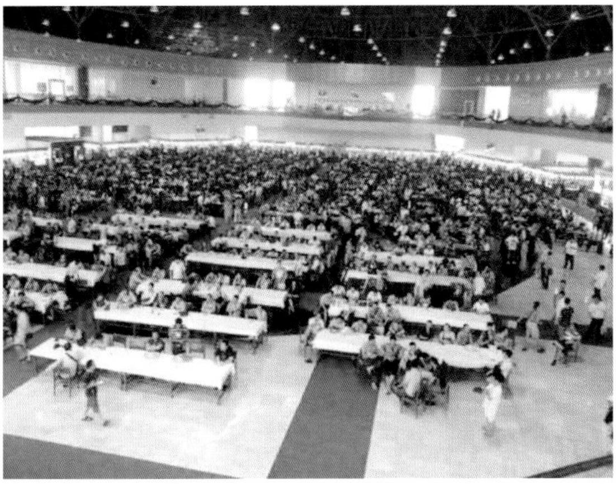
图2-4-15　2013年内比都开标大厅

（7）开标百态

组织者公开宣布中标者名单和中标价，叫作开标。开标时，数千人集中在开标大厅（图2-4-15），由电子大屏幕滚动公布，组织者则在台上宣读本届投标最高前几名的标价和名单，第一名被称为“标王”。

低价中标者：庆幸自己眼准手狠，功夫了得，发了大财。

高价中标者：心疼不已，少出几十万上百万也买得到的东西，白花冤枉钱了。当然

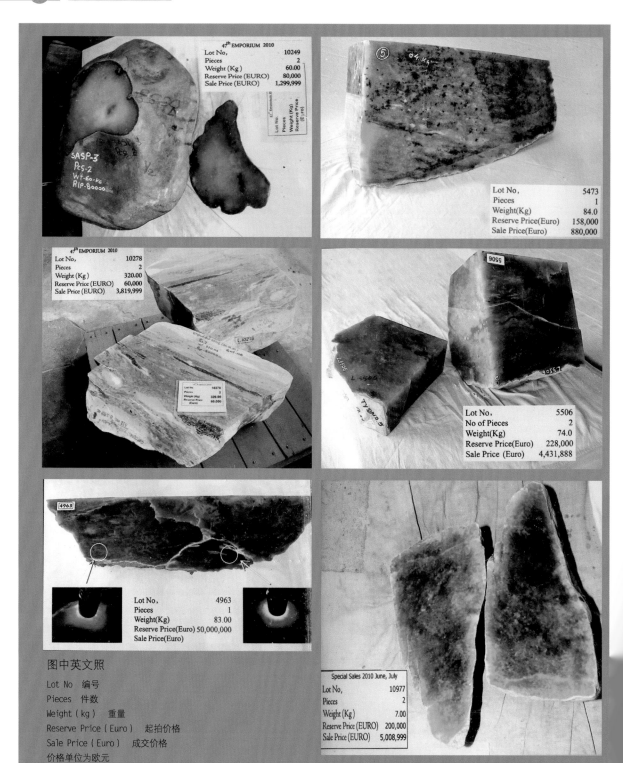

图2-4-16　2010年与2013年内比都公盘的部分高档毛料的编号、件数、重量、起拍价、成交价

图2-4-15是2010年与2013年6月内比都公盘的部分高档毛料的编号、件数、重量、起拍价、成交价，图中价格单位是欧元。由此详细资料，我们不难了解缅甸公盘的规模、档次及巨大的吸引力。

只好自我安慰"赚得回来的"。

低价未中标者：一看中标价比自己出的价高出几十倍，便咒"什么眼力，让他赔死亏死"。当然也有感叹他人太有钱，或怀疑自己是否看了走眼。

高价未中标者：尤其是那种与中标价只相差末尾一个数的，即只差几元钱的，忍不住地后悔："本来可以赚百万千万的，少写几块钱，变成别人的了。"

平和者：无所谓，不是自己的求也求不来，是自己的不求也自来。

可见，暗标虽"暗无天日"，却在暗中生出种种精彩和怪态。对于财大气粗也许白花了千万百万的"标王"，大厅里数千人还会爆发出真诚的热烈的掌声，大家都习惯了这套游戏规则，谈笑于恭维玩味之中，心跳于巨款得失之间。——都是暗标惹的祸。

（8）交割提货

因为货已在标场封存，所以中标者只需在规定时间内把款汇到标场指定银行，标场扣除相关费用后，再把款汇到货主账户，手续完毕，标场通知买家提货，或标场直接把货运送到买家指定的地点。

（9）违规处罚

主要违规是：有的买家中标后，感到自己出价太高太划不来，不付款便离去，使这份本可出售的毛料卖不出去。

由于是实名制，违规者将被列入黑名单并公示，缅甸公盘五年内不得参加，且全额扣罚5万欧元保证金。在国内的几个公盘，只有"三年内不得参加"等约束，未罚款。

尽管这是一套对卖家极为有利的规则，但公盘依然火爆。内比都公盘由于高档料多、品种全、货量大，每届都吸引着大量的中国买家。

图2-4-17　内比都公盘高档毛料

ZHONGGUO YU WENHUA
GAISHU

中国玉文化

概述

在人类从旧石器时代进入新石器时代漫长的岁月里，地球上四大文明发祥地的古巴比伦、古埃及、古代中国、古印度，都曾经历过普通石头与"美石"并用的阶段，然而只有中华民族将"美石"剥离出来，赋予她灵魂，数千年传承，发展成文化。

从翡翠产区的地理位置看，当人们发现它的时候，可以有三个流通的方向。往西，400多公里流向印度；往南，最方便，100多公里进入平原，再有600多公里坦途便到曼德勒；往东，万里之遥，翻越数千公里高山大河，才可到中原。

　　为什么它不向西不向南，就近就便让两个地区的人们享用，却偏偏向东，不畏千难万险，去往中国呢？

　　原因很简单：中国人爱玉。中华民族延绵数千年的玉文化，是外国人没有，中国人独有的文化现象，它博大、精深而又包容。因此，当第一块翡翠诞生时，便注定要流向东方，融入那片广阔的天地，那个绚烂的民族。

中国古代玉器的起源与分布

一 玉器的起源

人类使用石器已经有上百万年的历史。在华夏大地上，考古发现的最早的原始人，是云南元谋县距今170万年前的元谋猿人，尔后，又有陕西蓝田县距今100万年的蓝田猿人，河北周口店距今60万年的北京猿人等。他们使用的石器是打制的，因此称为旧石器时代。旧石器时代罕见用玉料磨制的工具和饰物，是"玉"和"石"不分的时代。

大约在距今1万年左右的时期，人类学会了磨制石器，由此进入了新石器时代。新石器时代出现了农业、畜牧业、制陶等手工业，人类的活动范围扩大，石料的选择也拓宽了，一些美丽而坚硬的石料即玉料，被磨制成了工具和饰品，于是，玉器自然就出现了。大量的玉器的出土说明，这种选择是新石器时代的人们有标准、有目的、而且是大批量的选择，已经脱离了无意识、碰巧、个别的阶段，因此，中国玉器起源的时间，确认在新石器时代的早期，即距今1万年左右，是较为恰当的。

迄今考古发现批量出土的最早的玉器，是辽宁省阜新县沙拉乡查海村发掘的查海文化玉器，及内蒙古敖汉旗宝国吐乡兴隆洼村发掘的兴隆洼文化玉器，经测定，两地玉器的年代同期，均在距今8000年左右，且玉料都是阳起石—透闪石类，与新疆和田玉基本相同。虽然当时人类活动范围较小，但两地都有玉玦和匕形器（图3-1-1），两地玉玦的外径都在3~4厘米左右，只是兴隆洼文化的玉玦较多（图3-1-2）。

图3-1-1
查海文化的匕形玉器

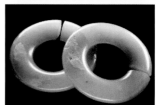

图3-1-2
兴隆洼文化玉玦

二　玉器的分布

近百年考古累积的成果，揭示出中国古玉分布的两个规律。

规律之一是，新石器时期距今1万～4千年左右，玉器主要分布在五条大江河流域，它们从北到南是：辽河流域中下游地区，如红山文化玉器；黄河流域中下游地区，如仰韶文化玉器；长江流域中下游地区，如良渚文化玉器；珠江流域中游地区，如石峡文化玉器；澜沧江流域中游地区，如卡若文化玉器。这五条江河流域覆盖了中华大地广袤的区域和众多的民族，正好是我们祖先生息繁衍的地区。

新石器时期跨度五千多年，上述各区域文化在这五千多年间，有的同期出现，有的相距数千年出现，但它们所使用的玉器，最终都融为一体而成为整个民族的文化传统，这正好佐证了中华各民族文化的互容性与同根性。

规律之二是，在接下来夏商之后直至近代明清，大量玉器或者典型玉器的出土，都在历朝古都的帝王墓室中，从殷墟妇好墓到慈禧被盗墓，例子不胜枚举。这正好说明，在整个奴隶社会和封建社会中，玉器都被帝王和上流社会拥有和使用，这对玉器的文化本质是一种最好的诠释。

三　玉料的种类与工具的材料

古玉器所用的玉料和加工工具的材料，都与当时社会的稳定程度和生产力发展水平相关。

1. 玉料的种类与流通

（1）主要的种类。各时期各朝代各文化区域所用玉料大致有：透闪石—阳起石玉料，新疆和田玉县产出的最为优质，称为和田玉，其他产地还有青海、甘肃、四川、辽宁等，多以产地命名；蛇纹石玉料，辽宁岫岩县产的最为优质，称为岫玉，其他产地分布较广，还有广西、新疆、甘肃、四川、广东等，多以产地命名。石英质玉料，统称玉髓，有密玉、玛瑙、黄蜡石等，各地广泛产出；另有陕西产的蓝田玉，河南产的独山玉，以及当时地域使用而现今已不再作为玉的其他杂玉；明清时代大量出现的翡翠玉，产自现今的缅甸。

（2）玉料的流动。西周之前及至整个新石器时代，由于人类活动范围较小，玉料都是就地取材，交流甚少。春秋至汉，玉料流动扩大。魏之后因战乱与分治，流动萎缩。隋复一统，各种玉料又流动活跃，间有起伏，直至清。其间，新疆和田玉作为最优质的玉料被历朝帝王运往各京都使用。例如，清1763年间，大蒙（即新疆）官府玉场忽现一块重数千斤的大玉，急报乾隆皇帝，乾隆大喜，降旨运京，于是现场制作一辆数丈长的木轮巨车，将大玉装上，"就中瓮玉大第一，千蹄万引行踌躇，日行五里七八里，四轮生角千人扶"（乾隆诗），上百骏马，上千民夫，历经三年，行程一万二千里，将大玉运抵北京，乾隆亲监，又经四年，终成传世国宝《秋山行旅图》（图3-1-3）。而翡翠则最晚在宋代，便不远万里，流入中原。

生产力的发展打破了玉料的区域性，使玉料可以在整个华夏大地流通，从而让人们的多种选择成为可能。

2. 加工工具的材料

（1）解玉砂。由于多数玉料都比普通石料坚硬，有的玉料甚至用现代机械加工最硬的合金钢工具也无法雕凿，如和田玉、翡翠等。所以，人们在工具与玉料之间加入"玉砂"，靠无数细微而坚硬的玉砂反复磨铣，方可琢玉。故所谓玉雕并不是"雕"，而是"磨"。古时把玉料切开叫解玉，所用玉砂叫解玉砂。把整个玉器的制作过程叫治玉、理玉或碾玉，而从不叫雕玉。

据考，解玉砂主要有5种：珍珠砂，实为红宝石（矿物名称刚玉）粉，硬度9；紫砂，实为刚玉粉，硬度9；红砂，实为石榴石粉，硬度7.5；黄砂，实为石英粉，硬度7；白砂，实为石英粉，硬度7。其中，刚玉粉Al_2O_3在现代很容易合成，因而现在仍被广泛使用。

从古至今，上列所有解玉砂在行业内被统称为"金刚砂"。但在现代，真正的金刚砂是用未达到宝石级的金刚石制成的金刚石粉，其硬度是10；金刚石达到宝石级就是钻石。因此，真正的金刚砂或金刚粉是钻石粉，其化学成分是碳C，现代也可以合成。现在玉雕磨料市场上还使用一种新的合成材料碳化硅SiC作为磨料，硬度仅次于钻石，为9.5，也被含混地称为金刚砂。

所以，现在市场上所谓的"金刚砂"主要有三种，一种就是钻石粉，硬度是10，价格高；另两种是氧化铝和碳化硅，硬度是9和9.5，价格低。我们要注意区分称谓上的传统与现代之别。

图3-1-3　乾隆御制秋山行旅图

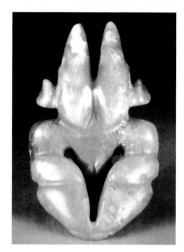
图3-1-4　红山文化太阳神

图3-1-5　良渚文化玉琮

（2）工具的材料

治玉的工具用什么的材料来制作，直接影响着加工的速度和精度。

玉器的珍贵，不仅仅因原料的稀缺，还与当时尚不发达的生产力有关。简陋的工具、不完善的琢玉技艺，让制玉人"数年琢一玉"，也才让这稀有的玉器成为众人仰慕、追捧的"宠儿"。

新石器时代的工具是用骨、角、竹、木等制成，沾上解玉砂慢慢琢磨，因而玉器形体较朴拙，饰纹较简单，孔径较大且两面成相对的喇叭口形。这是一项极为重要而又耗费岁月的工作，据推测，在原始部落里专门分工出来的琢玉人，琢磨如红山文化中的太阳神（图3-1-4），或良渚文化中的玉琮（图3-1-5），尽其一生，也就只能制作几件而已。

中国的青铜器时代始于距今4000年左右，然而直到公元前1600年～前1046年的商代，才出现了用青铜器加工的玉器。虽然青铜器与玉料相比仍然很软，但比骨角竹木却要精细和锋利，所以，在青铜器鼎盛的商代和西周，玉器的品种增加，器形多样，饰纹复杂。

春秋时期，中国进入了铁器时代，铁器应用于琢玉工具，使玉器向精美和高难度方向长足发展。在之后的两千多年里，治玉的工具逐步专门化，工艺程序化，工匠行业化，形成了玉石加工行业（图3-1-6），直至现代。

现代琢玉的各式工具都由电动机提供动力，但机械加工的车、铣、刨、削等方法及工具，对翡翠、和田玉等玉石仍然无能为力，其加工仍然靠金刚砂磨，只不过金刚砂不再用添加的方法，而是把它直接黏镀在解玉的圆形锯片和琢玉的各型磨针上。锯片和磨针都用高韧度的合金钢制成，最新技术甚至可以把金刚砂渗进合金钢表层，增加磨层的厚度和耐磨性。

只有在抛光的最后一道工序中，我们还看到用竹、木、皮革沾上抛光粉抛磨的办法，因为此法对玉的磨耗量极小，只能磨去前面各工序留下的肉眼看不见的粗糙面而增加光亮度。由此，我们不难想象新石器时代那些琢玉人数年磨一件的艰辛身影。

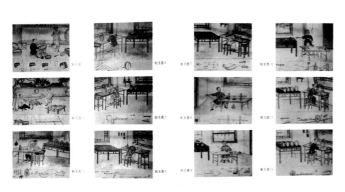

图3-1-6　古代玉石加工

中国古代玉器的主要种类

据考古学界和古玩界的一般看法，清代（含清代）以前的玉器就是古玉器。其中古玩界又把汉代（含汉代）之前的称为"高古玉"，汉之后的魏代到宋代之间的称为古玉，而明、清两代的直称明清玉。

中国的古玉非常丰富，它们承载着中华民族文明的历史信息。在北京故宫博物院、台北故宫博物院及各省的博物馆，都有国宝级的古玉珍藏，在民间及海外也有广泛珍藏，多不胜数，不下百万件，难以计数。笔者按玉器的用途作以下分类。

一 玉礼器

帝王及部落酋长、巫师在祭拜天地、神灵、祖先时，都要使用专门的玉器来行"礼"。这类玉器就称为"玉礼器"。

玉礼器中最典型的就是"六礼器"，简称"六器"：璧、琮、圭、璋、琥、璜（图3-2-1）。其标准颜色和用途是：苍璧礼天，黄琮礼地，青圭礼东、赤璋礼南、白琥礼西、玄璜礼北。

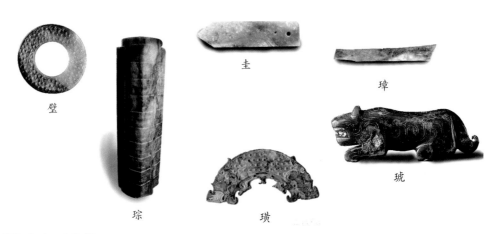

图3-2-1 六礼器

其他玉礼器还有，举行盛大祭祀活动时用的打击乐器玉磬，记录祭词、礼文用的玉册，祈求风雨用的玉珑（图3-2-2）等。

玉册

玉磬

玉珑

图3-2-2

二 玉瑞器

《说文解字》云："瑞，以玉为信也。"并解释：玉器用于礼神时称为礼器，用于"人持"作为信物时，称为瑞器，且"瑞为圭璧璋琮之总称"。就是说，古代帝王将相士大夫，用所持或所佩的不同的玉器作为信物，来区别官阶，这类玉器叫玉瑞器。

玉瑞器中最典型的就是"六瑞器"，六瑞器是将六礼器中的圭在形状上作四种改变，并把璧在纹饰上作两种改变，而制成六种瑞器给六种官员使用，《周礼·春宫·大宗伯》云："王执镇圭，公执恒圭，侯执信圭，伯执躬圭，子执谷璧，男执蒲璧"。

可见，六瑞器虽然源于六礼器中的两种，但它们的功能完全不同。六瑞器通常不简称，故"六器"专指六礼器。六瑞器验证了许慎瑞器总称之说中的圭和璧，但璋和琮用于何种官阶至今尚不见出处，或许今后会被研究者所考证。

其他的玉瑞器还有笏（音hù），上朝用的手板。《礼记》云："笏，天子以球玉，诸侯以象，大夫以鱼须文竹、士竹。"文中"球"就是美玉，其意是：皇帝用美玉笏（图3-2-3），诸侯用象牙笏，大夫用鱼皮包裹装饰的竹笏。还有翎管、朝珠等。

图3-2-3 玉笏

三　玉　玺

用玉刻制的印章叫玉印，皇帝和皇后用的玉印叫玉玺
（图3-2-4）。

图3-2-4　汉代玉玺

四　玉仪仗器

在举行迎宾、征战、酒宴、婚丧等盛大活动时，常使用玉制的仪仗
器，如：玉斧，玉戈、玉戚、玉刀、玉钺等（图3-2-5）。

玉斧

玉戈

玉戚

玉刀

玉钺

图3-2-5　仪仗器

五　玉佩饰器

无论男女，用于全身佩戴的，都归为佩饰器（图3-2-6），如：

玉瑗：环状，肉（玉质部分）大于好（中空圆部分），佩饰。

玉环：环状，肉小于好，佩饰。

玉镯：环圈状，戴于手腕。

玉玦：环状，留缺口，用作耳饰。

玉如意：灵芝头状，有柄，佩戴或把玩。

玉佩：玉佩可雕的内容十分广泛，神物、动物、植物均可。

玉扳指：射箭时套在手指上起保护作用，高古玉中称玉韘（shè）。

玉带勾：扣腰带之用。

玉串珠：用玉珠或玉片串成，戴于项上胸前。

玉簪、玉笄：盘头发用。

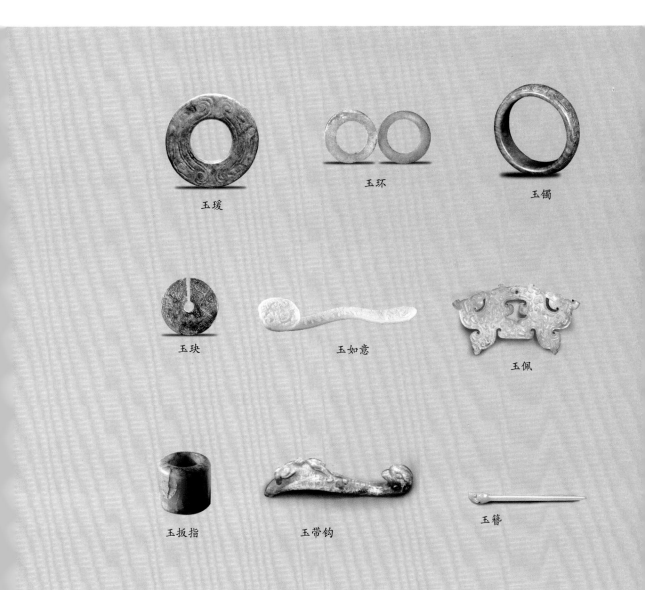

图3-2-6 佩饰器

六　玉摆设器和手玩器

比佩饰器形体大，只能摆放观赏或把持手玩的，归为摆设器和手玩件，如：玉山子、玉壶、玉瓶、玉屏、玉香熏、玉鼎、玉人、玉动物等（图3-2-7）。

玉瓶　　　　　　　　玉屏　　　　　　　　玉人

玉香燻　　　　玉摆设器动物　　　　玉鼎

图3-2-7　玉摆设器和手玩器

七　玉生活器

　　生活中有实际使用功能的器皿，如：玉碗、玉筷、玉壶、玉杯、玉羽觞、玉尊、玉洗等（图3-2-8）。

玉碗

玉筷

玉壶

玉杯

玉洗

玉羽觞

玉樽

图3-2-8　玉生活器

八 玉葬器

1. 玉 衣

玉衣有金缕玉衣、银缕玉衣、铜缕玉衣、丝缕玉衣，分别为帝王皇后、诸侯大臣、一般官吏逝后专用，唯丝缕玉衣仅在南越王赵眛墓出土一件（广东省）。1968年在河北省满城县的陵山，出土了西汉中山靖王刘胜与其妻窦绾的两件金缕玉衣，虽距今2100多年，但玉片仍温润如初，金丝仍光灿如新，保存最为完整（图3-2-9）。

玉衣在汉代盛行，由于玉衣昂贵故屡遭盗墓，帝王们反而落得死无完尸，冥不安宁。所以之后历代帝王都不再使用了。

图3-2-9 金缕玉衣

2. 玉 蝉

常用玉蝉、玉蚕等（图3-2-10），取蜕变重生之意。

3. 玉 塞

有眼罩、面罩、耳塞、鼻塞、阴塞等，人的九窍皆被盖住或塞住。

4. 玉 握

置于双手握住。

图3-2-10 玉蝉

玉蝉也常用作佩件，古人认为蝉（知了）喝露水为生，且居于高枝而鸣，是一种高洁的生物，佩蝉是为了标榜德行，彰显自我。

中国玉器发展概要

一 各发展时期的主要特征

　　虽然按照社会形态的分析，我们的祖先在距今1万年左右就会使用玉器，但从迄今为止考古的成果看，最早出现玉器的是距今8000年左右的查海文化。在8000年漫长的历史年代里，各类古玉器经历了出现、兴盛、或衰落消失、或延绵传承的过程。现将各个发展时期的主要特征简介如下。

1. 新石器时代（神话传说时代）：约公元前1万年~前2100年

　　（1）距今8000年前的查海文化出现了中国最早的玉器；

　　（2）红山文化发现了"中华第一龙"，又称"C型龙"；

　　（3）良渚文化创造了阴刻线、浮雕等新工艺，并出土了大量玉礼器，玉礼器只有璧、琮、璜、璇玑等，六器尚不完善；

　　（4）石家河文化首次用剔地法刻阳纹；

　　（5）玉器种类主要是玉工具、玉兵器、玉仗器、玉佩玩；

　　（6）我们的祖先在辽河、黄河、长江、珠江四江河流域的很多地区，广泛使用玉器。

2. 夏朝：前2100 ~ 前1600年

　　（1）河南省偃师县的二里头文化，出土了大量的玉仗器，并首次出现大量可能用于辟邪的"柄形器"；

　　（2）目前夏朝出土较少，是一个空白。

3. 商朝：前1600 ~ 前1027年

　　（1）开始使用青铜器作制玉工具；

　　（2）出现活环套链雕制法，是重大工艺突破；

　　（3）实用器皿达到成熟阶段，几乎生活中能见到的所有飞禽走兽约三十余种，还有龙、凤、神兽、怪鸟，大量写实出现；玉器总体风格重写实轻神秘；

（4）出现直径1米以上的巨型璧；

（5）广泛应用难度大的剔地阳纹、镂空、圆雕等技法；

（6）最重要的出土是河南安阳的妇好墓和四川广汉的三星堆文化；

4. 西周：前1027～前770年

（1）玉工具玉兵器消失，玉仗器减少，玉礼器增加；

（2）首次发现玉礼器中典型的玉圭；

（3）与商朝相反，玉器总体风格重神秘轻写实；

（4）大量使用玉葬器；

（5）飞禽走兽种类突然减少只有十多种，凤纹突然增多并抽象化，极富特色。

5. 春秋：前770～前476年

（1）铁器应用于制玉；

（2）玉琥出现，且数量最多；

（3）组合式的玉佩完善且式样丰富；

（4）玉德论出现，对玉料质量要求为"首德次符"；

（5）流行抽象变形的夔（kuí）龙纹和凤纹。

6. 战国：前476～前221年

（1）各国拥有自己的玉匠；

（2）"六礼器"即璧、琮、圭、琥、璋、璜发展完备，到鼎盛；

（3）玉璧出现很多新款式，并出现谷纹和蒲纹；

（4）出土的战国玉器90%用和田玉制成；

（5）圆雕、镂空、活环套链、玉带钩突然增多；

（6）从人和动物抽象出来的装饰性纹图广泛应用。

7. 秦：前221～前207年

（1）诸多史料中记载秦始皇的"天下第一玺"，玉玺开始成为皇权象征；

（2）首次出土高足玉杯。

8. 汉朝：前207～公元220年

（1）西汉葬器达最高峰，出现金缕玉衣、银缕玉衣等；

（2）玉器使用转向"德符并重"；

（3）玉舞人突然增多达到鼎盛；

（4）玉神物如玉辟邪（貔貅），玉四大神灵的青龙、白虎、朱雀、玄武出现；

（5）出现"汉八刀"雕法。

9. 魏晋南北朝：220～589年

（1）连年战乱国力衰败，玉料差，做工差，玉器少；

（2）基本沿袭秦汉玉器，但出现两面不同图案的玉佩。

10. 隋、唐五代：581～960年

（1）从魏晋南北朝的衰落复苏，又使用高档玉料和田玉；

（2）唐代盛世玉器大发展，原有的玉器如玉簪（Zān）、玉梳、玉盒等出现很多新款式；

（3）出现玉佛、玉飞天、玉带板、玉胡人、玉狮、玉孔雀新品种，及大量金镶玉饰品；

（4）首次出现牡丹、石榴、藤蔓等花果植物图纹。

11. 宋、辽、金、元：916～1368年

（1）宋代宫廷出现翡翠玉制品盏、罂、杯等；

（2）宋代出现多层镂雕和立体镂雕技法；

（3）金元出现数吨重的超大玉器，如超大玉瓮；

（4）利用璞皮和俏色巧雕的玉器大量出现；

（5）"图必有意，意必吉祥"成时尚，时兴"首符次德"；

（6）除皇室外，官员、富商、士大夫开始拥有玉器。

12. 明朝：1368～1644年

（1）以营利为目的仿古玉器十分盛行，不仅种类如璧、琮、圭、动物等仿古制作，而用蒸、浸、埋等方法沁色作旧，伪造古玉器；

（2）玉带中出现不同纹饰代表不同官阶；

（3）祈求福禄寿的图案增多，如连生贵子、鱼龙变幻、五子登科、麻姑献寿、太白醉酒、羲之爱鹅、刘海戏蟾、走马上任等等；

（4）明晚期由于嘉靖、万历两朝皇帝信奉道教，长命百岁与修道成

仙的图纹如寿星、八仙、松鹤、灵芝等广泛刻于玉器；

（5）以陆子刚为代表，时兴在图案上刻诗，落款则只有陆子刚一人；

（6）翡翠在云南蓬勃发展，并进入中原。

13. 清朝：1644～1911年

（1）从乾隆到嘉庆的清中期，是中国玉器史上的最高峰，玉器的种类、雕工、图纹、款式等，包罗万象，集天下之大成，数量也为最多；

（2）玉器从宫廷流向民间，官民共享；

（3）翡翠问鼎宫廷，特受慈禧钟爱，价格远超其他玉种；

（4）清宫特设造办处，专管玉器的采办与制造。

二 当代翡翠玉器与中国古玉器的渊源

当翡翠从遥远的西南"夷地"来到中原后，以她天生丽质艳压群芳，成为"玉中之王"。近20多年来，翡翠玉器的销量，远远超过其他所有宝石。如果我们进一步研究的话，会发现当今的翡翠成品市场上，几乎每一种品种，都可以从中国的古玉器中找到历史的渊源。

1. 手 镯

手镯是当今市场最受女性欢迎的饰品，其渊源始见于红山文化，出土了两支玉手镯（图3-3-1），距今6000年左右，以后历代均有出土。玉镯是中国最古老而又最年轻、生命力最旺盛的女性饰品。

图3-3-1 红山文化手镯

2. 龙牌、龙纹、龙雕

　　龙的形象当今市场最受男性欢迎的饰品，亦始见于红山文化，出土了5支"中华第一龙"（图3-3-2），距今6000年左右，以后历代均有出土，只是造型不断变化，如战国时代龙（图3-3-2），更趋于完美。龙是中华民族的图腾，玉龙是中国最古老而又最年轻、生命力最旺盛的男性饰品。

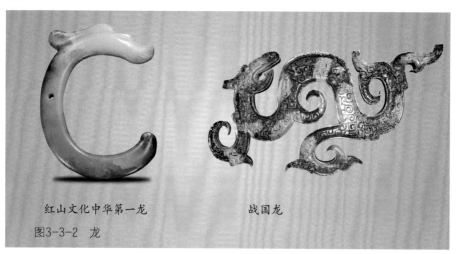

红山文化中华第一龙　　　　战国龙

图3-3-2　龙

3.　耳环、耳坠

　　作为耳饰的最早原型，是玉玦，始见于查海文化和同期的兴隆洼文化（图3-3-3），外径4厘米，距今8000年左右，以后历代均有出土，并最终演变为如今较为小巧精致的耳环和耳坠。

图3-3-3A　查海文化玉玦　　图3-3-3B　昆明晋宁李家山文化玉玦

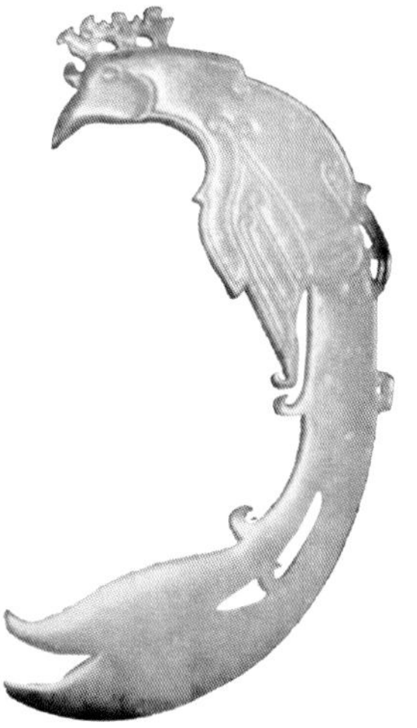

4. 凤牌、凤纹

始见于河南省安阳殷商妇好墓（石家河文化），出土了一支独立的凤凰（图3-3-4），距今4000年左右。

5. 龙凤佩

始见于河南省安阳殷墟妇好墓（石家河文化），出土了一块双龙凤连体玉佩（图3-3-5），距今4000年左右。

6. 平安扣（又叫怀古）

平安扣应由玉璧演变而成，始见红山文化，出土数枚玉璧（图3-3-6A），距今4000年左右。玉璧数量最多，饰纹最精美是战国时期（图3-3-6B），和氏璧的千古传奇亦发生在此时期，以后历代均有出土，直到清朝皇帝到天坛拜祭时，亦携璧前往。只是现在不再拜天，仅留下期盼平安之意了。

图3-3-4 妇好墓凤凰

图3-3-5 妇好墓龙凤连体佩

图3-3-6A　红山文化玉璧　　　　图3-3-6B　战国玉璧

7. 项　链

　　由项饰演变而成，始见于山东省泰安县大汶口遗址（大汶口文化），出土了一件由玉片、玉环、玉锥组成的项饰（图3-3-7），距今3500年左右。

8. 挂件、挂牌、腰牌

　　由各式扁平形的玉佩演变而成，始见于良渚文化的几种玉佩，其中神人兽面玉牌较为典型（图3-3-8），距今5000多年。

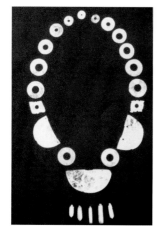 

图3-3-7　大汶口文化玉项饰　　　　图3-3-8　良渚文化玉牌

9. 人　物

　　由玉人演变而成，用简单面部线条为饰纹的玉器，红山文化就已出现，但独立的完整的玉人，始见于安徽省含山县出土的含山文化（图3-3-9），距今5000年左右。

10. 动　物

　　最早的玉雕动物始见于内蒙古赤峰市红山地区（红山文化），出土了玉龟（图3-3-10），也许这与原始人也期盼长寿有关，距今6000年左右。

图3-3-10　红山文化玉龟

图3-3-9　含山文化玉人

11. 玉带钩

始见于浙江省桐乡金星村遗址等地的良渚文化，出土了至少10件玉带钩（图3-3-11），距今5000年左右。

12. 活环套链

始见于江西省新干大洋洲商代墓，出土了一件活环套链玉羽人（图3-3-12），距今3000多年。

图3-3-11　良渚文化玉带钩

图3-3-12　商代活环套链

13. 貔　貅

由辟邪和天禄演变而来，为同一神兽的不同名称，始见于陕西省咸阳市西汉帝陵，出土了一件立体的玉辟邪（图3-3-13），距今2000年左右。貔貅因招财辟邪的吉祥含义和种种传说，成为市场上最受欢迎的产品。

14. 玉　印

始见于战国时期，出土地不详，现藏于故宫博物院，是一方舞人玉印（图3-3-14），刻有"何善"二字，距今2000多年。

15. 玉　鱼

鱼因寓意年年有余，是现在翡翠市场上最常见的形象之一，始见于良渚文化（图3-3-15），距今5000年左右。

图3-3-13　西汉玉辟邪

图3-3-14　战国玉印

图3-3-15　良渚文化玉鱼

16. 玉 马

马因寓意马到成功等吉祥祝愿，也是现在翡翠市场上最常见的形象之一，始见于商代（图3-3-16），距今4000年左右。

17. 玉扳指

古代贵族射箭套在手指保护用的玉套，清代称玉扳指（图3-3-17A），清之前称为玉鞢（shè），始见于商代妇好墓出土（图3-3-17B），距今4000年左右。

图3-3-16　商代玉马

图3-3-17A　清代玉扳指

图3-3-17B　妇好墓玉鞢

图3-3-18A　汉代金镶玉杯

图3-3-18B　唐代金镶玉手镯

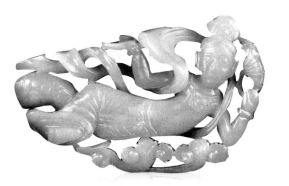

图3-3-19　唐代飞天

图3-3-20　宋代鱼龙变幻

18. 金镶玉

　　始见于陕西省西安出土的汉代汉宣帝御用玉杯三只，现藏陕西省博物馆，其中金镶玉杯两只，名"金釦玉杯"（图3-3-18A），专备皇帝饮"朝露玉粉"以求长生不老之用，距今2070年左右。而如今市场常见的金镶玉手镯，则始见于陕西省西安市何家村遗址出土的一对（图3-3-18B），属唐朝，距今1300年左右。

19. 飞　天

　　始见于唐代的传世孤品，缕雕飞天玉佩（图3-3-19），距今1300年左右。

20. 鱼龙变幻

　　始见于宋代传世品，龙头鱼身玉佩（图3-3-20），距今1000多年。

图3-3-21　唐代花鸟

图3-3-22A　金代连年有鱼

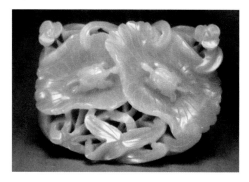

图3-3-22B　寿龟戏荷

图3-3-23　唐代站观音

21. 花　鸟

始于唐代，不仅花草，且与鸟组合（图3-3-21），距今1300年左右。

22. 各种吉祥含义的挂件

始于唐代，距今1300年左右，兴于以后各代，如：连年有鱼、荣华富贵、寿龟戏荷、寿山福海（图3-3-22）、鹿鹤同春等等，当今市场大为发展，成为主流商品。

23. 玉观音

始见于唐代，距今1300年左右，唐代玉观音突然出现，而且较多，这与唐代举国信佛密切相关，观音站姿坐姿皆有，这是一尊站观音（图

3-3-23），距今1300多年。

24.玉 佛

玉佛晚于玉观音，宋代始见释迦牟尼佛（图3-3-24A），距今1000多年；而现今玉佩最流行的大肚弥勒佛，则始见于明代，为坐式玉弥勒一尊（图3-3-24B），距今640多年。

25.摆 件

摆放的玉雕人物、动物历代皆有，体量较小者或可为手玩件。以山水，人物、历史典故为题村的大型玉雕摆件，古称玉山子，始见于金代的秋山图（图3-3-25），清中期的乾隆年间，如九龙纹大玉瓮、会昌九老图、大禹治水、竹桃七贤、携琴访友、秋山行李图等，最重者达万余斤。

图3-3-24A 宋代释迦牟尼佛

图3-3-24B 明代弥勒佛

图3-3-25 金代秋山图玉山子

玉文化中的玉德论

玉器承载着文化。中国有八千年的玉器发展史，便形成了八千年的玉文化。我们可以从三个方面来了解中国玉文化：

一是从各时代的玉器，甚至是单件的玉器，了解该时代的社会生活；二是从行业的行规和传统，了解行业的经典和状况；三是从主流玉器的主要功能，了解玉文化发展的时代。本节介绍从玉器了解社会生活，主要是从玉器引申出指导社会行为准则的"玉德论"。

一 玉德论

春秋战国时期，人们使用玉器时，首先注意到玉质地的某些特性，由于玉石的高贵，而君子的品德也很高贵，两者相比，互相印证，便引起了哲人思考，要求君子把自己的品德修炼得与玉的这些特质一样，于是便产生了"玉德论"。

中国古代共有四位哲人论过玉德，现按时间顺序介绍。

字下黑点为笔者所加，是需解释的重点字，以下各论加点相同。

1. 管子的九德论

（1）原文

最早提出玉德论的，是春秋早期的齐国相管仲（约公元前725～前645年），他在《管子·水地》篇中论玉有九德：

"夫玉之所贵者，九德出焉。夫玉温润以泽，仁也；邻以理者，知也；坚而不蹙，义也；廉而不刿，行也；鲜而不垢，洁也；折而不挠，勇也；瑕适皆见，精也；茂华光泽，并通而不相凌，容也；叩之，其音清扬彻远，纯而不杀，辞也；是以人主贵之，藏以为宝，剖以为符瑞，九德出焉。"

（2）释字

理：纹理。蹙cù：缩小、收敛。廉：与"广"相对，指狭窄，隅、棱。刿guì：刺伤。鲜：鲜明、明显。挠：弯曲。凌：侵犯、逼近。杀：减少、削弱。辞：言词，辞令、说话、谈吐。符：饰纹，形状。

（3）释义

玉之所以高贵，是因为它有九种品德。光泽是温润的；纹理是相近相似的；硬度坚硬不会缩软；棱角（此处不应是加工后的棱角，而应是自然的棱角，即为断口），不会刺伤人；质地鲜明，不脏；韧性刚直，断折也不弯曲；若有瑕疵，便可看见，不掩饰；众多的华丽光泽，共存共容，互不影响；敲击，发出的声音清晰远扬，纯正不会减弱；所以佩戴的人才高贵，收藏它可以是宝物，制作成形后可以带来祥瑞，九种品德就出自这里啊。

管仲注意到了玉石的上述九个特征即九种品质，认为君子也应该具备九种品德，分别与这九个品质相对应，即仁、知、义、行、洁、勇、精、容、辞。九德与九品一样优秀宝贵。

2. 孔子的十一德论

（1）原文

继管仲一百多年后，孔子（公元前551～479年）提出了十一德论。《论语·礼记》载：孔子的学生子贡问：碈（音hūn，当时的一种美石）便宜而玉贵，是不是因为碈多而玉少？孔子答：不是多或少的原因，而是玉有德：

"夫昔者，君子比德于玉焉。温润而泽，仁也；缜密以栗，知也；廉而不刿，义也；垂之如坠，礼也；叩之其声清越以长，其终诎然，乐也；瑕不掩瑜，瑜不掩瑕，忠也；孚尹旁达，信也；气为白虹，天也；精神见于山川，地也；圭璋特达，德也；天下莫不贵者，道也。"

（2）释字

栗：栗子，板栗。诎qū：弯曲。孚fú：信实。尹：殷商时的一位圣人，叫阿衡，后作官名。达：达到。

（3）释义

历来，君子都是将自己的品德与玉相比。玉的光泽温润；质地密实，里外一致，像板栗；断口，有棱但不伤人；佩戴时下坠，垂直不歪斜；敲击时玉音清长，终止时玉音婉转；瑕疵和美丽互不掩盖；各部分表里一致，实在诚信如圣人一样；气概如长虹；精神如山川；特别专门用去制作圭、璋那样重要的礼器；普天之下都尊崇其高贵的身份。

孔子将这十一个品质与君子的仁、知、义、礼、乐、忠、信、天、地、德、道十一种品德相比，认为要具备与君子的十一种品德相对应的品质的美石，才是玉。与管仲相比，两人对玉的光泽、质地、断口、声音、瑕疵五个特征都相同地给予了关注，但对应的德的含义略有不同；特别重要的是，孔子更注意玉石的重要用途制作圭、璋，和它所表现出来的精、气、神、天、地、道六个精神层面上的特质。所以，孔子还要求："君子无故，玉不去身"。

3. 荀子的七德论

（1）原文

又过了一百七十多年，战国末期赵国的另一位哲人荀况（公元前313～前238年），在他的《法行篇》里提出了玉的七德论：

"温润而泽，仁也；栗而理，知也；坚刚而不屈，义也；廉而不刿，行也；折而不挠，勇也；瑕适并见，情也；叩之，其声清扬远闻，其止缀然，辞也。"

（2）释字

缀zhuì：缝，连接。

（3）释义

光泽温润；质地实密且纹理清楚；硬度坚刚不屈；断口利而不伤人；韧性宁折不弯；瑕疵与美丽之处都可见到；敲击的声音清远，停止时余音缭绕。

对应的七德是：仁、知、义、行、勇、情、辞。

应该说，荀况所注意的玉的特征品质并没有超出管仲和孔丘，只是所对应的七德略有不同。

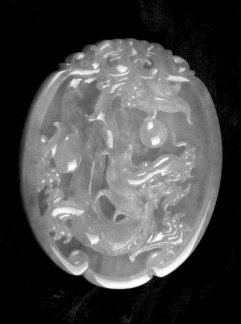

4. 许慎的五德论

（1）原文

最后一位讲玉德的，是距荀子之后三百六十多年的东汉时期的许慎（公元58～147年），若与最早提出玉德论的管仲的年代相比，已经是800年后的事了。许慎在他的传世大字典《说文解字》（清·段玉裁注，浙江古籍出版社2006年1月版）中对玉的解释是：

"玉，石之美有五德者。润泽以温，仁之方也；䚡里自外，可以行中，义之方也；其声舒扬，专以远闻，智之方也；不挠而折，勇之方也；锐廉而不忮，洁之方也。"

（2）释字

方：本文的方字，应为方略、规矩的意思。䚡sāi：牛角羊角的内骨。其与外骨"虽相附丽而不能合一"。专：同传。忮zhì：害，嫉妒。

（3）释义

玉，是美丽的石头而且须有五德。玉的光泽，温润；质地，像牛羊的内角，内外分明，从外就可以知里；玉音，舒畅悠扬，很远就可以听到；坚硬，宁折不弯；断口，尖锐但不伤人。

许慎对三位先哲的玉德论应有所研究，他关注、总结并简化为五个特征品质，并将这五个品质与君子的仁、义、智、勇、洁五种品德相对应，指出这就是五种品德的方略和规范。

四位古代哲学家玉德论的共同之处，都是把人的品德借喻于玉的品质，且共同借喻的是玉的光泽、质地、断口、硬度、声音，其他的则不尽相同；而喻为品德时，只有光泽的温润喻为"仁"是相同的，其他的也各持己见而不尽相同。

四位先哲的玉德论中，孔子的最为全面，许慎的较为概括。

二 古玉器成品的"德符"与玉德论

古代，人们对玉器成品的优劣，便是从"德"和"符"两方面评估的。

"德"指的恰好就是玉的品质，即光泽、质地、硬度、韧性、声音等等，使用"德"字来统称玉的品质，与日常生活中君子行为品德的"德"字到底是本为一体，还是不谋而合，已难以考证。但两者互为因果，互相映照而相得益彰，却是珠联璧合。

"符"有两个含义，一是指颜色，二是指饰纹。笔者认为，以当时用玉的背景来看，应该主要指饰纹，有时附带指颜色。这可以从"德"与"符"评估标准变化的历史过程中得到验证。

笔者注意到，玉德论中，无一人论及颜色，这应不是巧合。故这一时期"首德次符"是合理的。

在春秋战国及其之前的上千年里，评估标准是"首德次符"，即首先看品质，其次看饰纹。因为当时加工水平有限，玉器多为素身，玉器以造型为主，饰纹为辅；而且，春秋战国时期已主要使用和田玉为玉料，当时发现的和田玉，除仔籽有褐糖色外，多为润泽的白色系列，无更多的颜色可"首"；故德为首，符为次。

然而汉之后，玉器不仅造型多样，而且饰纹日渐丰富并日渐精美，人们的审美观发展到了注重装饰性的细节，但玉料未变，仍以和田玉为主，而评估标准却变成了"德符并重"，可见"符"主要是指饰纹。

到了隋唐及其之后的一段时期里，由于浅浮雕、高浮雕、镂空雕等技术的发展，饰纹内涵扩大，各种写实和抽象的龙凤花鸟、神兽动物人物，带给人们艺术性的享受，故"符"即饰纹更受重视，评估标准变成了"首符次德"，即首先看雕什么，雕工如何，其次才看品质如何。

当然，到近现代，随着社会的发展，可使用的玉石种类增多，各种玉石千差万别，千姿百态，它们在长期的发展中，都建立和形成了自己更加客观和细致的评估体系，这就不是简单的"德""符"二字能够胜任的了。

总而言之，无论"德"与"符"的轻重和地位怎样变化，玉德论在中国奴隶社会向封建社会过渡的历史时期产生，把玉从"神格化"向"君格化"转演推进，把玉从神用转化为人用，起到了至关重要的作用。玉德论对中国人形成爱玉、用玉、崇玉、贵玉的独特文化和传统，无论在当世和后世，都产生了深刻而久远的影响。

三 古玉石的种类

虽然古人不可能像现在一样按矿物成分科学地为玉石分类，但古代按某些标准对玉石的分类，是客观存在的。据《说文解字》和另一些古籍载，只是美但无德而达不到玉的标准的"似玉"和"美石"，有碈、珉、瑶、珼、玖、䫖、瑀、瑁、璒、瑎等等；而美且有德，其德达到玉的标准的"玉"，有珺、球、琠、玫、瑾、瑜、瑶、琼、璑、珣、璐、瓒、璠等等。所有这些古人视为玉或非玉的美丽的石头，究竟是现今我们所认识的何种玉或石，已经极难考证了。

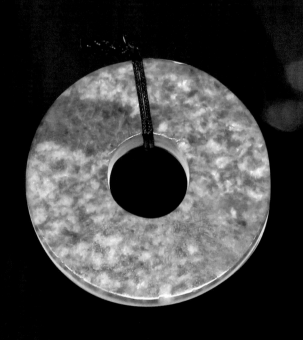

玉文化发展的三大时代

如果我们对某个时代的主流玉器的主要文化功能进行分析，便可以发现，中国玉文化从起源至今，经历了三大时代：神玉时代、王玉时代、民玉时代。

一 神玉时代

在中国有玉器以来的原始社会新石器时代，以及奴隶社会的夏、商、西周、春秋，包括奴隶社会向封建社会过渡时期的战国时代，人们宇宙观的核心，是敬畏天地，敬畏种种神秘的自然现象，例如风、雨、雷、电，和某些动物乃至人自身的生、死、病、痛等等。于是产生了"神"的概念，以及随之而来的祭祀活动。

早期玉器从查海文化和兴隆洼文化开始，除了延续旧石器时期的工具、兵器和一定的佩饰功能外，祭祀天的璧和祭祀地的琮先后出现了。到中期，祭祀水和风的玉璇玑、祭祀祖先的玉神人和神人纹、祭祀各种神灵的玉龙、玉凤、玉神兽，玉动物纷纷出现。到了中后期，工具型的如玉铲、玉凿等不再出现，兵器型的如玉斧、玉刀等，转向仪仗器，而祭祀型的更加丰富，如到西周时期，"六礼器"终于完备。当然，追求美的装饰型的玉佩也有发展，不过就用玉的主要动机而言，仍是认为玉是"神物"，"夫玉亦神物也，又遇圣主使然，死而龙藏"（《越绝书外传》）。

按照古人万物有灵的观念，认为玉是山川的精灵，具有沟通天地万物的神性。

其中特别值得一提的是玉璧。玉璧从早期出现始，便考证确认无工具和兵器功能，其最重要的功能就是代表天，在酋长和君王举行盛大祭天活动时作为沟通天的神器。因为它有如此崇高的地位，所以也可以用作君王和巫师的圣器，祭拜山川河海及鬼神的法器，男性君臣、士大夫方可持用的官阶标志器，威力无穷、逢凶化吉的辟邪器，拥有神权、财权和军事权的显贵们入殓时的葬器，同时也可能成为上述人物的饰品和贵重财产。

　　玉璧到战国时期出土最多，和氏璧的故事就发生在战国时期的楚国、赵国和秦国，这并非巧合。和氏璧最早由《韩非子·和氏》记载，引出了"价值连城"和"完璧归赵"两个千年典故。和氏璧其材质究竟由何而成，因无实物可考，也成了谜。直到今天，各种玉石的爱好群体，都在论证是自己所钟爱的玉石所治，这千古之谜，迷了千古。

　　综上可见，从新石器时期到战国时期，玉有至高无上的神权地位，故被称为神玉时代。因主持祭神的都是巫师，故也有学者称为巫玉时代。

二　王玉时代

　　其实，在神玉时代的后期，周王朝分封的各路诸侯纷纷拥兵自重，群雄蜂起，君王遍地，奴隶社会土崩瓦解，玉的神权地位已悄然向王权地位过渡。

1. 过渡阶段

　　在玉的主要功能从神玉向王玉转变的时候，存在着一个长达数百年的过渡阶段。这个过渡阶段便在周朝。周朝从公元前1046年至前221年，历经825年，通常被分为三个时期：西周（前1046～前770年）、春秋（前770～前475年）、战国（前475～前221年）。春秋和战国又统称东周。

　　从西周的第二代君王周成王开始，周王朝就建立起了一整套用玉的规制和相应的管理机构。这在春秋战国时期儒家的三部经典《周礼》《礼仪》《礼记》中有详细记载，将这些记载抽出整理，就汇成了玉学界的"三礼玉论"。从三礼玉论中可以了解这个转变。

　　西周最高统治者是被称为"天子"的王。天子之下是六卿，这六卿是"天官冢宰掌邦禁，地官司徒掌邦教，春官宗伯掌邦礼，夏官司马掌邦政，秋官司寇掌邦刑，冬官司空掌邦治"。这里的"邦"就是"封邦建国"的邦，即周天子（姬姓）把全国的土地和土地上的奴隶，封赏给自己的子女、亲属及有功勋的外姓将领所建立的诸侯邦国，共有71国。而这六卿除了管理71个邦国之外，其中五卿还分管着专管玉石的六个机构，这六个机构是：玉府、典瑞、弁师、追师、什人、职金。具体情况如下表。

随着王权时代的到来，玉便开始与王公贵族产生了千丝万缕的联系。玉逐步走下神坛，充当了王权形象的演绎者。

西周管玉机构一览表

机构名称	隶属主管	编制人数	权力与管辖事务
玉府	天官冢宰。六卿之首，官员级别最高，直接为天子服务，为国家重大政治活动服务，并管理国家贵重资产。	上士2人、中士4人、府2人、史2人、玉8人、贾8人、胥4人、徒48人、共78人。	制定各级官员用玉的礼度颁布管玉的政令；天子使用的玉器，包括冠冕、服、袍、带上所佩挂的玉饰，如珠、瑬、珢、珩、琚璃、冲牙等；天子赏赐臣下的"金玉货贿"，金不是黄金，而是制青铜器的铜、锡等金属，贿是布帛；天子与其他盟国会盟时的各种玉器"珠盘玉敦"；天子斋戒时的玉屑玉液；天子后妃葬殓时的口琀（玉蝉）、玉璧等玉葬器；所有玉器的档案及玉的文献。
典瑞	春官宗伯	中士2人、府2人、史2人、胥1人、徒10人、共17人。	掌管六礼器和六瑞器，即六器六瑞；"辨其名物"即鉴别玉器的真假，并评定各种玉器的质地和价值的等级；根据用玉法度的规定，对玉器的形制和尺寸进行分类，并按官阶等级分配到位；按不同场所的礼制要求，如婚庆、祭祀、盟会、朝聘、丧葬等，提供不同形制和不同等级的玉器。
弁师	夏官司马	下士2人、玉4人、史2人、徒4人、共12人。	专管冠冕，冠冕的等级和用玉十分严格考究。天子的冠冕是最高级别，下部用12块皮革缝制，拼合线用12条玉串遮缝，每串12粒玉珠，共144粒；上部前后脸遮各用12串玉珠，分青、赤、黄、白、黑五色，用五色线穿成，每串12粒，前后共288粒。以下诸侯、卿、大夫、士的冠，只可用玉珠216粒、168粒、120粒、72粒，只可用三色绳，玉的档次也要依序降低；同时配玉琭即玉耳塞，表示众臣们他音不听，唯王命是从。
追师	天官冢宰，级别与弁师相同	下士2人、府1人、史2人、玉2人、徒4人、共11人。	专管王后，嫔妃、女官、命妇的首饰和裙饰。这些首饰和裙饰多用玉制，有相当的数量与规模。
什人	地官司徒	中士2人、下士4人、府2人、史2人、胥4人、徒40人、共54人。	掌管玉石矿及铜、锡等其他金属矿的产地，设立地界禁令，派人守护；对矿产资源进行勘查测量，并绘制矿产地图；管理开矿。是玉矿等矿物产地的勘查、开采、保安部门。故管理的人数也多。

机构名称	隶属主管	编制人数	权力与管辖事务
职金	秋官司徒	中士2人、下士4人、府2人、史4人、胥8人、徒80人、共100人。	"掌铜、玉、锡、石、丹、青之戒令，受其入征者，辨其物之媺恶与其数量……"。即颁布管理戒令，是铜、玉、锡、丹青（染料）等矿物原料的征收、鉴别、分类、分配管理部门，事务繁杂，管理人员最多。

从表中我们可以得到很多结论，其中十分重要的就是，玉器祭祀神灵的功能与代表王权的功能，已经在这种制度中交融，而且，前者逐渐弱退，后者逐渐强进。

2. 王玉的确立

在中国一人可以统治万民的帝王专制社会中，皇帝权利的伦理基础，是"天授君权"。那么，天是通过何种媒介授权于君呢？

通过玉石。随着社会的变革，"以玉祭天"转为"以玉奉天"，于是"奉天承运"便顺理成章。秦始皇在统一中国的同时，第一个用玉雕制了第一方代表"天"行使权威的大印，即玉玺，这一史实是没有争议的。

据传，秦始皇灭六国，终得和氏璧，他令玉匠孙寿将其改制为长4寸、宽4寸、高3.6寸（约9.2cm×9.24cm×8.3cm）的大印，令李斯亲书"受命于天，既寿永昌"八个鸟虫篆体，制成了第一方玉玺，史称"传国玉玺"，又称"天下第一玺"（图3-5-1）。这方传国玉玺在秦亡时秦二世子婴献给刘邦，以后的历朝帝王为证明自己是"真命天子"，不惜兴兵动武，尸横遍野，数朝传袭，多次失而复得，演绎了许多血腥的传奇故事，直到一千六百年后，后唐最后一帝李从珂亡朝，携全家带玉玺登玄武门自焚，传国宝玺又失芳踪，终成千古之谜。

图3-5-1　传国玉玺玺文

图3-5-2　鸟虫篆体玺文

有学者统计，从秦始皇统一中国的公元前221年到清末最后一位皇帝溥仪退位的1912年止，经历了2133年，共有494位皇帝，他们共制了278方宝玺，除金朝和清朝偶有几方用金制之外，其余全是用玉制成，玉的王者地位赫然可见。

3. 王玉的使用与终结

在王玉时代早期，除帝王和后妃可以用玉外，诸侯、众卿、大夫等宫中的大小官员"君子"们，都可以用玉了。尔后，随着生产力的发展，人们活动的范围和眼界拓展，玉石的品种和数量逐渐增多，大约从唐朝开始，玉的饰品从宫廷流向了民间。

但是，所谓的民间，仍然是那些基层官绅、乡豪富商、社会名流，总之，还是少数的上层社会人士。所以，直到清末，各种玉石玉器包括翡翠，都有部分流向民间，但玉的帝王本质仍未改变。"帝王玉"作为一种两千多年的文化符号，它携带的神秘与高贵，不仅深刻地影响着中国社会，而且引起西方的好奇与垂涎。例如，近代八国联军入侵北京，掠走了大量宫廷珍宝，其中就有大批精美的玉器。又如本书开篇所述，1850年前后，法国矿物学家亦是选取中国的"帝王玉"，去进行现代科学研究的。

当然，随着1911年辛亥革命的胜利，中国最后一个皇帝退位，王玉时代便也终结而成为了历史。

翡翠传入中国后逐渐一统玉器天下，并随着中华文化的传播影响到海外。因此，翡翠在清代也有"皇家玉"的尊称，即使如今翡翠产自缅甸，但国外的流行观点仍认为翡翠是中国的国石，称之为"帝王玉"。

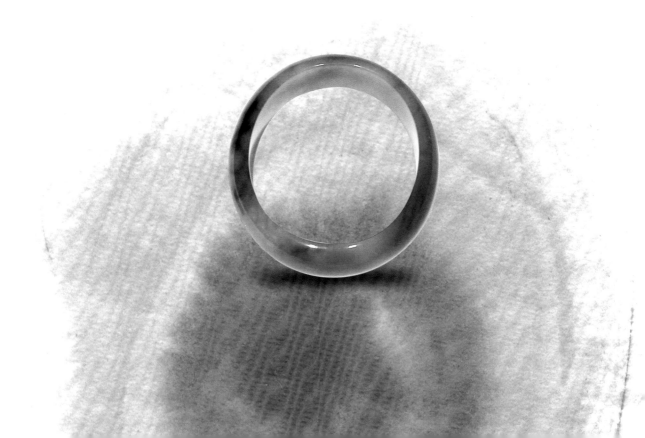

三 民玉时代

1. 民玉的初期

从清中期以后，在北京、上海、广州等商业和财富较集中的城市，已经有很少的民间玉店；就翡翠而言，从明朝中期之后，在其集散地腾冲和昆明，民间就已经存在着成品的交易。但由于社会发展水平的低下，玉的消费仍然集中在上层社会富有的人群，就大众而言，只是点缀罢了。

民国时期，由于贫穷与战乱，民玉并无多大发展。

2. 民玉的扭曲

20世纪50年代至80年代中期，大约三十多年的时间里，由于众所周知的原因，玉及其文化在中国大地上被批判为"封资修"的东西和"资产阶级生活方式"，收声敛息，难觅踪影。

3. 民玉的突起

然而改革开放改变了中国。就是在80年代中后期，一个史无前例的现象突然在中国大地上出现：在几个传统的玉石产地、集散地、加工地、消费地，如云南昆明（翡翠）、新疆乌鲁木齐（和田玉）、辽宁岫岩（岫玉）、河南镇平（南阳玉）、北京（消费）、上海（消费）、广州（消费）等。大大小小的玉店如雨后春笋破土而出，例如昆明，短短几个月，像变魔术一般，从无到有，出现200多家玉店，形成了景星珠宝街和白塔路珠宝街，令人耳目一新。

几年间，这些玉店迅速扩张，全国很多城市形成了珠宝城，珠宝街。手头刚刚有点宽余钱的中国普通老百姓，或者手头还紧巴巴但也要挤点钱出来的普通老百姓，花上几十元几千元，买块玉佩买只手镯，佩戴欣赏，一时竟成为时尚。

10年之后，在云南，昆明、腾冲、瑞丽、版纳、大理、丽江等全省的翡翠店发展到3000多家，1999年昆明世博会期间，海内外上千万游客到云南旅游，几家大的玉石商场销售突飞猛进。尔后，在笔者工作过的大理滇缅玉石城，每天，来自全国各地的成千上万的客人涌进玉城，人流如织，人声鼎沸，他们在柜台前拥挤、猎奇、欣赏、大开眼界，他们被翡翠玉的美丽和玉文化的博大征服、倾倒、着迷，他们对比、挑选、争相购买，天天如此，年年如此。他们只是中国的普通人，真情的表露和大把的掏钱，迸发出来的是数千年这个民族对玉的挚爱（图3-5-3）。

当社会的变革解除了玉的王者的盔甲，洗净了涂在她脸上的"封资修"的污渍，玉，终于以她美丽高贵、吉祥清新的真实面目，走进了大众的花园。

又过了10年，到2008年，云南全省的翡翠店发展到了6000多家，而2011年，激增到了21000多家，与二十世纪八十年代末期的几百家不可同日而语。据云南省石产业促进会资料，2015年，云南珠宝玉石产业的规模将达到756亿元，从业人员将突破100万人大关。

值得一提的是，珠宝教育也应运而生，1992年全国第一所珠宝中专"昆明市宝石职业学校"成立，20年过去，到2013年，云南省已有1所本科，6所专科，17所中专共24所院校办有珠宝学院和珠宝专业，每年有近千名珠宝专业的大中专毕业生入行。

真正的民玉时代真正地到来了。这是任何人都始料不及的，这就是八千年玉文化积淀所开出的奇葩，她正在大众的花园里绽放。

我们就生活在民玉时代，正亲身感受着这个时代跳动的脉搏。

云南珠宝市场上的每一件翡翠商品都可以送到当地的珠宝检验中心进行鉴定，身份容易识别，很多消费者买到了称心如意的真货，加速了云南珠宝产业的发展。

图3-5-3　大理滇缅玉石城民众买玉

FEICUI
DE FAZHAN YU CHUANRU

翡翠
的发展与传入

翡翠的发展史可以折射出社会发展的一个侧面，因而十分有趣。迄今为止，很多鲜为人知的史实和故事仍不断被挖掘和发现，本书提出的翡翠发展"四阶段论"，当属国内最新观点。

当以和田玉为主的玉料包括岫玉、独山玉、蓝田玉、绿松石等在"四河流域"流传了数千年后，翡翠在不知不觉之中来到了中原。我们发现，翡翠从发现、传入、发展到今天的辉煌，经历了四个阶段或者说四个时期，这就是：零星异宝时期——区域兴旺时期——皇室问鼎时期——主流领军时期。

零星异宝时期

一 史书中的翡翠

西南地区包括现今的缅甸北部，具有特殊的地质和气候条件，在那些高山大河和茫茫原始森林之中，蕴藏着非常富饶的物产，自古就是名副其实的宝玉石王国、动物王国、植物王国和有色金属王国。

这一地区分布着众多的民族和部落，与中原王朝相比，在同一历史时期的社会形态往往滞后，所以常向中原王朝称臣进贡，贡品丰富，都是中原地区没有的稀罕奇物，翡翠便在其中。据史书载，贡品中翡翠一词，可能有两种所指：鸟或者玉。

1. 翡翠一词明确指鸟或鸟羽（图4-1-1）

翡翠，或者翡、翠分而出现，联系前后文文意，可以判断为鸟或鸟羽的，如：

（1）战国文集《逸周书》第五十九篇《王会》，记叙各夷方属国前来向周成王朝贡，其中引文《商书·伊尹朝献》记载，远在商汤时，南方的白濮等七个小国就向汤王进贡："珠玑、玳瑁、象齿、文犀、翠羽、菌鹤、短狗"等物。又载："仓吾翡翠，翡翠者所以取羽"。

（2）战国屈原《楚辞》："翡帷翠帐，饰高堂些"。

图4-1-1　滇西河塘边的翡翠鸟

（3）东汉许慎《说文解字》："翡，赤羽雀也，出郁林。……翠，青羽雀也，出郁林"。

（4）西晋张华《博物志》："翡，通身黑，唯胸前背上翼后有赤毛。翠，通身黄，唯大翮（he）上毛长寸余青。"

（5）南朝范晔《后汉书·西南夷传》："哀牢（今云南保山市）……出轲虫蚌蛛、孔雀、翡翠、犀、象、猩猩。"

（6）北宋师旷《禽经》："背有彩羽曰翡翠，状如鸡鹋，而色正碧，鲜缛可爱。"

2. 翡翠一词明确是指玉石

也有不少古籍的"翡翠"一词联系前后文文意，明确是指玉石，如：

（1）东汉史学家班固《西都赋》："翡翠火齐，流耀含英。悬黎垂棘，夜光在焉。"

（2）东汉文学家、科学家张衡《西京赋》："翡翠火齐，络以美玉。流悬黎之夜光，缀随珠以为烛。"

（3）南朝徐陵《玉台新咏序》："琉璃砚匣，终日随身；翡翠笔床，无时离手。"

（4）唐代史学家樊绰论述南诏国的专著《蛮书》中，多次提到一种绿色的玉珠，称为"瑟瑟"，当指翡翠珠子。他记叙南诏物产丰富，其中有"锡、瑟瑟，山中出"；南诏白族女子装扮靓丽，"髻上及耳，多缀真珠、金贝、瑟瑟、琥珀"；南诏集市凡贵重货物不用货币，而以物易物"凡交易金、银、瑟瑟、牛、羊之属，……"

（5）还有文献记载，唐代唐昭宗曾赏赐给李克用之子李存勖的"翡翠盘"；后唐时秦王李茂贞献给唐庄宗李存勖的"翡翠爵"，后周时刘重进在永宁宫找到的"翡翠瓶"，南唐时大户人家嫁妆中的"翡翠指环"，南宗时宋高宗赐给宋孝宗的"翡翠鹦鹉杯"等等。

这些史料中出现的翡翠，可以确认是玉石。但有另一种看法认为，这些史料上的翡翠未必就是现今缅甸的翡翠，其理由主要是：迄今为止，中原地区元代之前的墓葬或遗址中尚未出土过缅甸的翡翠。

二 "翡翠屑金"的千年悬案可以释疑

如果说上述记载只是简单的一句话而让人存疑的话，那么，下面的记载则不仅较为详细，而且出自名人的亲身经历而记叙，因此具有更高的可信度，它不一定非要考古佐证，史学上称为"信史"。

距今一千年左右的北宋文学家、史学家欧阳修（1007～1072年）著有《归田录》，叙述道：

"余家有一玉罂，形制甚古而精巧，始得之，梅圣俞以为碧玉，在颖州时尝以示像属，坐有兵马钤额邓保吉，真宗朝老内臣也，识之曰：'此宝器也，谓之翡翠'。云：'禁中宝物，皆藏于圣库，库中有翡翠盏一支，所以识也'。其后余偶以金环于罂腹信手磨之，金屑纷纷而落，如砚中磨墨，始知翡翠能屑金也。"

罂，腹大口小的瓶子；盏，碗。这能屑金的一瓶一碗为南夷之地的翡翠本应无疑，因史料的可信度高，并无人提出要出土佐证。但却有人提出：此处的翡翠是阿富汗的青金石，欧阳修所见"纷纷而落"的金屑是青金石里的黄铁矿（金黄色）碎屑。立此论者也许忘了矿物学中硬度的常识，足金的硬度是2.5，18K金的硬度是4~4.5，而青金石的硬度是5~5.5，青金石里金黄色的黄铁矿的硬度是6~6.5，则无论欧阳修的金环是足金还是K金，用2.5~4.5硬度的金环把5~6.5硬度的青金石和其中的黄铁矿屑得"纷纷而落"，犹如说"铁与木头相磨，只见铁屑纷纷而落，而木头岿然不动"，是十分荒谬的推论。再者，青金石在宋之前早已有璆琳、金精、点黛、瑾瑜等专用名称，在皇宫里已是常见的宝物，且青金石与翡翠在外观上有非常明显的区别（图4-1-2），一般人都不会相混，何况以欧阳修和邓保吉多年为官的

图4-1-2　青金石与翡翠对比

见识，更不会把二者从名称到外观都混为一谈。至于"腹为圆形何以能屑金"的疑问很容易解答：春秋以后的玉器均有纹饰和图案，只要瓶腹有纹饰和图案，无论阴刻或阳刻，也无论深浅，只要有棱，屑金不难；或者翡翠抛光不佳较为粗糙，屑金亦不难。

这一瓶一碗为缅甸翡翠的记述并不是孤证，还有以下史实可以互相印证：

（1）缅北翡翠产地，曾经是南诏国（738～937年）和大理国（937～1253年）的领地，缅甸南部的蒲甘王国（849～1285年）兴起后，曾与大理国征战，也曾占领过缅北的翡翠产地。南诏国在宋之前，大理国、蒲甘国与宋同期。

（2）宋高宗因南诏王皮逻阁平定西南各夷有功，封其为云南王，皮逻阁派使臣向宋高宗进贡答谢，贡品中有"生金、瑟瑟、牛黄、琥珀等"，宋高宗曾将其父宋徽宗的"外国进到，可以屑金"的"翡翠鹦鹉杯"赐给其养子、皇位接班人宋孝宗。

（3）蒲甘王朝于1004年、1407年、1011年、1106年四次向北宋朝廷进贡和好，贡品清单不详，但有"珍宝"。

（4）大理国于1076年、1117年两次向北宋朝廷进贡，贡品中有"碧玕山"即翡翠。

（5）蒲甘国与大理国先战后和，一度交好，大理国送一尊"碧玉佛像"即翡翠佛像给蒲甘王。

上述史实说明，与欧阳修同时代或者在其之前，大理国已以翡翠玉佛作为国礼相赠；南诏、大理、蒲甘三国已使用翡翠制作宝物并向中原朝廷进贡，贡品中的瑟瑟、碧玕山、碧玉等，名称和器形不尽相同，但都是翡翠所制。这些宝物中或许有罂和盏，或许没有，或许是翡翠原料流入中原，由中原玉匠制成罂和盏，种种我们未知的途径，都是完全可能的。

所以，千年前"翡翠屑金"的悬案可以释疑，一罂一盏是现今缅甸的翡翠所制可以确认。上述各种实例可以肯定，翡翠传入中原的时间，最晚不会晚于北宋。

三 "翡翠刀柄"的百年悬案仍待努力

在翡翠发现史的研究中，还有章鸿钊先生所见到的翡翠刀柄特别引人注目。

章鸿钊，1877～1951年，我国第一届地质学会会长，中国科学院专门委员，近代地质学和宝石学的开拓者，其专著《石雅》被当今珠宝学术界视为经典，广泛引用。该书记叙道：

"罗叔韫家藏翡翠刀柄，云：洛阳出土者，花纹与谷璧同，故断为周物。未识果然也，然周成王时越裳氏曾重译来献，汉初西南夷亦通中国，则亦不得谓周、汉必无是物。"

这段记叙告诉我们：罗叔韫有家藏翡翠刀柄，罗说：是洛阳出土的，上面的花纹与（周朝时）玉璧上的谷纹相同（注：应该连刻治的方法也相同），所以可以断代为周朝的器物。我未识是否果真如此，但周成王时代（西南的）越裳氏曾来上过贡，汉代初期西南夷也多次与中国相通，所以不能说周、汉两代肯定没有翡翠这种器物。

可见，章鸿钊是持肯定的看法，他在该书还登出了这把翡翠刀柄前、侧、上、下四个角度的四幅照片，并注明"周代翡翠器"（图4-1-3）。

那么，罗叔韫何许人？家藏翡翠刀柄可能吗？罗叔韫（1866～1940年），字雪堂，又名振玉，是章鸿钊的恩师，正是罗派章赴日本到东京帝国大学理科大学地质学科攻读，学成毕业，又嘱其回国发展。罗叔韫曾任北平京师农科大学校长，又是甲骨文和敦煌学的奠基人，被称为"泽古多通，五体皆能，嗜古多藏，别具只眼的收藏大家"，是"学术

图4-1-3 《石雕》书中照片：周代翡翠刀柄

研究极多，精博兼擅，罕有其匹的一代宗师"。因为他曾在伪满洲国任职，故不被后人所道，逝前"一生心血所萃星散"，所幸将"藏书九万余册，家刊四万余本"，捐给了大连图书馆。

这样一位人物所收藏并鉴别断代为周朝的翡翠刀柄，且有章鸿钊在罗家所见并拍摄的四照为证，应无假伪。

有研究者十分认真，查罗后代所留遗物，又查保存有罗遗物的大连图书馆和旅顺博物馆两馆馆藏，皆无此器，再查罗卖给日本人上野有竹的玉器清单《有竹斋藏古玉谱》，也无此器。莫非"星散"？百年以来，因有孤证之嫌，似成悬案，仍有后人不断追寻。

如果有朝一日旁证出现，刀柄能确认为翡翠，且断代为周，那么，翡翠发现的时间将更为悠久，为距今3000多年前的西周王朝。

四 零星异宝

1254年，大理国被元忽必烈所灭。直到1368年元又被明所灭的100多年时间里，翡翠的情况鲜有文献记载，仅见周密著《武林旧事》中宋高宗将翡翠鹦鹉杯赐给宋孝宗一事。元朝亦无翡翠出土。当然，翡翠也肯定不会消失。

综上所述，我们可以认为，翡翠最晚在北宋已经发现，它在不同的时期和不同的地域有不同的名称，作为远在西南夷地的奇珍异宝，它已流入中原，成为皇室和官宦人家的异域宝物零星出现，只是尚未被普遍认知。

所以，宋、元两代约400多年的时间，甚至更早的时期，应是翡翠被发现并成为零星异宝的时期，它在中原偶现身影，云遮雾罩，逗引得人们传说纷纷。

区域兴旺时期

一 区域兴旺的历史条件

明朝到清朝初期，翡翠在云南得到了长足的发展，形成了一个新兴的完整的行业。翡翠业在云南的兴旺发达，有其必然的历史条件。

1. 玉文化背景的形成

公元1381年，明太祖朱元璋调集30万大军进攻云南，于第二年灭了元朝在云南最后的残余势力。1383年，朱元璋命平定云南有功的西平侯沐英为镇守云南的总督。为了使云南这块长期动荡的"夷地"长治久安，朱元璋实行了一个云南有史以来最为庞大的、影响也最为深远的"移民实滇"计划。他于1385年颁诏，命数十万将士留滇"屯田永驻"，并把他们的家人从江南（南京等地）、江西等数省迁移入滇，有的整个宗族都移民入滇。入滇实行"兵屯"制，大都在坝子选址，"定租赋、筑城隍、兴学校、立卫保"，此后，沐英又亲返南京，广招工匠入滇，如此持续了20多年。据学者研究，明初云南有原住各民族人口约80万～200万，而汉族移民实际到滇人数加原驻军将士人口共约120万，如今云南凡称为铺、哨、关、站、屯、营、旗、卫的地名者，都是当年的军屯之处。由于平定云南时，沐英的军队最后是在大理灭元，以后又往西进平乱，一直到缅北孟养等地，所以，除滇中的昆明、滇南的建水外，滇西的大理、保山、腾冲沿线，凡是当地政治经济中心的城镇，汉族移民人口迅速超过原住民人口。

人口结构的改变必然带来生产力、文化和生活习惯的巨变。先进的农耕技术、手工业、商业、儒释道三家文化，当然也包括数千年爱玉、用玉、崇玉的习俗与玉文化，统统一并来到了这块红土地上，构成了强大的人才与文化背景。

2. 玉石产地的归属与变动

明初，云南地域广阔，朝廷把现今云南、缅甸北部、老挝等领土划分为

如今很多云南人追宗寻祖，都知道自己祖上是"南京应天府柳树湾高石坎人"。

大批能工巧匠和商业人才的到来，深刻地改变着蒙昧的农耕夷地，其中也包括了玉雕工匠和玉石商人。

六个行政辖区，设六个"军民宣慰使司"管理，缅北玉石产区属"孟养军民宣慰使司"管辖。稳定的社会环境又为翡翠的发展创造了另一个良好的条件。

汉人到缅北玉石产区和红蓝宝石产区开掘"宝井"，并把从宝玉产区到腾越（腾冲）的马帮路叫"宝井路"。翡翠被运到腾冲、保山、大理、昆明，形成了加工业，形成了市场，最终逐渐形成了专门的行业。

1531年，缅甸南部最强盛的东吁（中国史书称洞吾，后又称阿瓦）王朝（1531～1752）兴起，虽然初期曾于1425年和1430年两次遣使向明朝进贡称臣，但中期自恃强大，不仅占去有宝井的孟养、孟密等地，而且还于1582年和1583年进攻今瑞丽、陇川、盈江等地。后被沐英击退，宝井被明复得。1593年，朝廷派太监杨荣到云南"督理矿税"，每年都要求永昌（今保山）官府献"珠玉珍玩"，交白银八千两；官府转征于民，民"鬻男贩女，不充所值"，曾逼得"六慰变乱"，宝井又被东吁所占。1600年，朝廷干脆直接在腾越设专门机构专门人员"征觅碧玉"，即史书所载的"腾越碧玉""永昌碧玉""云南碧玉"。

无论产地的归属如何变更，翡翠这种美丽的石头已与数千年的中国玉文化结缘，它所产生的强大的生命力，顽强地推动着它向东方前行。

二 徐霞客的宝贵记述

明代大旅行家徐霞客（1586～1641）曾游历过云南的丽江、大理、保山、腾冲一线。他在《徐霞客游记》里对翡翠有白描式的、因而也是最真实的记载，记载有两段，一段在大理，一段在腾冲，现摘录如下：

1639年农历三月十五日至十九日，是一年一度为期五天的"大理三月街"，徐霞客去赶街，记道：

"十三省物无不至，滇中诸彝物无不至。……结棚为市，环错纷纭。……男女杂沓，交臂不辨"。"观永昌贾人宝石、琥珀及翠生石诸物，亦无佳者。"

同年农历五月一日，徐霞客游到腾冲，在腾冲历时两个月，深入翡翠第一线，记道：

"十一日，……往潘生家，不遇；以书促其为余买物，亦不答。潘生

可见，缅北产翡翠的野人山地区，其原驻民缅甸称克钦族，中国称景颇族，其东部和南部有两个强大的王朝：中原王朝和阿瓦王朝，何方强大便向何方称臣纳贡。其归属几经变动，至今仍纷争不断。

一桂虽青衿而走缅甸，家多缅货。时倪按君名承差来觅碧玉，潘苦之，故屡屡避客。"

"十三日，……李生来，同住苏玄玉寓观玉。苏，滇省人，本青衿，弃文就戎，为吴参府幕客。……苏有碧玉，皆为簪，但色太沉，余择四枝携寓中，后为李生强还之。"

"十四日至十八日，……潘捷余以倪院承差苏姓者，索碧玉宝石，窘甚，屡促不过余寓，亦不敢以一物示人，盖恐为承差所持也。……潘生送翠生石二块。"

"二十六日，崔、顾同碾玉者来，以翠生石畀（bì，给予）之。二印池、一杯子，碾价一两五钱，盖工作之费，逾过买价矣，以石重不便于行，故强就之。此石乃潘生所送者。先一石白多而间有翠点，而翠色鲜艳，逾于常石。人皆以翠少弃之，间用搪抵上司取索，皆不之用。余反喜其翠，以白质而显，故取之。潘谓此石无用，又取一纯翠者送余，以为妙品，余反观其黯然无光也。今命工以白质者为二池，以纯翠者为杯子。时囊中已无银，以丽江银杯一只，重二两金，畀顾生易书刀三十柄，余付花工碾石。是午，工携酒肴于北楼，抵晚乃散。"

这两地五则，记述详尽而又生动，我们可以解读出如下事实：

（1）370多年前的明朝，把翡翠的毛料（明货）称为"翠生石"，翡翠的成品称为"碧玉"。

（2）明朝，翡翠已在腾冲、大理上市，徐霞客已具有对翡翠、宝石、琥珀的品质优劣判断的能力。这种能力从何而来？从徐霞客游遍大江南北的经历可以推知，他在内地或官府或民间，已见过并懂得翡翠。可见翡翠早已流入内地，不再是宋时的罕见宝物了。

（3）朝廷早已在腾冲设置专门机构（倪院），有专人（承差）负责征寻（觅）高档好货。徐记下的是一位姓苏的承差，经常到徐的好友翡翠商人潘一桂家去征寻，从潘"苦之""屡屡避客""窘甚""不敢以一物示人""恐为承差所持"看来，这种征寻很可能是不付钱或者只付很少钱的强征。

（4）腾冲的翡翠商多是当地的"青衿"，即有文化的地方贤士，如潘

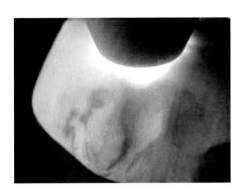

图4-2-1　徐霞客喜欢的翠生石——白底青毛料

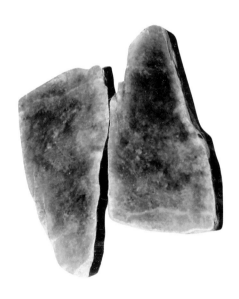

图4-2-2　徐霞客的"纯翠"毛料也许是这样的

一桂和苏玄。他们虽是文人但敢随马帮到缅甸去进毛料，当然，是否直接进入玉石场宝井，还是只到密支那或勐拱，不得而知，但也足以证明他们早已闯通了这条玉石之路。

（5）潘一桂送给徐霞客的两块明货毛料，按现在的说法，可以判断一块是白底青（图4-2-1），一块是"纯翠"（图4-2-2）。云南人认为白底青是差的低档货，只用去"搪抵上司取索"，而满翠才是好的高档货（妙品），这种行业标准在三百多年后的今天发展得更甚，满翠是特高档货，白底青（翠色鲜艳的）也是高档货。但徐霞客也许受中原白玉（和田玉）文化的影响，审美观与朝廷一致，特别喜爱白底青。

（6）两个印池一只杯子的加工费要白银一两五钱，比两块毛料的买价还贵，则三件成品毛料的总价不会超过一两五钱白银，须知这是满翠和白底青，说明明朝后期，翡翠的价格与白银相比还处于很低的价位。同时说明，明朝后期，腾冲已经有专门的翡翠加工业了。

（7）生意做成，赚钱方请客吃饭喝酒，从午到晚，似乎皆大欢喜，这种行规，沿袭至今。

（8）徐霞客所记录的翡翠交易和加工情况，以及朝廷征寻的情况，说明翡翠的开采、加工、销售，已经形成了一个产业链，这种产业链仅几十年的时间是难以形成的，由此我们可以推断，云南翡翠的加工和交易，至少在明初甚至更早，就已经存在了。

三 檀萃的全面概述

檀萃（1724～1801），清乾隆进士，1778年任云南禄劝县知县，好旅游，足迹遍滇中，所到之处，随手笔录。后受聘于昆明育才书院和万春书院作主讲。他所著《滇海虞衡志》，是一本专门记录云南物产、民族、民俗风物的奇书，书中对翡翠在清中期及其之前的情况，有较为详细的记载。其中有三段十分精彩，现录如下：

"玉出于南金沙江，江昔为腾越（注：腾冲）所属，距州（注：腾冲）二千余里，中多玉，夷人采之，搬出江岸各成堆，粗矿外护，大小如鹅卵石状，不知其中有玉并玉之美恶与否，估客随意贸之，运至大理及滇省（注：昆明），皆有作玉坊，解之见翡翠，平地暴富矣。其次，利虽差而亦赢。最下，则中外尽石，本折矣。毡包席裹，远运而来，有贵而置之密室，或贱而弃之篱落，且用以拒门。然珍者解开，转成白石，贱者解开，反出翡翠，虽老于作玉者不能预定，此卞和所以泣也。其琢成器皿，无所不备，而如意为大，且以充贡。"

"往时少公史顺宁，徒于滇行医，且作玉。近者孙汉辅、骆思侨二老，亦爱作玉，每至其寓，玉物盈几案间，亦足以悦目也，钦其宝，惜未详询其名，见鄙人之疏且陋耳。王少公，姑苏王恪公之后，今已归。汉辅，补山相国弟。思侨之子廷柱，则从予游者也。"

"玉器物名最多。玉自南金沙江来，大理玉匠治之，省城玉匠治之，大则如意，或长一尺、二尺。次则圭、璧、璋、琮，其他仙佛古形象无不具，一切盘、碗、杯、彝、文玩尤佳。玉扳指、玉手圈（手镯），官史无不带之。女钏（音chuàn，臂环）同男，或一手双钏以为荣。而玉烟袋、嘴则遍街，虽微贱吃烟，亦口衔玉嘴。至于耳坠，帽花之细，又不足论者。其滥于用器如此。"

文中说翡翠产地在"南金沙江"即今德宏州芒市的龙川江至缅甸孟养一段，和距离腾冲"二千余里"，应系檀萃听他人误传而录。笔者查《永昌府文征》，该文曾置疑檀萃未亲自去过保山、腾冲、德宏一带，得以佐证。但他所看到的昆明和大理的情况则较为真实。此书成书于1799年，即距今两百多年前的清中期嘉庆三年，我们从中可以解读出当时云南翡翠行业的几个重要情况：

（1）第一段专讲翡翠毛料（赌货）的交易情况，虽未出现"赌石"一词，但其赌石的情况，与今日几乎完全一样：有"外护"即皮壳的"粗矿"即毛料，用毡席包裹，远道而来到昆明或大理，不知内部如何，解开后，最好的"平地暴富"即一刀富，其次的虽然赚得少些，但还是"亦赢"，最差的血本无归"本折矣"，即一刀穷。而且毛料的变化无穷，"估客"即赌客只好"随意贸之"，以为是"珍"者，解开却是差的"白石"，以为是差的"贱者"，解开反而出好的"翡翠"，再老道的"作玉者"即毛料商或赌石大王也不可事先预测。最终，高档"贵"料锁到密室里，而废"贱"料丢弃在"篱落"，或拿去阻门之用，与今日业内做法，并无二致。

出人预料的是，檀萃已经把赌石与卞和所得之璞相比："此卞和所以泣也"。或许他已经推断，翡翠"粗矿"就是卞和所献之璞了。赌石的产生，必定是市场需求的刺激和"平地暴富"的诱惑。可见，从明末徐霞客见剖开的毛料翠生石却未谈赌石，到清中期短短100多年的时间，赌石市场就已经十分成熟了。

（2）第二段专讲他做玉石的三位朋友，着重介绍两点：

① 三位朋友的身份：王少公，在云南顺宁（今凤庆县）做官，外出行医，同时做点玉石生意，其祖上是明代正德年间官至文渊阁大学士的王文恪；孙汉辅，杭州人，清乾隆时官至相国的孙士毅之弟，在云南做玉；骆思侨，玉商，是檀萃的学生骆廷桂的父亲。

② 去玉商家所见：每次去孙、骆两家，二位都把玉器摆满桌子，让檀萃赏心悦目，可惜他没有详问那些玉器的名称。

由以上两点可见，当时做玉器的多是官宦人家，他们的玉器很多。我们可以从他们的家族背景推断，他们在苏、杭一带很有销路。这与如今玉石生意的某些做法，亦有异曲同工之妙。

（3）第三段专讲玉器的"物名"和用途。我们已经看到，当时的玉器，从日常生活用器皿，到仿古礼器、文玩、仙、佛，再到佩戴饰品，

"无所不备"（图4-2-3），以至檀萃认为与他在该书所记载的其他几十
种云南特产如铜器、竹器、石器、布匹等等相比，"物名最多"。同时，
这些玉器还分档次，最好的是"或一尺、二尺"的如意，作贡品；高档
的扳指和手镯，都被官吏们"无不带之"，此处的"带"应为佩戴或收藏
之意；最"微贱"的、檀萃有鄙视之意的是，连吸烟的烟嘴也用玉做（图
4-2-4），且"遍街"都是，以至于檀萃甚感可惜"滥于用器如此"。

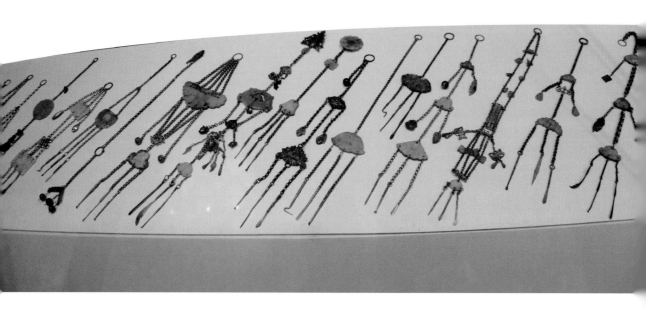

图4-2-3 清代各种翡翠饰品

图4-2-4　清代翡翠烟嘴及烟枪

（4）综上所述可见，云南的翡翠在清中期已具备如下特点：

① 供需两旺。赌石的成熟，产品的丰富，销售渠道向苏杭等内地的拓展，都印证了市场供需两旺的良好态势。

② 审美渐变。翡翠的好货，云南地方官员"无不带之"，高档货则作为贡品进京。说明翡翠的绿及千变万化的美，正在被上流社会所接受，逐渐改变着数千年白玉文化所形成的审美观。这是一个从民间到官方，从地方到"中央"的潜移默化却又无可阻挡的进程。

③ 文化相融。清中、前期，云南地区已不再称翠生石和碧玉，而直接称玉和翡翠，这是一个重大的标志性的变化，说明云南翡翠行业已与中原玉器行业接轨，云南翡翠文化已经与中原传统玉文化相融。同时，"粗矿"这一概念的出现，已经让人隐约嗅到了近代科学的气息，说明云南翡翠行业的发展，已经到了相当水平的成熟程度。

这一时期，腾冲的玉器已有可观的发展，在全省乃至全国的发展中，起着"极边第一城"的源头作用。

总而言之，我们可以断言，到清前期，云南的翡翠加工与交易已经十分兴旺。

腾冲是翡翠加工业的发祥地，是我国古代西南丝绸之路的重要驿站，是滇缅贸易的对外商埠。被誉为"中国翡翠第一城"。

四 本时期的其他史料与出土

本时期的史料和出土都较为丰富。

1. 史　料

除上述可信度较高且较有研究价值的史料外，同世及后世对这一时期的记叙与研究的史料还很丰富，如：明李元阳《云南通志·仓货志》、清鄂尔泰《云南通志》、清冯苏《滇考》、清许仲元《三异笔谈·宝石翡翠纹石》、清屠述廉《云南腾越州志》、清纪晓岚《阅微草堂笔记》、清刘墉、和珅《明史·云南土司传》、清唐荣祚《玉说》、民国尹明德《云南北界勘察记》（图4-2-5）、民国夏光甫《中印交通史》、民国罗养儒《纪我所知集》、民国尹子章、尹子鉴《云萃合编》等。外国学者也有述及，如：英G.E.哈威《缅甸史》、英李·约瑟《中国科学技术史》、英伯琅《缅甸玉石贸易》、英布赛尔《东南亚的中国人》等。

图4-2-5　1933年版孤本《云南北界勘察记》

在这些史料中，由于历史和地域的原因，对翡翠的名称叫法各有不同：光珠、琉璃、珠玑、瑟瑟、碧玕、碧玉、璞、宝货、翡翠等。对翡翠的产地也较为含混：南夷之地、蛮地、大金沙江、南金沙江、乘象国、掸国、野人国、蛮邪瘴疠之乡、勐拱、孟密、孟养、孟休、南缴、永昌，等等。

应该指出，上列史料中，包括国外学者的著述中，凡是认为翡翠的发现晚于北宋（916年）即公元十世纪的，都应该是不正确的。

2. 出　土

清朝翡翠的出土较多，明代的相对较少，民间收藏也基本如此，我们已无须枚举（图4-2-6）。

但对出土玉器的成分认定应遵循考古学的要求，要持慎重态度，不能看到玉器上有绿色就说是翡翠，更不能道听途说。现代珠宝鉴定仪器和技术，可以进行无损检测并可以给出完全准确的结论，出土玉器的成分须有这样的检测报告，方可定论。

对出土玉器凭目测就断定为翡翠并发表论文，后又被科学鉴定推翻的，可举如下三例：

图4-2-6　腾冲翡翠博物馆明代手镯

（1）1988年，云南省龙陵县豆地坪新石器文化遗址出土了四件玉斧，有人"认定"为翡翠并发表论文进行报道。1999年，另有认真的学者携物到昆明理工大学珠宝检测室鉴定，结果全是蓝晶石而不是翡翠。

（2）1955~1960年云南省晋县石寨山出土了汉代滇王玉衣残件166片，有人"认定"部分是翡翠而且是"老山玉"并发表论文进行报道，1999年，另有认真的学者携10片"老山玉翡翠片"到云南进出口珠宝玉石检测鉴定中心鉴定，结果全部是透闪石—阳起石玉，即与和田玉成分相同的玉，而不是翡翠。但近年来仍有人发文说是翡翠，让人觉得奇怪。

（3）著名的河北省满城县汉代中山靖王刘胜墓，有人"认为"其中一件镶嵌饰品镶的兽头是翡翠并发表论文进行报道。1999年，另有认真的学者携此物到北京进行鉴定，结果是透闪石—阳起石玉，即是与和田玉成分相同的玉，而不是翡翠。

上述三例都把翡翠的发现时间大大提前，引得翡翠粉丝们一片喝彩，但到头来都是"报道时振奋人心，鉴定后大失所望"。

五 区域兴旺

从明代到清中期，翡翠的加工和商贸在云南已经兴旺发达。在这一时期，翡翠流入中原和京城，多在皇室、达官贵人、文人士大夫中玩赏，北京琉璃厂亦有销售，但加工与贸易规模尚远不如云南。

如果选一个事件作为此时期的截止和新时期的起始点，那么，明朝尚未找到记录，而清朝最早的记录，是雍正十一年即1733年，云南巡抚张允隋向雍正皇帝进贡翡翠一事，贡品是"永昌碧玉一具、青绿石盘四面、云石珠四十盘"，雍正笑纳。以此事此时最为恰当。因为，作为地方而言，地方最高行政长官进献的贡品，必然是本地最具代表性且最有价值的宝物；作为朝廷而言，帝王认可，登堂入室，有了最高的官方身份。从此，翡翠又展开了新的篇章。

所以，从明朝1368年到清前期1733年约360多年的时间，是翡翠在云南这一区域兴旺发达的时期。

皇室问鼎时期

翡翠在云南地区兴旺发达的背景下，于1733年被雍正帝正式认可进入皇室。作为一种新的玉种，它的审美标准（例如绿色与水头配合的美），质量评定体系（例如种、水、色、底、裂、癣、棉、脏），价值评估条件（例如高、中、低档的划分及相应的价格）等，都与和田玉大相径庭。在数千年白玉文化形成定势的环境里，它的发展与其他新鲜事物一样，也是曲折的。但经历了雍正、乾隆、嘉庆、道光、咸丰、慈禧几代皇朝几个时期，几经波折而最终确立了顶级帝王玉的地位。其间有不少反对的声音，甚至不承认它是"玉"的声音，也相生相伴。

一 乾隆与翡翠

如前介绍，乾隆爱玉，远超历代帝王，他钟爱的玉种，主要是和田玉；但是翡翠的到来，他也欣然接受。中国第一历史档案馆藏有清廷的《养心殿造办处各作成做活计清档》与《杂录档》，两份档案准确地记录了当时的情况，现按年代先后顺序，摘录部分如下：

据说，现今故宫留存下来的三万多件玉器中，有两万多件都是乾隆皇帝和慈禧太后收藏、把玩的。

（1）乾隆二十九年（1764年）五月初八日，太监胡世杰交下碧玉朝珠一盘、云南朝珠一盘，乾隆帝命将云南玉朝珠上挑选些好珠儿换在碧玉珠上。经催长四德，笔帖式五德两人共同认看，系"迁换不得"。

（2）乾隆二十九年（1764年）五月十六日，太监胡世杰交云南玉腰圆手镯一只，传旨："着照样配做一只，钦此。"于本日挑得云南玉册片一片，画得手镯三只，交太监如意呈览，奉旨："准做。钦此。"

（3）乾隆三十六年（1771年）三月二十七日，前朝武将赵文璧的后人进寿贡"翡翠瓶一件"。（笔者特别说明：此为清廷档中第一次使用"翡翠"一词）

（4）乾隆三十六年（1771年）五月十八日，交查彰宝（云贵总督）呈进的云南玉佛手洗一件。传旨："交广木作配座，完成后带往热河。"本月二十七日广木工毕，呈进带往热河讫。

（5）乾隆三十七年（1772年）十月九日，云南玉残料二十三块、云南玉石子一块、云南玉瓶坯一件，呈览，奉旨："云南玉料、石子等交广储司银库收贮，云南玉瓶着启祥宫收贮。"

（6）乾隆四十五年（1776年）十二月二十一日，云贵总督图思清进年贡，其中部分翡翠贡品被退回，退回原因是品质欠佳还是工艺欠佳不明，总之乾隆不满意："奉旨驳出交伊差人领去的有：滇玉太平有象花尊、滇玉双耳瓶、滇玉灵芝花插、滇玉荷叶洗、滇玉松柏灵芝笔筒、滇玉水盛、霞洗、笔架、镜嵌，滇玉扁盒。"

（7）乾隆四十四年（1777年）四月二十九日，江苏巡抚吴坛进五月端午贡"翡翠花觚（音gū，古代的一种酒具）一件"。

（8）乾隆四十五年（1778年）三月二十六日，江西九江关监督额尔登佈进贡"翡翠暗花扳指二十六枚"。

从上列八次进贡可以看出：翡翠已批量进入清廷，乾隆自有评价标准，满意的留下，不满意的"驳出"；除云南官员外，其他省官员也投其所好向乾隆进贡翡翠，说明翡翠已大量进入中原，并得到上层社会的热捧；中原上层社会最晚已于1771年在贡品中称翡翠，与檀萃在滇了解民间称翡翠同期；云南官员贡品中仍称云南玉、滇玉，应是欲彰显地方特色而致。

二 乾隆晚期的翡翠价格

由于朝廷和上层社会对翡翠的追求，翡翠的价格一路上扬，到乾隆晚期，竟远超过数千年视为至宝的和田玉，这一情况被纪昀所记录。纪昀，字晓岚，主撰《四库全书》，在乾隆朝和嘉庆朝任大学士、兵部侍郎、左都御史、礼部尚书等各要职高官，他在1793年成书的《阅微草堂笔记》中写道：

"云南翡翠玉，当时不以玉视之，不过如蓝田干黄，强名以玉耳。今则以为珍玩，价远出真玉上矣……盖相距五六十年，物价已不同如此，况隔越数百年乎。"

这段记录十分精彩，它告诉我们：云南的翡翠玉，原来根本就不算

登封造极

　　相传，五岳中的中岳，是轩辕氏黄帝治理，主宰土地山川，五谷牛羊。武则天曾亲自登中岳封礼授印，并将中岳所在县名改为登封县，给后世留下了"登封造极"的典故。如今，"登峰造极"已被谐音谐意引申为对任何事情能做到极致的成语："登峰造极"。

　　青山绿水之间，琼楼玉宇，青松仙草；祥云野鹤之中，童子敲锣打鼓，欢跃贺喜；高山峭壁之上，封礼授印，加官晋爵，朵朵灵芝（如意）怒放；绝顶处，楼上有楼，天外有天；川溪中，牛戏水，乐悠悠。好一派福地洞天的和谐景象。作者以高超的手法，演绎了传说、历史、与现实。

　　作品用糯化种四彩高档玉料雕治，雕工精湛；翠绿、秧苗绿与蓝紫色在晶莹圆润的玉料上，溢出光鲜阳艳的宝光，使整件作品蓬荜生辉。这是一件玉质美丽、意境浓郁的特高档翡翠玉雕精品。

　　尺寸（连座）：高×宽×厚=68厘米×43厘米×22 厘米

玉，充其量不过如蓝田玉中的低档品种干黄那样，勉勉强强给个玉的名分；现今不得了了，变成了珍玩，价钱远远超出和田玉，……这才相距五六十年，就发生如此之大的变化，何况如果再隔数百年呢！

后世翡翠的发展竟被纪晓岚言中，不用"隔越数百年"，从清亡至现今改革开放不足百年，乱世已去，盛世到来，翡翠的价格一再扮演着震惊市场的巅峰角色。

三 慈禧与翡翠

在乾隆晚期翡翠价格远超和田玉之后，嘉庆、道光两朝，两帝对翡翠的喜爱有增无减，云南巡抚和各省官员亦不断用翡翠向朝廷进贡，与此同时，在两朝约153年的时间里，重和田轻翡翠的观念也在逐渐发生着变化，及至慈禧时，终于发生了突变，变成了重翡翠轻和田。

慈禧对翡翠的喜爱广为人知，其资料、传说及至文学作品纷繁多杂。

1. 慈禧生前的翡翠用品

（1）据清宫史料载，除云南和各省贡品外，慈禧还命朝廷直属的外派部门为她操办"绿玉活计"即翡翠活计，如粤海关、淮海关、苏州织造、江南织造等。

（2）慈禧喜爱的翡翠器物有：翡翠制作的圆镯、竹节镯、戒匣、钗、珰、花心、蝶翅、扁方、耳坠、胸坠、簪、双喜字耳挖式小长簪、双喜字钳子等佩饰品；翡翠制作的瓜、菜、瓶、盘、碗、笔床、笔筒、烟管、烟壶、带钩、朝珠、佛头、罗汉等实用与摆设玩赏之器。

（3）由于高档翡翠的稀缺、价格的高昂和经费的不足，外派直属部门时有"实属无从购觅"和"恐难依期办足"的情况发生。例如，淮安关曾有一次接旨办理"竹节式镯子三对、双喜字耳挖式小长簪一支、双喜字耳挖式长簪六支、双喜字钳子二对"。共17件货，价需白银39994两，每件均价2352.58两，淮安复旨"恐难依期办足"。

2. 慈禧逝后的陪葬器

慈禧逝后以无数翡翠和珍珠宝石陪葬，这已是不争的事实。但具体

翡翠与财富同在，翡翠去到哪里，财富便出现在哪里，古往今来，概莫能外。

慈禧用过的玉饰、把玩的玉器数量很多，足能装满3000个檀香木箱。1900年，义和团起义，慈禧太后逃离北京，所带的珍宝也主要是精美的翡翠。

到底是何物、何数目、何价值，因其陵寝于1928年7月被千古罪人大军阀孙殿英炸开抢盗一空，只留得世间众说纷纭。

慈禧的陪葬品清廷按其律不予记录，其他文字资料难觅，下录三份。

（1）《爱月轩笔记》：是慈禧的内侍太监李莲英的侄子李成武所著，据传，李莲英参与安葬慈禧后，他口述，李成武笔记而成此书。但《爱月轩笔记》原版已经失落，现流传的是两部典籍中的引文，一部是丁福保（畴隐居士）的《佛学大辞典》1928年版，一部是赵汝珍的《古玩指南续编》1942版。现以此二书为主，另有其他文献，一并综合如下：

图4-3-1 慈禧戴翡翠手镯像

　　慈禧足旁左右翡翠西瓜各一枚，青皮、红瓤、白籽、黑丝，估价白银五百万两；腰旁有翡翠甜瓜四枚，系二白皮、黄籽、粉瓤者，二青皮、白籽、黄瓤者，约值白银六百万两；头顶有翡翠荷叶一片，满绿叶片深绿筋，如天然生成，叶片上还有巧色红蜻蜓一只，重二十二两五钱四分，值白银二百八十万两；还有翡翠白菜两颗，绿叶白心，白心上有一支翠绿蝈蝈，绿叶上有两支黄色蜜蜂，价值白银一千万两；还有翡翠佛二十七尊，每尊重六两，翡翠桃十个，绿色桃身，粉红桃尖；还有其他翡翠的花件、把玩件，以及珍珠、红宝石、蓝宝石等奇珍异宝不计其数。

（2）克诚等著《东陵盗宝》1928版：

"……见棺内有翡翠西瓜两个，大为圆径六寸，其色泽与真者无殊，知稀世珍品，即双手各托其一。"

（3）民国政府派出的东陵盗案调查官刘禺生1946年发表《世载堂杂忆·清陵被劫记》，其中记录了亲身参加开棺的某连长的描述：

"霞光均由棺内所藏珠宝中出，乃先将棺内四角所置四大西瓜取出，瓜皆绿玉皮紫玉瓤，中间切开，瓜子作黑色，霞光由切开处放出。"

以上资料浮光掠影，足以见慈禧的奢侈，也足以见她对翡翠的钟爱。

3. 慈禧对翡翠消费的推动

无论记述和传说的纷繁与真伪，慈禧对翡翠情有独钟，拥有的翡翠显现出惊人的奢华，是不争的事实。

同样重要的是，宫廷嫔妃、官员女眷，纷起效尤，以翠为美争相佩戴，而京城及上海、江苏、浙江、广东等经济发达地区的官绅、富商、文人雅士及其夫人们也购买、收藏、玩赏、以翠为荣。慈禧以其特殊的地位，为翡翠在中原朝野的快速渗透和发展，起到了巨大的推动作用，堪称"引领时尚新潮流"的"中华爱翠第一后"（图4-3-1）。

四 另一种声音

翡翠的兴起让一些特别钟爱传统玉石的人士不以为然，他们把传统玉称为"真玉"，而把翡翠列为"非玉"。例如：

清后期，最有代表性的是玉器鉴赏大家陈性，他在其1839年出版的《玉记》中说："……翡翠石出西南陬（音zōu，隅、角落），形虽似玉实非真玉也。"

时过168年，在民玉时代的今天，翡翠已以排山倒海之势独占鳌头，但持此观点者还有其人，2007年出版的某书中说道："中国人称之为翡翠者，自宋朝至今已有专名，虽很硬很珍贵，但它一开始出现就不被人称为玉，况且这种材料不产于中国，把外国材料当成中国玉料是不妥的。……此外，近几十年来，一些地质工作者和玉器生产厂家脱离传统，认为凡可制作工艺美术的石料皆可定为玉。例如将硬度很低的鸡血石、田黄等，硬度很高的翡翠、水晶、玛瑙等都称为玉，这是违反有关玉的定义的。"该书同时介绍："硬玉……其中最大成分是砂土、矾土与碳酸钠。"

试想，中国玉文化有八千多年历史，和田玉于四千多年前从新疆和田进入黄河上游的齐家文化地区，即今青海、甘肃一带，据齐家文化出土玉器统计，和田玉占30%，本地玉占70%，后又经近两千年，才由西向东逐渐渗进夏、商乃至中原各地区。若各部落，各地区、各朝代坚持只用本地产的玉而拒绝外来玉，那么和田玉哪来之后两千多年的辉煌？

再试想，翡翠天生丽质，比其他玉种多出种、水、色、底等若干特质，如果管仲、孔子、荀况、许慎四位哲人得以与其谋面，则会论其有几德？按四位的论法，何止五至十一德，也许可能论出更多之德。

五 皇室问鼎

从正史中有案可稽的清雍正十一年即1733年起，翡翠在云南地区兴旺发达的背景下，正式进入皇家玉坛，至清结束1911年止，历经178年，完成了它皇室问鼎的华丽转身，稳坐了所有玉种的第一把交椅（图4-3-2）。

前已述及，翡翠从其产地不向西不向南，偏偏向东，不远万里进入中原，绝非个人意志可以左右。是中国玉文化浸润的民族爱上了它，吸引了它，融合了它。这是历史的必然，是中华文化胸怀博大，兼容并收的硕果。

图4-3-2 腾冲翡翠博物馆"玉中之王"王座

主流领军时期

进入改革开放后的民玉时代，我国的玉石产业突飞猛进，得到了有史以来空前的大发展。玉石大家族的成员各有自己的喜爱群、消费群，他们各创一片天地各领一方风流。

一 几种玉石的近期数据

由于资料难于完全统计和难于十分准确，故下面提供2010年前后六种主要玉石的行业大概情况，以供参考。

1. 翡 翠

（资料来源：云南省文化厅副厅长花泽飞讲话、云南日报等）

2012年，翡翠的加工与销售产值，云南省是300亿，广东省是300亿、合计600亿。云南有毛料商600多家，加工厂3000多家，零售店20000多家，是全国最大的零售市场，从业人员近100万。广东未统计。

2. 和田玉

（资料来源：和田地委书记朱海仑讲话，网络资料等）

2012年，和田玉的开采、加工与销售产值，和田七个县工业总产值40亿，其中主要是玉石产业，乌鲁木齐加工与销售30亿，合计70亿。乌鲁木齐有零售店2千多家，从业人员2万。

3. 南阳玉

（资料来源：镇平县委书记赵金文讲话，中华玉网，大公报等）

2011年，南阳镇平的开采、加工与销售总产值250亿，加工厂1.5万家，零售店3500家，从业人员50万。镇平石佛寺玉雕湾长达14公里。要说明的是，南阳镇平加工和销售的玉石有和田玉、南阳玉、岫玉、翡翠等，很难对南阳玉单独进行统计。

4. 岫 玉

（资料来源：千山晚报等）

2012年，岫岩县开采、加工、销售总产值几十亿，加工厂5000多家，从业人员10万。

5. 绿松石

2011年，绿松石开采、加工、销售总产值6.9亿。

6. 蓝田玉

2012年，蓝田玉开采、加工、销售总产值4.5亿，从业人员3.3千人。

从上列数据可以看出，翡翠仅加工与销售的总产值（尚未包括开采），远超过了另外五种玉石开采、加工、销售的总产值的总和。

（资料来源：十堰政府网新闻中心）

（资料来源：国家统计局陕西调查队报告）

二 翡翠与明星

女性社会名人对首饰的选择和佩戴，不仅表现出她们自身的审美和价值取向，而且必然代表并影响着全社会，前述慈禧如此，近代名夫人宋美龄爱翠也如此（图4-4-1）。而当代影视明星们的衣着佩饰，更是人们穿着打扮的一汪清潭。近二十多年来，翡翠已成为她们的首选，其例多不胜数，我们任意举出十位（图4-4-2），领略她们是如何引领翡翠佩戴的时尚与潮流。后配两语，且作引玉之砖。

（1）杨丽萍与翡翠：翡翠无语觅知己，丽人有灵舞飞天。

（2）徐熙媛与翡翠：若非一翠佩佳人，哪得万树梨花开。

（3）黄圣依与翡翠：女娲补天炼七彩美玉，翡翠灵动恋绝代佳人。

（4）林志玲与翡翠：美看庭前花开花落，翠望天边云卷云舒。

（5）汤灿与翡翠：花想绿叶云想风，寻春问玉蓬莱中。

图4-4-1　宋美龄佩戴的翡翠手镯与项链

宋美龄百岁生日宴会时，她佩戴着翡翠耳钉、珠链、手镯、戒指。在整套极品翡翠的辉衬下，这位百岁老人仍是那样雍容华贵、仪态大方，尽显高贵气质。

图4-4-2　十位明星佩戴翡翠之风韵

（6）佟丽娅与翡翠：国色天香唯一花独放，翠华人丽叹举世无双。

（7）萧蔷与翡翠：紫气东来百花香，春色满园玉人贵。

（8）徐若瑄与翡翠：沉鱼落雁携碧翠，风姿绰约得美玉。

（9）范冰冰与翡翠：明眸秋波胜金枝玉叶，点翠生辉可羞花闭月。

（10）刘晓庆与翡翠：神秘高贵堪玉中之王，美艳倾城竟万人空巷。

三　近几年高档翡翠的价格

有资料显示，过去20多年来对翡翠的开采量相当于300年来开采总量的10倍，终有一天，缅甸或许面临再无翡翠可以开采的处境，所以缅甸政府将翡翠的开采权收归国有，加强对翡翠毛料的控制，这也是导致翡翠价格一路高升的一个重要原因。

前已述及，从纪晓岚预言至今近百年，翡翠一直以它高昂的价格，彪炳着其不可动摇的高贵身份，近几年又爆天价，让世人咋舌。以下是拍卖市场上的几个实例：

（1）2010年，苏富比香港拍卖公司，拍出嘉庆皇帝御制蛟龙钮翡翠玺二方（图4-4-3），价690.1938万元；翡翠耳坠（配红宝石）一对（图4-4-4），价693.162万元。

（2）2013年5月，佳士得香港拍卖公司，拍出翡翠豆荚耳坠一对（图4-4-5），价280.8万元；翡翠串珠项链三条（图4-4-6），价405.6万元；本次拍卖会共拍出10万元以上翡翠饰品57件，均价82.8万元。

（3）2012年11月，香港国际珠宝展，翡翠饰品过亿元的有七件，近

图4-4-3　嘉庆皇帝翡翠玺

图4-4-4　配红宝石的翡翠耳坠

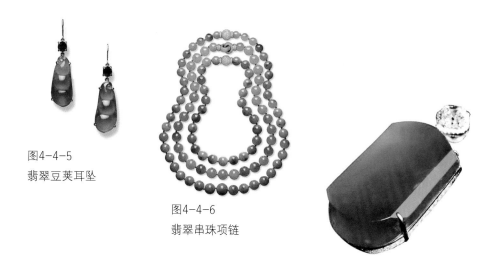

图4-4-5
翡翠豆荚耳坠

图4-4-6
翡翠串珠项链

图4-4-7　翡翠大方坠

亿元的有20件。

（4）2011年，北京艺融拍卖公司，拍出翡翠大方坠一件（图4-4-7），重92.9克，价1.03亿元。该方坠于2013年6月15日在昆明泛亚石博会现身，标价3亿元。

（5）2012年12月15日，保利广东拍卖公司，拍出翡翠观音三圣摆件（图4-4-8），重7.75公斤，价4.746亿元，创世界翡翠拍卖最高新纪录。

四　主流领军

综上三方面所述，翡翠发展到民玉时代的今天，已经成为主流领军的玉石品种。这是翡翠在自由竞争的市场经济条件下，用品质、文化和历史铸就的成果，是不以任何人的意志为转移的。

图4-4-8　翡翠观音三圣

翡翠之路——南方丝绸之路

翡翠出产在遥远的野人山雾露河，它是怎样进到中原的？其实，远在战国时期，甚至更远在西周，西南一带"百濮"的先民们，他们在物资交流与通商的过程中，已经走出了一条千难万险的马帮路，后世把这条路称为南方丝绸之路，翡翠正是沿此路进入中原的。所以，珠宝界又把这条路称为翡翠之路。最早记录这条路的，是西汉大史学家司马迁。

一 司马迁的"蜀—身毒道"

司马迁在《史记·大宛列传》中记载：

西汉时，张骞沿甘肃、新疆的北方丝绸之路出使西域，他来到大夏国（今阿富汗、巴基斯坦），见有四川的"蜀布、邛竹杖"等物，他的商队并未带这些物品，便问当地人这些东西从何而来，当地人告诉他："吾贾人往市之身毒，身毒在大夏东南可数千里"。张骞回到长安后向汉武帝报告此事，并分析：从北方去大夏有一万二千里，而从四川去仅数千里，"此其去蜀不远矣，从蜀宜经，又无寇"。汉武帝"欣然"，并派人前去开探此路。

身，古音yan或juān。身毒，唐称天竺，即今印度。司马迁记述的蜀—身毒道即四川——印度道，可分两条：

第一条，称西道：成都——西昌——永宁（泸沽湖旁）——丽江——大理——保山——腾冲——密支那（缅甸）——野人山雾露河（玉石产区）——雷多（印度）。

第二条，称东道：成都——宜宾——昭通——曲靖——昆明——楚雄——大理，并入西道，终到印度。

第一条较近，宋代以前均走此路，是司马迁记述的路。第二条较远，元代灭大理国于1276年将云南首府从大理迁到昆明后，逐渐开通。

需要特别指出的是，蜀—身毒道并不是茶马古道（图4-5-1）。

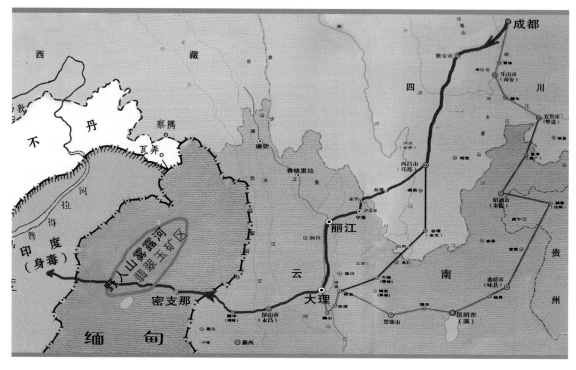

图4-5-1　翡翠之路与茶马古道的区别示意图，其中，红色所示为"蜀—身毒道"

从路径和方向来看，两条道路仅只是在大理到丽江段重合。北边，在丽江往北分道，茶马古道往北西方向，经香格里拉——德钦——进藏；而蜀—身毒道往北东方向，经宁蒗——永宁（泸沽湖边）——入川。南边，从大理也成两向分道，茶马古道继续往南，经南涧——云县——到普洱、临沧、版纳等地区，而蜀—毒身道则转而往西，经保山——腾冲——进缅甸，去印度，通南亚诸国。

从形成的时间上看，蜀—毒身道在战国时期甚至更早就已存在，而茶马古道始于唐代，晚了一千多年。

从运输的物资上看，茶马古道是将滇南普洱地区的茶叶与青藏高原的良马互市；而蜀—身毒道运出去的是蜀布、蜀锦（丝绸）、邛杖、白银、黄铜、药材、盐巴等，运进来的是棉花、香料、象牙、翡翠、琥珀、宝石、黄金、燕窝、鹿茸等。也大有差别。当然，某些货品在大理、丽江等汇合地互市，小额交叉运输，也是情理中的事。

二 古老的运力——马帮

马帮是大西南地区特有的一种交通运输方式，它是南方丝绸之路主要的运载手段，也是翡翠古道得以延续的基础。

　　南方丝绸之路从四川成都到印度雷多，约三千公里。从古时到近代抗战之前，80%的路都不能行车，只能靠人和马，在那些高山密林中一步一步地穿行，据载，鼎盛时期，每天有上万匹马在这条路上行走。这条马帮之路异常艰险，由于横断山脉是南北向，而此路是东西向，所以他们要翻过无数座高山，要穿过无数条峡谷；要渡过金沙江、澜沧江、怒江、恩梅开江（缅甸）、迈立开江（缅甸）、亲敦江（缅甸）六条大江。江面宽阔水流湍急，古时无桥，须靠皮囊漂浮（图4-5-2），后来有了铁索，又将马匹四蹄悬挂滑溜而过（图4-5-3）；沿途风餐露宿，毒蛇猛兽袭扰，更有土匪杀人越货；永昌以西，又有瘴气恶疾……。

图4-5-2　马帮之人跨革囊过大江

图4-5-3　马帮之马吊溜索过大江

　　为了应对这些艰险，马帮的组成有两个最基本的要求。一是帮队庞大，几十匹马的只能算小马帮，在本地搞点短途运输，跑长途的承运大货贵货的，都是五六百匹以上的大马帮，大马帮配有枪支武器，沿途官印俱全，人脉广泛，以确保人员和货物的安全。二是人员强悍，赶马人天天上驮下驮，日晒雨淋，徒步而行千里，个个都强健，能吃苦，敢冒险，敢玩命，普通人难以胜任。滇西比较有名的大马帮有腾冲大马帮、大理大马帮、鹤庆大马帮。

三 翡翠之路的厚重历史

蜀一身毒道之所以辉煌，还在于它承载着厚重的历史，简要举例如下：

1. 历代王朝的南征之路

汉朝的使臣首次南下，至洱海被"昆明人"阻挡无功而返，回长安凿昆明湖练兵再战；唐朝的两次天宝战争，10万唐兵败于苍山脚下；宋朝的"宋挥玉斧"，隔江相望；元朝的"元跨革囊"，灭大理国一统天下；明朝的平南夷戡缅乱，屯垦戍边疆，等等。

2. 佛教东传之路

佛教从印度传入中国，翡翠之路也是一条重要的途径，在南昭时期就兴建了规模宏大的"崇圣寺"（三塔寺），供奉诸佛。此路佛教传播最盛之时是宋代，宋代大理国历代国王都信佛教，他们请印度来的高僧到宫廷讲经，允许他们到民间传教，据《南诏野史》记载，崇圣寺鼎盛时，有"佛像11400尊"之多。1978年维修三塔寺时，在主塔中发现了一批珍贵文物，有纯金佛，铜鎏金佛，还有一尊宋代玉雕（大理石）的水月观音（图4-5-4）；更有甚者，大理国被称为"妙香佛国"，共23位皇帝，竟有9位放弃王权，皈依佛门，到崇圣寺任住持。

3. 文化融合之路

这条路所经过的各地区的各种文化互相交流，互相融合，中原的儒家文化，四川的巴蜀文化，贵州的夜郎文化，云南的滇文

图4-5-4 大理三塔寺的水月观音

化、摩梭文化、东巴文化、沿途众多的少数民族文化，印度的佛教文化、甚至基督教文化、伊斯兰教文化，都在这条路上传播融合，熠熠生辉。而玉文化"润物细无声"，给沿途带去了普世的吉祥如意。

4. 云南人寻宝之路

从古至今，无论野人山雾露河几易其主，成千上万的云南人沿此路到玉石场寻宝，造就了独特的文化现象和另类的生活方式，所谓"穷走夷方急走场"就是极好的写照，因而这条路又被称为"翡翠之路"。为了纪念这些无畏的开拓者，两百多年前，华人曾在缅甸曼德勒以南二十多公里处的阿瓦古都修建了一座观音寺，寺前立汉白玉碑，碑上刻了5000名华侨玉商和挖玉工的名字。可惜"文革"时中缅交恶，被有的缅甸人砸碎埋弃了。

5. 远征军抗战之路

抗战危难时，1943年滇西20万军民仅用8个月，就修通了从昆明到畹町九百多公里的柏油路；1944年滇西反攻时，又修通了从印度雷多到缅甸密支那可以通车的沙石路，所以此路又被称为"中印公路"；远征军第一次入缅失利，10万将士绕道野人山回国，就有5万热血青年死于野人山恶劣的深山原始森林之中；1944年滇西大反攻，远征军在美空军的配合下，经松山战役、腾冲战役、龙陵战役、密支那战役，一路全歼日军，终于取得了滇西和缅甸抗战的全面胜利（图4-5-5）。为纪念功勋卓著的盟军滇缅战区参谋长史迪威将军，民国政府又将中印公路命名为"史迪威公路"。

5万热血青年"宁为玉碎，不为瓦全"，他们的铮铮白骨与那里的玉石共眠，铸就了中华民族历史上抵抗外族侵略的永不磨灭的丰碑。

今日采玉之乡，当年抗战之山。

图4-5-5A　中国远征军

图4-5-5B　中国远征军坦克

图4-5-6　泰国一侧的金三角地标

按当地发音译，"湄"也有记为"密"
的，如密赛、密红算、密索、密公河等。

图4-5-7　扭曲的翡翠之路示意图，红色三角即金三角地区

四 扭曲的翡翠之路

1950年之后，中缅边境关闭，同时，翡翠和所有的玉石珠宝，都被打为"资产阶级和封建帝王的腐朽东西"而收声敛气。

恰逢缅甸奈温政府于1964年实行"社会主义"，派军队进玉石场把汉人挖玉者全部驱离，在瓦城、仰光等地禁止翡翠加工、贸易和出口。

然而，港台和世界各地的华人对翡翠的需求依然旺盛。于是，翡翠之路悄悄改道，从玉石产区不再东进到中国的腾冲、盈江、瑞丽，而是沿缅甸政府力所难及的中缅边境线缅方一侧南下，经过金三角地区（图4-5-6），通过缅甸边境大其力等三条通道，进入泰国北部边境的湄赛、湄红算、湄索等三个小寨（图4-5-7）。

这一路全是高山密林，民族多杂，武装林立，人货都十分危险。国民党的第3军和第5军、缅甸共产党的人民军、坤沙的掸邦解放军都曾经在这一线求生存，分时期分地段武装割据，他们之间互相作战，同时又对缅甸政府军作战。而玉石大老板们都是华人，与三方都好沟通，只要搞好人脉，"上税"交钱，大受各方欢迎。翡翠奇特，是独立于红尘之外的圣物，数百匹甚至上千匹骡马的大马帮，都能得到武装护送，通过金三角时又添鸦片作伴，虽然一路艰辛，却能千里迢迢安全到达缅泰边界。

湄赛（又名嫩柿）（图4-5-8）、湄红算、湄索原是泰北三个晚上只能点煤油灯的偏僻小寨，翡翠马帮的到来使它们迅速热闹发展起

图4-5-8　湄赛（嫩柿）的华侨学校

来。尔后，玉石又南下集中到了清迈，清迈当时有李家、张家、林家、韩家四大家形成的翡翠市场，吸引了香港的玉石富商，把翡翠卖到了香港，在香港加工后走向世界。

清迈现为泰国第二大城市，也是泰国北部政治、经济、文化的中心。清迈曾是泰王国的首都，至今仍保留着很多珍贵的历史和文化遗迹。

改革开放后的二十世纪八十年代中期，中缅边境开放，翡翠之路才恢复了正道。清迈的玉石市场又趋于冷落。

二十世纪九十年代始，广东的平洲、四会、揭阳及广州长寿路四地，形成了大规模的翡翠加工基地和批发市场，而云南省也发挥地缘优势，大力发展昆明、瑞丽、腾冲的加工基地、批发和零售市场，翡翠毛料的流向发生了多样的变化。至今，这种变化仍在进行着。

然而无论怎样变化，翡翠之路通向哪里，财富和繁荣就跟到哪里，古往今来，概莫能外。

五　翡翠发现的传说与故事

从钻石开始，红宝石、蓝宝石、和田玉、蓝田玉，几乎每一种珠宝玉石都有自己的传说和故事。翡翠也不例外，翡翠的发现至少有四个传说故事，其中除了一个传说见于英人《缅甸史》之外，另外三个广泛流传于滇西喜爱翡翠的人们之中。

图4-5-9　缅甸画：翡翠仙女

　　传说是文化的一部分，它是一个民族对自身重大事件的源头的猜想，虽不可考，但却是这个民族思维的影子，它隐隐约约，美丽而又神秘。

1. 传说一：磨石见翠

　　传说，当马帮从印度返回穿过野人山时，为平衡马驮，马锅头随手捡了一块石头放在驮筐里，带回家，随意丢在马厩里当拴马的石头，久而久之，石头皮被缰绳磨破，才发现是一块又翠又水的美玉。

2. 传说二：开石见翠

　　传说，当马帮从印度返回到雾露河时，在小溪边埋锅造饭，马锅头随意捡了几块石头搭灶，饭毕，取水灭火，热石骤冷，裂开，竟发现是一块又翠又水的美玉。

3. 传说三：踏石见翠

　　《缅甸史》载，受封的土司珊龙帕在勐拱河渡河时，脚踏一块鼓形大石，仔细看时，发现是蓝色的，认为是好兆头，便下令筑城，取名勐拱，勐拱是鼓形蓝石之意，蓝石便是翡翠。

4. 翡翠仙女的故事

　　翡翠仙女原是大理国的一位公主，有倾城倾国之貌，温柔善良之心（图4-5-9）。大理国征服那一带时，与当地的部族首领联姻和亲，公主嫁过去后，也带去了医术，她经常进山采药，为当地民众治病，自己却不幸染上了瘴气，香消玉殒。当地部族为了纪念她，将她火化，盼她升天成仙，她却甘愿入地，变成翡翠，继续为民造福。因此，翡翠才如此的美丽。

翡翠
的文化属性

按照国家标准GB/T 16552-2010《珠宝玉石名称》的规定，国内常用的玉石就有六十多种，翡翠玉只是其中的一种。因此，翡翠的文化属性既有所有玉石的玉文化共性，又有自己的个性。

当我们懂得了翡翠的自然属性，了解了她的发现与发展的四个阶段，知道了她所融入的中国玉器发展的历史背景与中国玉文化发展的三大时代，以及她是如何从遥远的"南蛮"之地来到中国的，我们就可以来讨论翡翠的文化属性了。翡翠的文化属性从属于所有玉石的文化共性，但因其自身的历史和材质特殊的美丽，而衍生出鲜明的个性。

中国的玉石大家族

一 珠宝的分类与玉石的定义

1. 珠宝的分类

我们常说的珠宝，珠宝玉石、宝玉石、其实是同一概念在不同场合下的不同称谓。可以作为珠宝玉石的物质在全世界有近200种，常见的有三十多种。根据我国国家标准GB/T16552-2010《珠宝玉石名称》的规定，所有珠宝可以分为两个大类、七个小类：

翡翠是中国玉石大家族中的一员，那么，什么是玉石呢？这个大家族又有哪些成员呢？现代宝石学给出了科学的定义。

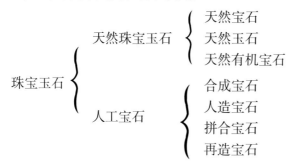

其中，天然珠宝玉石的3个小类在商业活动的标识中，无须添加"天然"二字，而人工宝石的4个小类则必须标明人工的方法，不标者违法。"珠宝玉石"可以简称为"宝石"。

2. 宝石的定义

定义：由自然界产出，具有美观、耐久、稀少性，可加工成饰品的矿物的单晶体（可含双晶体）。

实例：钻石、红宝石、蓝宝石、祖母绿、碧玺、水晶石等。

说明：由上可知，"宝石"这一概念有两个含义，广义的含义是指所有的珠宝玉石，是所有珠宝玉石的总称、统称或简称；狭义的含义是在所有宝玉石中，专指单晶体（含双晶体）者，称为宝石。

3. 玉石的定义

定义：由自然界产出的，具有美观、耐久、稀少性和工艺价值的矿物多晶集合体，少数为非晶质体。

实例：翡翠、和田玉、独山玉（南阳玉）、岫玉、蓝田玉、绿松石、寿山石、大理石、葡萄石、青金石、玛瑙、欧泊、木变石、天然玻璃等。

应该进一步说明的是：其一，矿物集合体由矿物的多个细小晶体集合而成，它可以是单矿物的多晶集合体，也可以是多矿物的多晶集合体，翡翠与和田玉都是多矿物的多晶集合体，只是两者的矿物不同而已。而大理石、玛瑙等则是单矿物的多晶集合体，例如大理石主要是石灰石$CaCO_3$的单矿物多晶体集合而成，玛瑙主要是石英SiO_2的单矿物多晶体集合而成。

其二，这一定义包含了现代矿物学和社会学的内容。前述古代玉的定义，是我们的祖先在长期的使用和观察过程中，在人类社会还没有建立起严密的自然科学体系之前，所建立起来带有人文色彩的标准，我们姑且称为"玉的社会学定义"。它有两个要素："美"与"德"。其中，"美"与现在的国家标准定义是一致的，而"五德至十一德"则较为含混，其实质，是现代矿物学中硬度、断口、光泽、韧性、密度等物理性质的人文化表述。物理性质能在矿物学中得到验证，而人文化则在玉文化的不断演变中得到传承。

因此，现代国标的定义已经在本质上涵盖了古代的定义，且科学而准确；同时，在现代人的语言环境和习惯中，玉是玉石的简称，两词等价，无须再象古时那样加以区分。

所以，凡是符合国家标准中玉石定义的，就是玉，否则，就不是玉。国像技术监督部门对玉与非玉的鉴定，正是建立在这个基础上的。

二 常见国产玉石简介

按国标的定义，仅在国标《天然玉石名称》里列出的玉名，就有六十多种，其中，和田玉（图5-1-1）、独山玉（图5-1-2）、岫玉（图5-1-3）、蓝田玉（图5-1-4）、绿松石（图5-1-5）五种玉石被称为国产五大名玉，也有人把前四种称为国产四大名玉。故特别介绍如下。

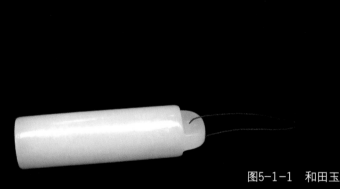
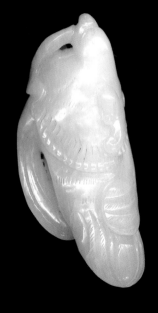

图5-1-1　和田玉

1. 和田玉

矿物成分：主要矿物成分是透闪石和阳起石，即和田玉是透闪石和阳起石的多晶多矿物集合体。

产地：新疆和田县。和田古称于阗（音tián），故有的资料写为和阗玉。

主要特征：微透明到不透明，玉质细腻，以白色系列为主，油脂状光泽，给人以特别温润的感觉。最好的品种是纯净的羊脂玉，白如凝脂，细润且刚柔并济。其他品种以所带的颜色来命名，颜色常为单色，如青玉、青白玉、黄玉、墨玉、糖玉、碧玉等（图5-1-1），每种品种据其色差变化还可以进一步细分。

和田玉有山料和仔料之分。山料属原生矿，玉质优劣相渗；仔料属次生矿，常出精品极品。

使用历史：和田玉是最早使用的玉料之一，如前所述；早在距今八千多年的新石器时期，昆仑山下的先民们就使用和田玉了。殷商时期，和田玉开始进入中原。汉张骞通西域后，和田玉大量进入中原，之后，以其优秀的品质深受欢迎，一直使用至今。相传，二千九百多年前，周穆王出玉门登昆仑，受西王母礼迎，最后"载玉万只"即和田玉而归。时至清朝，乾隆帝特别喜爱和田玉，在和田矿区开办官方采玉场，采得好玉大玉，不远万里运回京城雕制。现藏北京故宫博物院的上万件玉器，多数都是和田玉制作。

时至今日，和田玉在国产玉石中仍被公认为玉中之最，2003年被中宝协评为"国石"。

2. 独山玉

矿物成分：主要矿物成分是斜长石与黝帘石，常含有其他次要矿物。即独山玉是斜长石与黝帘石为主的多矿物多晶集合体。

产地：河南省南阳市北面的独山，故称独山玉，又称南阳玉。

主要特征：不透明到半透明，油脂光泽到玻璃光泽，颜色丰富，依色分为绿独玉、红独玉、白独玉、紫独玉、黄独玉、青独玉、墨玉等（图5-1-2）。其中，绿色的独山玉很像翡翠，被称为"南阳翡翠"，但其绿色都带蓝色调，常看容易区别。

使用历史：1959年，独山附近的黄山出土了一件独山玉玉铲，经鉴定，是新石器时期所制，证明独山玉也是最早使用的玉料之一。由于独山玉的产地位于中原腹地，从古到今水路陆路交通方便，故较之和田玉及岫玉更易运输传播，所以，除本地区外，远至东南、西南、华东、华北、东北等广大地区，均有独山玉大量玉器出土，其年代年从夏商周直至元明清，未曾间断。数千年的开采，使独山地区矿坑矿洞密布，2005年，河南省政府把独山建设成了"独山玉国家矿山公园"。南阳市的镇平县，是历史悠久的玉雕之乡，改革开放后，镇平县的石佛寺镇，发展成了全国各种玉石的加工批发市场，十分著名。

图5-1-2　独山玉

3. 蓝田玉

矿物成分：由细粒方解石和隐晶质叶纹石组成，即蓝田玉是细粒方解石和隐晶质叶纹石的多矿物多晶集合体。

产地：陕西省西安市蓝田县。

主要特征：透明到不透明，玻璃光泽到蜡状光泽，颜色较多，有灰白色、黄色、黄绿色、粉红色、血红色、褐红色、黑色等，主要品种有芙蓉玉、缠丝玉、姜丝玉、墨玉四种（图5-1-3，各色蓝田玉）。

使用历史：蓝田玉是新石器时期就使用的最早的玉石之一，以后历代的神器、人物、器皿都有出土。蓝田玉因产在长安古都而被历代帝王"就地取材"御用，很多古籍对蓝田玉都有记载和赞美。民间更有不少传说，其中，流传最广的故事说，一善良农夫得道人指点，在蓝田山中"种玉"而使乡亲得福，乡亲们进山寻玉，农夫告之：日出之时见有烟雾生出之地，便有玉石。乡亲们照此法，果真寻得美玉。唐代诗人李商隐将此典故吟入名诗《锦瑟》，其中相关两句"沧海月明珠有泪，蓝田日暖玉生烟"成千古绝句。

 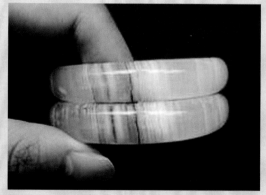

图5-1-3　蓝田玉

4. 岫　玉

矿物成分：主要矿物成分是蛇纹石，次要矿物是透闪石。即岫玉是蛇纹石为主，及较少的透闪石等多矿物的多晶集合体。

产地：辽宁省岫岩县。

主要特征：微透明到半透明，较强的油脂状光泽，颜色有淡绿、淡黄、蓝绿、浅白、棕黄等，其中的绿色越深越透明且少瑕疵的为上品，成品中常见分布不均匀的白色丝絮或"云朵"（图5-1-4，岫玉成品）。

使用历史：在距今7500多年的辽宁沈阳新乐文化遗址就有岫玉玉器出土，是我国最早使用的玉料之一。红山文化出土的著名的"中华第一龙"、玉猪龙、玉鸟、玉人等，都是岫玉所制，以后从商周到明清，历代岫玉制品随处可见。1999年澳门回归一周年，中央政府赠送澳门特区政府的大型玉雕《九九月圆图》，便是用岫玉雕成。

图5-1-4　岫玉

5. 绿松石

矿物成分：绿松石为复杂的铜铝铁磷酸复盐，其矿物学名称与宝石学名称一致，都叫绿松石，若金属离子的含量变化忽略不计，则可以简化视为绿松石单矿物的多晶集合体。

产地：湖北省郧县的云盖山产出的品质最好，其次是该省的竹山县；另外，陕西、河南、辽宁、新疆、青海、安徽等省也有产出。国外伊朗产出的"波斯绿松石"最优质，埃及、美国、墨西哥、印度、俄罗斯等也有产出。

主要特征：不透明，蜡状光泽，质地柔润，常呈核状、豆状葡萄状产出，因其形如松球又多为蓝绿色，故名叫绿松石。绿松石以蓝色为基本色调，有鲜艳的天蓝、淡蓝、湖蓝、蓝绿、黄绿等。1993年云盖山产出世界最大的一块绿松石，重66.7公斤。绿松石依品级等第依次分为瓷松、绿松、铁线松、泡松等。

使用历史：绿松石因产地分布广，故使用历史悠久，6000多年前的仰韶文化出土中，就有两枚鱼形绿松石饰品，以后历代均有出土。最喜爱绿松石的是藏族，不论男女几乎所有的佩饰都配有绿松石。

其实，目前市场上的六十多种玉石，都有自己的一片天地而各领风骚，正是由于如此丰富多彩的玉石及它们所携带的子文化，方才汇集成了中华各族所喜爱的玉石大家庭及其广博的玉文化。我们把常见的二十种玉石的矿物成分、硬度、密度列成下表，以方便对比和查阅。

图5-1-5 绿松石

常见玉石一览表

名称	主要矿物成分	硬度	密度 g/cm³	产地
和田玉	透闪石、阳起石	6～6.5	2.90～3.1	新疆和田县
青海玉	透闪石、阳起石	6～6.5	2.95	青海
独山玉	斜长石、黝帘石	6～6.5	2.73～3.10	河南南阳市
岫玉	蛇纹石	5～5.5	2.44～2.82	辽宁岫岩县
绿松石	绿松石（磷酸盐）	5.5～6	2.40～2.90	湖北十堰市
蓝田玉	蛇纹石化大理石	3～4	2.7	陕西蓝田县
寿山石	迪开石、高岭石、叶蜡石	2～2.5	2.610～2.90	福建福州寿山乡
鸡血石	辰砂、迪开石、高岭石	2～3	2.53～2.68	浙江昌化、内蒙古、陕西、甘肃
田黄	迪开石、高岭石、珍珠陶土	2～2.5	25.5～2.7	福建福州寿山乡
青田石	叶蜡石、迪开石、高岭石	2	2.65～2.9	浙江青田县
黄龙玉	石英	6.5～7	2.65	云南龙陵县
东陵石	石英	7	2.66	印度、新疆
汉白玉	方解石、白云石	3	2.93	云南大理、各省
玛瑙	石英	7	2.61～2.65	各省、巴西
虎睛石	石英	7	2.64～2.71	河南、南非、巴西
孔雀石	孔雀石（铜碳酸盐）	2～4	2～2.47	广东、湖北、世界各地
欧泊	蛋白石	5.5～6.5	2.15	澳大利亚
青金石	青金石	5～5.5	2.4～3	阿富汗、智利、俄罗斯
葡萄石	葡萄石（钙铝硅酸盐）	6～6.5	2.8～2.95	河北、四川、缅甸
翡翠	硬玉、绿辉石、钠铬辉石	6.5～7	3.33	缅甸

三　珠宝玉石的三大特性与三大功能

1. 三大特性：美观性、持久性、稀少性，简称"美、久、少"

美：无论玉石的温润美，还是钻石的灿烂美，红、蓝宝石的娇艳美，欧泊的奇异美，都使人感到美不胜收，爱不释手。越美的越昂贵。

当然，审美意识既有独立性，又有趋同性。作为个体来说，各人的审美会有不同，但个人所在的群体的审美趋同；而不同群体因文化背景的不同，审美会有不同，但所有群体的求美心理却相同。例如，东方人的审美与西方人的审美就大不相同，东方爱玉石的温润美，西方人更爱钻石的灿烂美，这就与文化背景的不同相关。所以，各具特色美的宝石和玉石，必定具有某些群体追求的美的价值。

久：长久不变，其美之貌千百年不变。钻石凭"钻石恒久远，一颗永流传"一句广告词，突出"永恒"拨动人心而风靡世界。

在所有的珠宝玉石中，要想持久地保持其美丽不变，必须同时具备两条性质，一是化学性质必须稳定，不与佩戴时周围环境的物质发生反应而变化；二是要有较高的硬度，不会被其他物体所磨损。钻石、红宝石蓝宝石、翡翠、和田玉等若干宝石和玉石，都同时具备这两条性质，所以其美能始终保持千百年，越长久的就越昂贵。反之，价格就上不去，例如"娇嫩的宝石"珍珠，佩戴时要细心保养维护，几年后会因与周围环境反应和磨损而失去表面美丽的光晕，因此，再大再圆的高档珍珠，其价位即使几万几十万，亦难与上列宝玉石相比。再如部分黄龙玉，用水或油浸泡时，通明透亮十分美丽，若将水或油擦干，快则三五个小时，慢则两三个月，便会"起棉"变得无水而干白，毫无美感只能丢弃，这部分黄龙玉就是很低价位的低档货。

少：独占之心，人皆有之。如果既美亦久却遍山都是，你有我有大家有，谁还稀罕？

例如玛瑙，花纹很美，化学性质很稳定且硬度为7，其美也千百年不变，但太多，很多山谷里河沟边、世界很多地区，都有，价就高不起来。反之，越稀少的越昂贵，例如，优质的翡翠，顶级的"鸽血红"红宝石、

珠宝玉石为什么珍贵？为什么全人类不分国度、种族、性别、贫富都喜欢它？为什么它能以最小的体积承载巨大的财富？为什么它充满了神秘、传奇和难以抗拒而又无休止的诱惑？为什么人们为争夺它甚至不惜刀光剑影，凶杀战争？要回答这些问题，必须了解珠宝玉石的三大特性和三大功能。在大自然赐给人类的千万物质之中，只有珠宝玉石同时具备这三大特性和三大功能。

高档翡翠正是集这三大特性于一身的典型珠宝，其价格也就越来越高。

顶级的"矢车菊蓝"蓝宝石等，在全球都只有唯一的产地，产量极为稀少，又如钻石，虽然全世界有21个国家产钻石，但钻石矿含量极低且个体极小，其含量单位每百吨矿含几克拉钻石，1克拉=0.2克，折算为质量分数，就是亿分之几，极为稀少。所以，这些宝玉石都具有很高的价位。

总而言之，美、久、少三个字都占全者，最昂贵；少一字，就掉价，少两字，掉大价；三个字都没有，就不是珠宝玉石了。

2. 三大功能：文化功能、情感功能、保值功能。

文化功能：所有珠宝玉石都具备自己特定的文化功能，这正是本部分内容所要深入讨论的。

情感功能：以物载情，人类之本能，以宝载情，尤显情之珍贵。自己佩戴，载自我感觉之情；互相馈赠，载友情爱情、海枯石烂不变之情；若论及各国的镇殿之宝，镇国之宝，其例比比皆是，则载民族之情、国家之情、情感与文化互相渗透，已为无价之宝。

保值功能：中高档的珠宝玉石具有保值性，不管时代变迁、政权更迭、货币废存、经济危机，它都会保值；特别是那些高档的珍品、孤品、绝品，只会随着时光的流逝而成千上万倍地增值。

钻石（不归为彩宝）

橄榄石

星光红宝石

星光蓝宝石

血琥珀

星光芙蓉石

祖母绿

透辉石猫眼

尖晶石

图5-1-6　各种美丽的彩色宝石

当代玉文化的内涵

"文化"概念的基本认识

1. "文化"概念的宽泛性

要了解当代玉文化的内涵，须对"文化"一词的含义有一个基本的认识。文化是我们无处不遇的一个词语，如：文化程度、文化馆、中国文化、外国文化、宗教文化、民族文化、马帮文化、饮食文化、茶文化、酒文化、性文化……它可以涉及人类与外界发生关系的几乎一切领域。这个宽泛的概念可称为大文化或泛文化。文化一词甚被滥用，凡是想上档次扮高雅之事，哪怕毫不"文化"，也会被冠之以"文化"。

对于文化这个非常宽泛的概念，国内外很多哲学家、社会学家、语言学家、文字学家都力图给出一个完整的定义，但却十分困难。至今，学术界仍没有一个公认的、令人满意的结果，只能对泛文化的特征和要素做出尽可能的描述。

不过，对某些具体范畴内的文化，即小文化或子文化，如玉文化、茶文化、酒文化、性文化等，还是可以明晰界定的。

2. 小文化中"文化"的含义

在不少具体范畴内的小文化中，"文化"一词的含义是：某个特定群体在某个特定领域里和某个特定地域中，由于历史的沿袭而共同尊崇并身体力行的、非强制性的程序、行为、习惯和风俗，当它们具有一定程度的社会意义时，即上升而形成文化。

二 当代玉文化的定义

如前述，中国玉文化经历了三大时代，神玉时代的神权和王玉时代的王权都已消退，在当今民用、民赏、民享的民玉时代，玉文化既有传承又有发展，形成了丰富的内涵，也可以称为"民玉文化"。而翡翠正是把民玉文化表现得最为淋漓尽致的玉种。

英国人类学家A.R.拉德克利夫·布朗认为，文化是一定的社会群体或社会阶层与他人的接触交往中形成的思想、感觉和活动的方式。文化是人们在相互交往中获得知识、技能、体验、观念、信仰和情操的过程。由此，可以界定文化的范畴，使某些抽象的观念具体化。

1. 玉文化的定义

以玉石为载体，把玉石制作成各种有特定用途的形状，或者在玉石上雕治各种吉祥图符，或者雕治出独具艺术特质的作品，以寄托人们对美丽、幸福、健康、长寿、财富、平安、喜庆、驱邪、避害等等一切美好事物的企盼和追求，在此过程中所形成的程序，行为、习惯和风俗，就是玉文化。

2. 当代翡翠玉器的分类

作为当代玉文化的载体，翡翠被加工制作成的玉器，可以分为两大类及若干小类，一大类是雕刻件，另一大类是非雕刻件。

雕刻件：凡是雕刻而成的，称为雕刻件，简称雕件，有挂件、手玩件、摆件三小类。

非雕刻件：凡是无须雕刻而制作成特殊形状的，称为非雕刻件，简称非雕件，有手镯、手链、项链、耳坠、胸坠、戒面、指环等若干小类。

三 玉文化中的经典

在当代雕件与非雕件的所有玉器上，都蕴含着玉文化的经典。这些经典既有源远流长的历史的痕迹，又有现代生活的鲜明的气息，这些经典从物到人，浸透了从开采、加工、销售、购买到享用等所有环节的参与者群体，散发着它神奇的魅力。以下是玉文化的十大经典：

1. 比美于玉

玉的美丽之动魂魄，让人们把世间一切美好的人和事都比之于玉。古时只在文人雅士、显贵富贾间流行，今时则在亿万民众中盛行，一脉相承而更为壮阔。

2. 比德于玉

作为玉德论的传承，行内常说"要做玉，先做人"。玉业中做人突出一个"信"字，老板一次不发工资，下次必难招人；业者无论同行之间或对客人，若言而无信，势必垮台关门；买卖中更讲信字，几百元到几千万元，一旦商定，自觉遵守，无须书面字据合同，这在当今市场经济各行业中，绝无仅有。当然也有失信和诈骗，但毕竟少数，失信和诈骗之时，便

在此，"非雕刻件"中所列的"手链"为"串珠手链"，"项链"也为"串珠项链"。"胸坠"指素面（光面）挂坠，如水滴形、椭圆形挂坠。雕刻类的胸坠一般称为"花件"或"挂件"。"耳坠"一般较小，不做雕刻。

自古以来，对"玉"的定义便是"石之美者为玉"，"美"与"玉"结下了不解之缘。而人类在惊叹玉石之美时，也将对美好事物的追求和赞美，用玉表达和传递。

是此人离开玉业之日。

3. 玉　雅

自古以来，哲人论玉，诗人咏玉，文人写玉。孔子许慎、屈原、李白、曹雪芹，都创作出了与玉有关的巅峰之作，使玉高贵儒雅，精深神韵，至今不变。

4. 玉　缘

从开采到购玉的所有环节的所有人，都讲究与玉有缘，包括业内业外交朋，也讲玉缘。由于翡翠的可变因素很多，所以更相信"玉石天命"，即便拥有大玉美玉，或发了玉的大财，也不敢贪天功为己有，只敢诚惶诚恐，笃信与玉有缘。

5. 人养玉、玉养人

这是人玉关系的另一种经验性总结，千百年来形成了信仰。所谓人养玉，是因为人体分泌的汗液和油脂渗进玉石的晶隙和裂隙中，让玉石更温润，民间常说"越戴越水，越戴越亮"；而玉养人，则是因为玉的按摩或某些有益矿物成分使色斑消退了，皮肤光滑了，或某些病痛消失了。故民间有俗话说"人养玉三年，玉养人一生"。

6. 玉招财

戴玉或摆设玉可以招财，有庞大的信众，尤其是在市场中打拼或某些在官场中博弈的人，由于变数太多难于驾驭胜负，所谓的"清醒者"毕竟是少数，更多的人需要精神的寄托，而求财之心人皆有之，玉石本身就是财富而更代表财富。所以，"玉招财"的观念便能传承千古而愈旺。

7. 玉吉祥

吉祥的含义广泛，凡是好事喜事美事，玉文化定义中企盼的那些事，都是吉祥之事。戴玉或摆设玉，可以迎来好运使人吉祥，这是更多中国人喜爱的风俗。

8. 玉避邪

趋利避害，人之本能。人们常把个人的生辰运势、易经中的阴阳五行、风水八卦与玉关联，相信戴玉和摆设玉可以避弃和驱逐不好不利的邪事，从而护身镇宅。

据不完全统计，以玉为喻的词汇和成语在汉语中有上百个之多，如玉颜、玉律、金枝玉叶、玉树临风……，不胜枚举。

一件称心的玉器，能让佩戴的人充满自信与快乐，倍感自己的美丽与平和。这种不经意的"暗示"也从侧面佐证了"玉养人"的缘由。

9.盘 玉

人们爱玉之深，把玉时时置于掌中揣摸玩赏，南方叫把玩，北方叫盘玉。盘玉从古到今，自有很多规矩门道，在很多玉痴中流行。

10.藏 玉

玉石的美丽和神秘，它所携带的文化、艺术和财富，让更多的人愿意收藏。所谓"乱世藏金、盛世藏玉"的经典教诲，似乎在永不停歇地鼓舞着人们。

四 当代玉雕中的玉文化

文化是玉器的灵魂，没有文化，它们充其量只是奇异的石头。玉文化赋璞玉以生命，玉雕把艺术之美和材质之美融为一体。

从玉文化的定义可知，当代玉雕中的玉文化可分为两类，一类是传统的、比较直白地表达人们的吉祥企盼，另一类是现代的、比较自我地表现作者对生活的思考与感悟。前一类占绝大多数，作品高、中、低端都有；后一类尚少，其题材、手法、构图都可能超出下述规律，但因其作品有较强的艺术个性和感染力而直接占领高端。

翡翠植根于中国传统文化的富饶之中，其材质的多美性使玉文化的内容展现得更加生动而丰沛。其中，很多高档的作品具有高超的艺术水准和人文内涵，成为国宝或成为传世之作，形成了一个专门的艺术门类而独立于艺术殿堂之林。

1.题 材

玉雕选取的题材十分广泛，但几乎全是中国传统文化中的传说、典故、吉祥物（吉祥神物、人物、动物、植物、器物）、优秀诗词意境、儒家经典名句、佛教人物与故事、道教人物与故事，近些年也有少量以现代生活为题材的作品。

2.表现手法

上述题材如何表达人们的吉祥企盼呢？除了前述经典的特定含义外，玉文化采用的表现手法是谐音、谐意、既谐音又谐意、附会、纹符五种。用这五种手法引申出吉祥的含义，并用吉祥的成语或短语进行表述。

（1）谐音：发音相同或相近，即可引申吉祥含义。

例：蝙蝠（福），铜钱（前），兽（寿），羊（祥），象（祥），葫芦（福禄），等。

（2）谐意：特征或形态相同或相近，即可引申吉祥含义。

例：松柏（长青、长寿），石榴（多子、多财），豆荚（三粒圆豆，连中三元），鹰抓蛇（天敌，十拿九稳），等。

（3）既谐音又谐意：谐音谐意两者结合，更为巧妙。

例：鹰与熊（英雄斗志），马背上驮元宝（马上发财），手掌与算盘（胜算在握），蝉与叶子（一夜成名），等。

（4）附会：吉祥物本身已经由传统附会而具有的吉祥含义。

例：钟馗（驱邪），龙（尊贵、男性），平安扣（保平安），牡丹（富贵、国色天香、女性），等。

（5）纹符：艺术抽象出来的传统和现代的纹饰和符号。

例：藤蔓，云纹，水波纹，万字符，寿字符等。

3. 构图特点

传统吉祥图案的绘画构图，是玉雕构图的基础。但是，由于玉石的大小限制，尤其是挂件和手玩件，挂件通常在2×3.5（厘米）左右，手玩件通常在4×8（厘米）左右，构图就受限成了紧凑不留底隙的特点。当两种及其以上的吉祥物组合时，更不可能像绘画那样留出空底，而是采取以一物为主，另一物或几物叠加其上的构图，而且这种构图还要符合玉料的形状。例如："金玉满堂"是金鱼叠加在荷叶之上，"五鼠运财"是五支老鼠叠加在元宝或铜钱之上，"福禄寿"是一支獾（兽）侧爬在葫芦之上，等等。当然，有时为了表现材质的美，尤其翡翠的绿色和水头的美，需要留下大面，则不雕或寥寥几笔薄意雕，也是常见的情况。

在构图中，设计很重要。如何在给定玉料上利用玉料的特点巧妙构思、顺色立意、依势造型、俏色天成，完成适合玉材的设计，是每个玉雕大师不断探索、创新，终生都在解决的"永恒的主题"。

五 玉文化与中国吉祥文化

中国的吉祥文化是中国民间最为本土化的民俗观念所形成的文化。唐代成玄英《道德经义疏》说："吉者，福善之事；祥者，喜庆之征"。数千年吉祥的民俗观念发展至今，形成了"福、禄、寿、喜、财"五大核心内容，也形成了表现这些内容的约定俗成的题材选择、成语俗语、表现手法、构图方法、表现场景等。吉祥内容可表现在各种材料上，在各种材料的表现过程中，又形成了各自的工艺特色和审美价值。比如：绘画、刺绣、雕塑、编织、陶艺、瓷器、印染、板画、年画、漆艺、剪纸，等等，都有大量作品表现吉祥文化。

玉石作为最贵重的材料，在表现吉祥文化的过程中，形成了自己独具特色的玉文化。换言之，当代玉文化即是中国吉祥文化在玉石材料上的具体体现。

六　玉文化与中国传统文化

中国传统文化是中华民族的民族特质和风貌的文化，是中华民族的祖先所创造并世代传承和发展的内容博大精深的文化，它反映了中华民族的文明、精神和风俗，团结维系并繁衍着这个民族，使其生生不息而自强于世界民族之林。

中国传统文化的主体，由儒、释、道三家文化融合而成。这个主体庞大而浩瀚，无孔不入地渗透在社会生活的各个领域里，衍生出了众多的"子文化"，而吉祥文化及其在玉石上形成的玉文化，便是众多的子文化之一。

因此，我们在玉文化中，无论是传统的经典作品还是现代的作品，倘若追根溯源，总是能在儒释道三家中找到它的出处或影子。

而当玉文化形成自身的格局之后，它的很多文化特色，例如"玉德论""宁为玉碎，不为瓦全""艰难困苦，玉汝于成""它山之石，可以攻玉"等等，又优于其他小文化而更能为主体文化增光添彩。所以，玉文化是中国传统文化的不可或缺的重要组成部分。

七　玉文化中的神秘文化

玉文化中的某些观念、说法和做法，往往带有神秘性，尤其是当它和风水、八卦、生辰、运势、命运等观念相结合，更使人感到不可捉摸的神秘。例如：

生肖护身：戴上一块与自己生肖相同的玉牌，便可以护身驱邪，带来好运。

貔貅招财：玉貔貅要用"无根水"沐浴，要摆放在面对家门的方向，便可以招财旺财。

玉缘好运：挖到了一块好玉，卖得了一个好价，雕出了一件精品，买到了十分喜欢的玉，因玉交上了好朋友，都说冥冥之中有玉缘而交了好运。

玉保平安：摔一跤玉镯断了，手骨未断，便认为是玉做替身，保了平安。

凡此种种，不胜枚举，我们可以称其为神秘文化。

神秘文化不是自然科学，自然科学研究的是物质，物质表现出的变化看得见摸得着，容易令人信服而结论明确。神秘文化是精神现象，是一个变幻奇特的大文库，治学者从中窥见智慧的闪光，迷信者从中祈求缚身的绳索，生意人从中获取滚滚的财源，彷徨者从中渴求安慰的良药。无论你信还是不信，在存疑与释疑之间，神秘文化为玉文化增加了魔幻般的引力，释放出了一种另类的美——神秘美。

八 "玉"字解析

汉字是象形、会意、形声三种基本方法创造出来的。那么，"玉"字是如何创造的呢？自古各有说法，饶有趣味，也是玉文化中的沧海之一粟，我们不妨试看：

玉字是王字加一点"丶"：以一点"丶"表示美丽的石头，则"王者所佩之石为玉也"。可见，从造字开始，我们的祖先就形象地把玉取意于王者之身，赋以其王者之尊。

那么"王"字又是如何创造的呢？三横加一竖：上面一横是天，下面一横是地，天地之间一横是人，"奉天承运"管人又管地者，用一竖相连，便是"王"；将一点置于第三横即地之上，则除了"王者所佩之石为玉"之外，还同时有"玉为大地所生"之意。

然而在翡翠之路通过的丽江地区，纳西族对玉

图5-2-1A 李群杰书：玉河广场

图5-2-1B　玉龙腾飞　　图5-2-1C　玉柱擎天

"玉"字始于我国最古的文字商代甲骨文和钟鼎文中。汉字中曾造出从玉的字近500个，汉字中的珍宝等都与玉有关。

却有自己独到的理解。纳西族是至今仍保留着象形文字——东巴文的民族。纳西族文化人的代表、当代纳西族书法家、云南省书法家协会名誉会长李群杰先生（1912~2008年），应是两种象形文字的融通者，他把玉字的那一点，点在第二横"人"的上面，成"玊"。在丽江古城入口的玉河广场上，立有一块大青石，上刻李群杰书"玉河广场"四个大字，其"玊"字赫然，其书还有"玉柱擎天""玉龙腾飞"等，全用此法（图5-2-1）。其象形的新意应是：王者所佩之玉虽为大地所生，却终究为天下人所用。这一创造，正是玉石之路上各民族文化融合的生动写照。

九　文学中的玉雕巨作

　　不管红学家们怎样品说曹雪芹和他的《红楼梦》，倘若我们以欣赏玉和品味玉文化的角度去读红楼梦，便会发现这一部《红楼梦》，恰似是一尊活脱脱美玉雕成的"石头记"。

　　男、女主人公都取名"玉"。贾宝玉本来就衔玉而生，那是一块"五彩晶莹"的"鲜明美玉"。何种玉石可集五彩于一身？且水头属"晶莹"、光泽属"鲜明"？且"偏生那玉坚硬非常，摔了一下，竟文风不动"——只有翡翠！

　　曹雪芹（1715~1763）对这块"通灵宝玉"并非艺术想象或凭空杜撰。他写《红楼梦》时，正值乾隆年间，如前"皇室问鼎时期"所述，翡翠已在宫廷、官宦、文人、士大夫等上层社会流行，在贾府皇亲国戚的大观园中，曹雪芹见过和玩赏过这种稀世美玉，并非难事，对其情有独钟，更显而易见。所以，通灵宝玉为翡翠是有生活基础的。而林黛玉之"黛"，是古时女子描眉画眼的青黑染料，曹雪芹直接抓住表现美女心灵的眉眼开凿，既有刀韵，又有墨韵，让人读之有味，观之悦目，实为绝笔绝凿。

围绕着这两个人物的雕刻，是玉雕中虚实结合的典范。实则人物众多，血肉可触，远山近水，楼台亭阁，花容笑貌，栩栩如生，好一卷鬼斧神工的"石头实记"。虚则疑神似仙，如幻如醉，真假随意，癫狂无定，万籁缥缈，云来雾去，好一帘出神入化的"红楼梦境"。

文人写玉。曹雪芹举家食粥，洒泪十年，以一百二十回之功力，哭成如此空前绝后的巨作，岂能不流芳百世？

十 诗歌中的精湛玉作

诗人咏玉。最古老的《诗经》里，便有"白茅纯束，有女如玉"、"将翱将翔，佩玉琼琚"、"将翱将翔，佩玉将将"等诗句，把美女比为美玉，描写步态轻盈如小鸟的女子佩玉时光彩照人，美玉叮当作响。以后历代诗人咏玉不绝。唐代诗人李商隐在《锦瑟》中专门咏蓝田玉的名句"蓝田日暖玉生烟"，借喻典故，广为人知。知名度甚高的明代才子唐伯虎，常以俚语入诗，语浅意深，他有一首鲜为人知的精湛之作，不少人认为是《伯虎自赞》，对镜写己；也有人认为是他晚年皈佛，悟禅而作；而笔者以为，如果解读为他与所佩美玉的至深情缘，似乎更为贴切、微妙而意味浓郁：

> 我问你是谁，你原来是我。
>
> 我不认识你，你却认得我。
>
> 噫！我少不得你，你却离得我。
>
> 你我百年后，有你没了我。

清代乾隆帝收集玉器近万件，赋咏玉诗八百余首，堪称"中华爱玉第一帝"。及至现代，喻玉咏玉诗不胜枚举，原中科院院长、诗人郭沫若亦有专咏翡翠的诗：

> 玉王称翡翠，含耀尚流英。
>
> 浓绿春心动，凝装古德馨。
>
> 瑕瑜尤易辨，人鬼实难分。
>
> 透视开门子，陶然赌石灵。

解读唐寅：
人中有玉，玉中有人；
人玉有情，玉有天命；
人玉有缘，相伴百年；
人去玉在，玉将永存。

翡翠市场上玉文化的运用

在当今的翡翠市场上，雕件作品千千万万，玉文化的各种吉祥图案纷繁多样，目不暇接。我们择其常见的和重要的介绍如下。

一 翡翠雕件上常见的吉祥物

1. 吉祥人物与神人

观音、弥勒佛、布袋和尚、达摩、钟馗、刘海、老子、财神（文武各二）、四吉星（福、禄、寿、禧）。

2. 吉祥神兽

龙、龙之九子、凤、麒麟、貔貅、四大神灵（青龙、朱雀、白虎、玄武）、瑞兽。

3. 吉祥动物

狮、虎、象、熊、蝙蝠、鹿、鱼、猴、猫、鳌、龟、螃蟹、螺蛳、虾、鹦鹉、喜鹊、鸳鸯、鹌鹑、鹰、鹤、蝉、蜘蛛、蝎子、蜈蚣、蜜蜂、蟋蟀、甲壳虫。

十二生肖

十天干	甲	乙	丙	丁	戊	巳	庚	辛	壬	癸	甲	乙
十二地支	子	丑	寅	卯	辰	巳	午	未	申	酉	戌	亥
十二属相	鼠	牛	虎	兔	龙	蛇	马	羊	猴	鸡	狗	猪
序数	一	二	三	四	五	六	七	八	九	十	十一	十二

十二种动物除属相外，又可单用且有独立含义。

4. 吉祥植物

梅、兰、菊、松、葫芦、灵芝、桃子、牡丹、月季、叶子、荷花、莲藕、白菜、豆荚、冬瓜、苞谷、葡萄、柿子、佛手、石榴、橘子、桂圆、荔枝、藤蔓。

5. 吉祥器物

铜钱、元宝、如意、花瓶、平安扣、路路通、扳指。

6. 吉祥纹符

水纹、云纹、藤蔓纹、中国结、古玉纹、万字纹、寿字纹。

⚫二 吉祥人物、神人及神兽简介

翡翠雕件中上列的吉祥人物、神人及神兽，在中国传统文化中有很高的知名度，深受民间喜爱，把握他们的文化内涵和形象特征，对加工、销售、购买三个环节的人群十分必要。

1. 观音（图5-3-1）

又名观世音，在佛教中有两个法位，一是佛祖释迦牟尼身边的四位"胁侍"中的第一位，管人间大慈大悲普度众生。（另三位是文殊，骑青狮，管智慧；普贤，骑六牙白象，管善德；地藏，持锡杖，管罪鬼）。二是西方莲花净土世界主神阿弥陀佛的两名"胁侍"中的左胁侍，管极乐世界教化众生。（另一位是右胁侍大势至，管大智）。佛经说，世间亿万众生若有苦恼受灾难，只需在心中默念她的名字，无须出声，她便能"观"到"世"间的这些"音"，并能立即化身前来帮助解脱，故名"观世音"，简称观音。

观音的基本法相是站、坐莲台，手可持莲花、宝瓶、宝珠（摩尼珠）、柳条、如意、佛子等法器。其大慈大悲救度亿万众生，因众生所需不同而有亿万化身，因而亦有众多法相和法名，如千手千眼观音、玉面观音、自在观音、圣观音、莲花观音、水月观音、净瓶观音、宝珠观音、鱼篮观音、送子观音等等。玉雕中，雕观音的脸面叫"开脸"，观音的面相必须威严而又慈悯，要体现这种神态非常困难，所以，"观音工"没有三年以上，师傅是不给开脸的。

图5-3-1 翡翠观音

观音是中国民间最广为人知并最受欢迎的菩萨，是民间"有求必应"的寄托，因而是玉雕十分重要的创作对象。

2. 弥勒佛（图5-3-2）

大肚笑佛是弥勒佛。佛教认为人生总有一死，没有"万岁"，只有来世轮回，包括佛祖。佛经说，若干佛年之后，佛祖释迦牟尼涅槃，代替佛祖的便是弥勒佛，所以弥勒佛又叫未来佛。弥勒佛因其大肚笑口的形象，也成为民间知名度很高很受欢迎的佛陀。"大肚能容容天下难容之事，开口便笑笑世上可笑之人"作为他现实的写照而广为流传，人们更愿意接受这两句形象生动而又充满佛理的警世恒言，而把他未来的重任忽略了，甚至叫他"欢喜佛"。

于是，人们把弥勒佛当作欢乐、祥和与福气的象征，因而也是玉雕创作的重要对象。

3. 布袋和尚（图5-3-3）

传说，五代时期浙江奉化有僧人，名契此，号长汀子，常手提布袋见物即乞，乞来之物又散给穷人，人们认为他是弥勒佛在人间的化身，称他为"布袋和尚"。玉雕中的布袋和尚与弥勒佛完全一样，只是座下或肩上或手边多条布袋，有些人分不清两者而混为一谈，其实他们各有自己的出处和功能，不过因其形象可亲，其寓意为笑纳百财，和气生财、聚财行善，因而也广受欢迎。

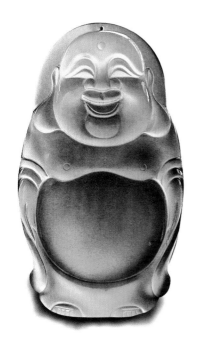

图5-3-2　翡翠弥勒佛

图5-3-3　国画与翡翠布袋和尚

4. 达摩（图5-3-4）

天竺（印度）人，印度禅宗第二十八代祖师，在五代时从印度由海路到中国广州，北上到金陵（南京）见梁武帝，二人谈经不悦，又渡长江到洛阳嵩山少林寺，传播禅宗，成为中国佛教禅宗的祖师。传说，他渡长江时无船，在江边折一支芦苇，口念经文，便可乘苇而过；到少林寺后，面壁悟禅，九年不语，于是"一苇渡江"的"面壁九年"成了他的典故，而"面壁"则成了惩戒弟子犯律的戒规。

玉雕达摩，寓意一代宗师，德高望重，学富五车等意。

图5-3-4　国画与翡翠达摩

5. 老子（图5-3-5）

姓李名耳，公元前571年生，卒年不祥，春秋时期楚国苦县（今河南鹿邑市）人，比孔子（前551～前479年）年长约20岁，孔子曾向他"问礼"，故人们认为他是孔子的老师。老子一生只留下一部五千字的《道德经》，使他成为古代伟大的思想家和哲学家。后世道教奉《道德经》为首部经典，尊他为"太上老君"。后世各种艺术品包括玉雕作品，多突出他"思想者"的形象。

老子的传说很多，汉代刘向《列仙传》载：函谷关（河南）县令尹喜早起，忽见东方有紫气升腾，便说："今日必有贵人到矣！"果然，稍许只见老子骑青牛（水牛）从东而来，出关向西而去，不知所踪。另有一说，尹县令搭台邀老子讲学，老子应允，讲学三天，始成《道德经》，方骑青牛出关而不知所踪。成语"紫气东来"即出此典故。因此紫气东来有两个含义：一是贵人将至，二是吉瑞之兆。很多地方将此语置于门壁，就表示来客皆为贵人，欢迎贵客，欢迎吉瑞，迎贵纳吉。

玉雕高手常作"老子出关"或"紫气东来"，不仅因有此吉意，重要的是有山有景，有人有牛，因而有艺术构图和施展雕技的较大空间。

图5-3-5　国画与翡翠老子出关

图5-3-6　国画与翡翠钟馗捉鬼

6. 钟馗（图5-3-6）

传说，唐明皇久病不愈，梦见一小鬼将其玉笛和杨贵妃香袋偷走，绕梁而逃，卫士久追不遂；就在此刻，又见一面目狰狞之大鬼，捉了小鬼，拧颈喝血，吞而食之，玉笛和香袋失而复得。问其何方义士？钟馗跪答：长安终南山人，考得武状元，因相貌丑陋落榜，愤而以头撞石阶而亡，但做鬼也要报国，便暗中守卫皇宫。唐明皇大喜，梦醒病愈，命画师将其梦中钟馗形象画出，悬于宫中，以镇殿驱邪。由此钟馗在民间广为流传，被奉为专门打鬼驱邪的神祇，道教尊其为"赐福镇宅圣君"。2011年陕西省将终南山"钟馗信仰民俗"申报为国家级非物质文化遗产，获批准。

钟馗捉鬼在雕件中很多，因其形象"豹头圆眼、铁面虬髯"，在挂件和手玩件上较难表现，尤其是髯须与胡须，在玉雕的方寸之地常与同样留有络腮胡的天竺人达摩祖师相混。区别的办法是，钟馗必配小鬼头或者剑，而达摩两者皆无。钟馗在玉雕中引申出"钟馗引福""钟馗镇宅""钟馗嫁妹"等系列形象。

7. 刘海（图5-3-7）

刘海戏金蟾是民间广为流传的故事。传说，刘海是陕西户县人，极为聪明，十五岁中榜为官，五十岁位及宰相。一日，道人真阳子到其案前，将十个鸡蛋和十枚铜钱相间而垒，刘海惊道："危矣！"道人说：别看你官居一人之下万人之上，尽享荣华富贵，其实比垒卵垒钱更危险。刘海大悟，弃官拜吕洞宾为师修道，其间降服金蟾妖精，折其一腿，金蟾诚服，尽其"招财吐金"之能事，将功赎罪。刘海得道成仙后，返老还童，戏此三足金蟾，招财散财，造福世人。当然，还有金蟾实为仙女，两人喜结良缘等等故事传说，不一而足。

在玉雕中，刘海为童面，金蟾为三足，可组合也可分为单件，作品众多。两者是招财、旺运、镇宅的神仙与神兽。

图5-3-7　工笔画与翡翠刘海戏金蟾

8. 四财神（图5-3-8）

财神在中国民间广为供奉，尤其是在市场经济大潮中打拼的人们，由于生意变化莫测，赢亏转眼之间，便更为喜欢和信奉财神。财神有文武各二，共四位。

（1）比干：殷商沬邑（今河南淇县）人，商纣王叔父，当朝最高政务官"太师"。比干忠诚正直，敢于直谏，商晚期见纣王荒淫暴虐，多次直谏，最后一次进宫连谏三日，纣王大怒：我听说圣人的心有七窍（七个洞），我倒要看看你的心是否有七窍！遂令剖膛挖心，却发现比干无心，比干刚烈而死。民间以此事演绎传说，比干吃姜子牙仙丹而未死，常在民间疏财散宝，因为比干无心，分配财富不偏不倚，公正公平，深得民间喜爱，因此被奉为文财神。玉雕中比干的形象是戴文官帽。

（2）范蠡（lí）：春秋楚国宛沪（今河南南阳）人，后到越国助越灭吴，他既是政治家、军事家，又是实业家，善耕作、副业、经商，且神机妙算，三次创业成功聚千万资产，又三次散尽钱财分给地方百姓，最后与西施到海边结庐而居。范蠡被尊为儒商鼻祖，因而被民间奉为文财神。玉雕中范蠡的形象也戴文官帽，与比干难区分。

（3）关公：尽人皆知的关公在民间是一位多功能神明，招财只是其中之一，他还能驱恶避邪、诛叛罚逆、保科举、司命途等等。因"忠

图5-3-8A　工笔画与翡翠文财神比干

图5-3-8B　工笔画与翡翠文财神范蠡

图5-3-8C　工笔画与翡翠武财神关公

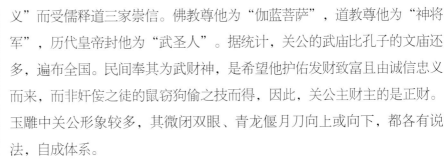

图5-3-8D 工笔画与
翡翠武财神赵公明

义"而受儒释道三家崇信。佛教尊他为"伽蓝菩萨",道教尊他为"神将军",历代皇帝封他为"武圣人"。据统计,关公的武庙比孔子的文庙还多,遍布全国。民间奉其为武财神,是希望他护佑发财致富且由诚信忠义而来,而非奸佞之徒的鼠窃狗偷之技而得,因此,关公主财主的是正财。玉雕中关公形象较多,其微闭双眼、青龙偃月刀向上或向下,都各有说法,自成体系。

(4)赵公明:道教中的神明,手下有招财、进宝、纳珍、利市四仙官,统管市场买卖,商贾草民及世间的一切金银财宝。赵公明的形象是黑面浓须,骑黑虎,一手执银鞭,一手持元宝。玉雕中赵公明的形象较少。

改革开放后,合法追求财富已成为了中国人的基本人权之一。中国传统中很讲究"君子爱财,取之有道",历来就把财富分为四类:

正财:主要指正当职业的合法收入;

偏财:主要指正当职业之外的其他工作的合法收入,又叫外财;

横财:无须劳作,轻而易举就得来的合法或"擦边"的意外之财;

不义之财:用非法的或不道德的手段得来之财,又叫黑钱、黑财。

图5-3-9A 福星

9. 三星二神(图5-3-9)

福、禄、寿、喜、财是人间的五大幸事。其中,道教典故中认为天上有三颗吉星专管福禄寿,近代民间又加上喜神和财神,统称三星二神。这五位神仙经常在绘画、玉雕及其他民间艺术中共同出现:

福星:天上为木星。木星是道教"三官"中的天官,有"天官赐福"的典故,故被尊为福星。"福"及"祝福"渗透在中华民族的机体之中,通俗、平凡而又高尚,是整个民族善良与博爱的核心。传统中认为人间之福有五福:寿、富、安宁、好德、善终。寿为五福之首,故最常见的图案就是"五福捧寿"。

图5-3-9B 禄星

禄星:天上为北斗七星的第四颗星,道教称其为文曲星,管一切文事。古时科举以文考官,官员的"工资"称为"俸禄",故文曲星又为禄星。因而禄有两个含义:仕途与钱财。

图5-3-9C 寿星

寿星:天上为南极星,道教尊其为南极仙翁、长生大帝,管寿命。寿已为五福之首,但祝寿是民间的广泛民俗,故又单独列出寿星,足见长寿在中国人对福追求中的重要地位。

喜神：易经认为，人的生辰八字生必有所缺，凡能补缺的五行，就是本人的喜神。而民间比较泛化地认为，凡是能给人带来喜悦的事，都是喜神所赐。古时有四喜歌："久旱逢甘雨，他乡遇故知，洞房花烛夜，金榜题名时"。春节吃"四喜汤圆"即比喻得此四喜，现代人生活丰富多彩，可喜可贺之事，早已远不止此四喜，故人们也特别企盼喜神。

图5-3-9D　喜神

财神：前已详述。若作品中与福、禄、寿、喜共同出现时，常是文财神。独立成作品的，常是武财神关公。

五位神仙在玉雕中可能单独出现，也可能"福、禄、寿"，或"福、禄、寿、喜"，或"福、禄、寿、喜、财"组合出现，如何识别他们呢？可根据构图中必有的特征来区别：福星，必定有幼童或蝙蝠；禄星，必定有马鹿；寿星，必定有大额头和寿桃；喜星，必定有喜鹊；财神（文财神）必定有元宝，若是武财神，关公必有长刀，赵公明必有银鞭。

图5-3-9E　翡翠福禄寿三星

图5-3-10　墨翠龙牌

10. 龙（图5-3-10）

中华民族的图腾，中华第一吉祥神物。玉雕中主要是男性与尊荣的象征。龙的形象是组合型的"九似之物"：角似鹿，头似驼，身似蟒，腹似蜃，鳞似鲤，爪似鹰，掌似虎，耳似牛，眼似鬼。其复杂造型在玉雕的方寸之地常被简化，称为草龙；也有很多雕件是龙头的特写，或是配以云纹、水波纹等，被称为龙爷、霸王龙、云龙、火龙、蛟龙、盘龙、飞龙、天龙、坐龙、团龙等；头大蛇身四脚如蜥蜴的造型被称为地龙，而蛇被称为小龙。

11. 龙之九子（图5-3-11）

传说中龙为天子，生有九子分管天下。但在民间传说中争相成为龙子的神物，其名称至少有十六种以上，如：①囚牛（喜音乐）、②睚眦(yá zì)（好斗）、③嘲风（好险）、④蒲牢（喜鸣吼）、⑤狻猊（喜静）、⑥

"龙生九子，不成龙，各有所好"是指龙生九个儿子，都不像龙，各有不同。所谓"九子"，并非恰好九子。中国传统文化中，以九来表示极多，有至高无上地位，九是个虚数，也是贵数，所以用来描述龙子。

图5-3-11　龙之九子

霸下（力大，驮柱）、⑦狴犴(bì'àn)（公正、牢狱）、⑧赑屃（好文、驮碑）、⑨螭(chī)吻（远望）、⑩椒图（关闭）、⑪鳌鱼（吞火）、⑫铺首、⑬螭虎、⑭龙龟（龙头龟身，又称鳌）、⑮龙鱼（龙头鱼身）、⑯貔貅。

玉雕中龙之九子的创作较为随意，常见的有貔貅、睚眦、狴犴、鳌、龙鱼。

图5-3-12A　凤凰

12. 凤凰（图5-3-12）

火中诞生，鸟中之王，中华第一吉祥神鸟，历来都是女性和尊荣的象征。凤凰的形象也是组合型的"八似之物"：首似锦鸡。嘴似鹦鹉，脖似鸿雁，身似鸳鸯，翅似大鹏，足似丹鹤，毛似孔雀，冠似如意。玉雕中简化的凤只突出长尾和如意冠，又称富贵鸟。根据造型和配置的图案，凤又可称为翔凤、升凤、立凤、云凤、花凤、团凤、草凤等。

图5-3-12B　翡翠凤凰

13. 貔貅（图5-3-13）

经典文献中龙的九子中并无貔貅，近些年来玉器市场上已将其传为龙的第九子，本是民间传说，第九子是谁倒也无妨，只要人们喜爱。貔貅最早见于《史记》载：黄帝驯养数万貔貅，作战时派貔貅、熊罴等猛兽上场，大败炎帝和蚩尤，进而征服所有部落，成为中华民族始祖。貔貅的记载和传说很多，生物界考证历代二十多种文献记载的是："始熊猫"，是"食铜铁形状如牛"的猛兽。貔貅又名天禄或辟邪。玉雕中的说法要点是：以金银为食，嘴大牙利咬财狠；屁股大却无屁眼，只进不出能积财；眼突面凶却很听主人的话，驱邪化煞功

图5-3-13A　貔貅

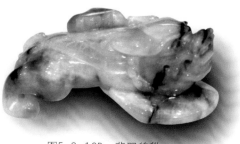

图5-3-13B　翡翠貔貅

例如民间认为，人体气场左进右出，手链戴左手，貔貅在手背，头朝小拇指方向则有助吸气。吊坠貔貅头朝上，为朝天，可帮主人投资目光高远。

能很强。貔貅衍生出霸王貔貅、风水貔貅、招财貔貅、如意貔貅等，可做成挂件、手玩件和摆件，其戴法摆法也多有讲究，消费者十分欢迎。

图5-3-14A 麒麟送子

图5-3-14B 翡翠麒麟吐玉书

14. 麒麟（图5-3-14）

麒麟头上有角，但角上有肉，"设武备而不用"，故称仁兽。传说，孔子出生时，有麒麟在他家门前口吐玉书，所以，孔子读书聪敏，孔子之仁与麒麟之仁契合，长大后成为圣人。玉雕以此传说作二图：麒麟与童子，名"麒麟送子"，因童子难雕，故此作较少；麒麟与书，名"麟吐玉书"，因书易雕，故此作较多。二图都寓意家中子女读书有才，长大必定成为栋梁之材。

15. 四大神灵（图5-3-15）

道教中管镇四方的神灵，其颜色与六礼器中礼四方的礼器一致。青龙：形似草龙，青色，镇东方（青圭，礼东）；朱雀：形似草凤，红色，镇南方（赤璋，礼南）白虎：白色，形虎，镇西方（白琥，礼西）；玄武：蛇缠龟身，黑色，镇北方（玄璜，礼北）。北京、西安等历代古都皇城，东南西北四方都有以四大神灵命名镇守的四道城门。玉雕中常见青龙（草龙）、朱雀（富贵鸟）、玄武（龟蛇），取其镇宅驱邪之意。

图5-3-15 四大神灵

16. 瑞兽（图5-3-16）

　　祥瑞之兽，古玉中较多，特别是玉印和玉玺的把钮多为瑞兽，赋以其镇国安邦、国泰民安、国运永昌之意。现代玉雕中常被具体的神兽如貔貅、龙之九子等所替，但也有不特定的瑞兽作品。

图5-3-16　翡翠瑞兽

三 翡翠雕件常用吉祥语与对应组合的吉祥物

翡翠成品的销量，仅就数量而言，挂件、手玩件约占40%，手镯约占40%，剩下20%左右是戒指、耳坠、手链、胸坠、项链、摆件等。数量如此庞大的挂件和手玩件，它们是怎样来表现上述文化内涵的呢？

除上述独立的吉祥物外，还有很多组合式的传统的吉祥图案，如果用其他艺术形式如绘画等去表现，会得心应手，而玉雕却无能为力。不过幸运的是，如前所述，玉雕充分运用谐音、谐意、附会等手法，在方寸之地另辟蹊径，用立体艺术与材质相结合的语言，开创出了一片广阔的天地，形成了自己独立的规律和风格。仅就其构图而言，其基本规律并不复杂：选取参与构图的上述吉祥物的音或意，组合成吉祥的成语或短语，便可表达吉祥的含义。

笔者整理了市场上常出现的吉祥语及其对应的吉祥物组合，将其分类列出，详见书后附录一《翡翠雕件常用吉祥语与对应的组合吉祥物》。了解这些知识，消费者可以提高欣赏水平，购到自己心仪的玉佩；而掌握这些知识，则是销售人员的基本功，是入行开口讲话的基础，同时还有助于对玉文化的理解，从而提高销售水平。

四 一件作品的多种吉祥含义

然而，仅只是对上述吉祥用语的了解和掌握还不够，还远不能适应市场，更不能把握市场。因为，在翡翠市场上，汇集了来自平洲、四会、揭阳、瑞丽、腾冲、昆明等翡翠专业加工基地数十万玉雕者的作品，他们

图5-3-17　笔者与员工合影

每个人都以自己对玉文化的理解进行着创作雕制。对于这些千差万别的雕件，不同的销售者、欣赏者和消费者，由于审美情趣和追寻吉祥目标的不同，又会有不同的领悟和解读，因此，一件作品就出现了多种吉祥含义。当然，对吉祥含义的说明不应该太直白，那样味同嚼蜡；优秀的诠释应该贴切而巧妙，尤其是销售人员，牵强生硬的解释将糟蹋作品，结合材质特点的深度挖掘和点拨，才会使人们产生愉悦的美感与情趣。

笔者曾管理过一家拥有五六百员工的超大型翡翠商场（图5-3-17），见识过数量庞大的各种各样的挂件和手玩件，现略举出100件实例，供销售人员和消费者参考，领略其中的乐趣。详见书后附录二《一种形象的多种含义》。

应该说明的是，这样的创意及其多种吉祥含义几乎每天都在产生，而且一段时期又各有时尚，永无止境。正因为如此，消费者其乐无穷，市场才可以保持旺盛的生命力；而销售者则应该经常研究，时时学习。

五 摆件的玉文化

摆件由于体量大，可以雕治较多的构图元素，因而其题材的选取就不是一两件、两三件吉祥物的组合，其主题也不仅仅是"福禄寿喜财"。

摆件可以取材于中国传统文化宝库中更广阔的天地，如儒释道三家的经典故事、著名人物、格言警句，历代优美的诗词歌赋、传说故事、文学作品，更可以取材于现代生活。其主题，可以是所取题材原有的主题，作写实性的精美再现，更可以是对历史和现实的深度思考，独特感悟，出人预料的视角，令人叫绝的意境，而凝练出耐人寻味的主题。

例如，四大国宝。刚刚改革开放的二十世纪八十年代，经国务院批准，动用清宫遗存的四块总重803.36公斤的翡翠毛料，由北京玉器厂承治，1982年启动，数十名国家级玉雕大师呕心沥血，历经八年，于1989年完工，创作出"四大国宝"（图5-3-18），它们的题材和主题各显千秋：

《岱岳奇观》是一件大型玉山子，毛料重363.8公斤。《岱岳奇观》取材于泰山，泰山古称"岱山"，是五岳之首，故又称"岱岳"。从上古神话时代的无怀氏、伏羲氏、神农氏，到炎帝、黄帝、再到大禹、商王、周王、再到秦始皇，乃至往后若干君王，都历登泰山举行封禅仪式，泰山成了象征中华大地的第一神山。选此题材，历史悠久，内涵深厚，而描绘

图5-3-18A　岱岳奇观

图5-3-18B　含香聚瑞

图5-3-18C　群芳览胜

图5-3-18D　四海腾欢

泰山之奇观，便是赞美中华大地之锦绣，主题无疑是宏大的。

《含香聚瑞》是一件大型香薰，毛料重274.4公斤。香薰是中国从宫廷到民间广泛使用的器皿，它给人带来的是清香绕梁的愉悦和太平安宁的境界，此香薰所雕之物，是九龙、四灵（龙、凤、龟、麟）、四神（青龙、朱雀、白虎、玄武）、灵芝、仙草、藤蔓等天上地下、四面八方的吉祥物，所有祥瑞聚集，象征各民族团结友爱、天下吉瑞，其乐融融。最后点出主题"含香聚瑞"。

《群芳览胜》是一件花篮，毛料重87.36公斤。花篮是日常生活中祝福用的唯美的礼品，取此题材，是为了表达对国家改革开放后欣欣向荣、人民生活如烂漫鲜花那样美好的祝愿。花篮上雕治牡丹（富贵华丽）、菊花（大吉大利）、玉兰（玉树临风）、梅花（喜上眉梢）、月季（四季平安）、荷苞（含苞欲

图5-3-19　圣观音说法

放）、萱草（群仙祝瑞）、绿叶（事业兴旺）等，可谓百花齐放、美不胜
收，故以"群芳览胜"突出主题。

《四海腾欢》是一件大型插屏，毛料重77.8公斤。取材于中国传统的
龙，图案以四海汹涌的波涛和迷漫的云雾为衬底，九条巨龙翻腾其中，龙
头翘首高昂，龙身时隐时现，气势非凡，四海腾欢。展现出一幅九龙腾跃
云海的波浪壮阔的场面，以此来突显中华民族的崛起和叱咤风云而无往不
胜的主题。

四大国宝的主题，都是展现祖国山河壮美、民族精神昂扬和祝愿人民
生活幸福的当代重大主题。

据专家估计，这四件国宝每件价值均在亿元人民币以上。

在佛教题材方面，摆件也展现了更多的人物、更完整的故事，同时也
能施展更精湛的玉雕技艺，例如：

《圣观音说法图》（图5-3-19），是一件高1米，宽1.8米，厚0.38米
的巨型摆件，由一块大料分成三块，以活链相连接的技法，同时雕出两胁
侍善财童子和小龙女；三人物周围用日、云、石、龙、凤、荷、竹等佛教
圣物作背景，整件作品所展现的宏大场景，有效地突显了圣观音说法时慈

图5-3-20　百子贺寿

悲为怀，法力无边的主题。

在一些经典的故事和传说领域，摆件也显示了丰富的表现力。例如：

《百子·贺岁》（图5-3-20），是一件，0.88米，宽0.86米，0.36米的大型摆件，它取材于民间最流行的祝寿。一百名童子被刻画于人间仙境之中，或露或藏，或闹或玩，贺寿之礼，包罗民间万象，百态百味，百味皆

图5-3-21　鲤鱼跳龙门

图5-3-22　南山十八叟

浓；而寿星慈眉善目，美髯齐腰，万福满堂；玉雕师用喜庆的笔调，将百子簇拥寿星，看似年龄反差巨大，实则内涵高度统一，彰显出人类生命力的旺盛和强大，这就是艺术的魅力。这件大型翡翠贺寿摆件，堪称旷世绝品。

《鲤鱼跳龙门》（图5-3-21）是一件高0.9米，宽0.7米，厚0.38米的大型摆件。它取材于一个脍炙人口的民间广为流传的故事，绘画等各种艺术手段都在描述这个故事。处理不好，易流于平庸，但作者通过刻画陡峭的悬崖，汹涌的波涛，逆激流而勇上的鱼群，跳到一半者已有一半成龙——鱼龙，而跳过龙门的成功者则变成真龙，较大的空间表现了磅礴的气势和由鱼变龙的过程，将材质之美与立体艺术结合，显示出了优于其他艺术手段的较好效果，突出了经过奋斗可以梦想成真的主题，这无疑是一件成功的作品。

《南山十八叟》（图5-3-22），是一件高0.8米，宽0.66米，厚0.26米的大型玉山子，它取材于道教传说中仙人居住的南山，南山的翠竹翔鹤、清泉奇花、琼楼玉宇、青松险桥，一应俱有，在此幽幽仙境之中，有十八位长者或对弈，或品茗，或吟诗，或赏景，个个悠然，人人飘逸，再有一支硕大的人参跃出画面，有力地烘托了诗经中"如月之恒，如日之升，如南山之寿"的深远的意境，较好地表现了"寿比南山"这一朴实而又永恒的主题。

上述八件作品的说明，未包括材质和玉雕师们对材质美表现功力的点评。

从理论上说，摆件的题材和主题从中国文化宝库中取之不竭，用之不尽。但在市场经济实践中，大型超大型的摆件动辄数百万，数千万，作为同具商品性质的艺术品，制作者必须分析购买群体的心理需求、审美情趣和摆设用途等因素，以作为创作的重要参考。唯自我的、纯诗情画意的作品，也许或过于超前而"和者必寡"。

FEICUI
DE JIAGONG LIUCHENG

翡翠
的加工流程

了解翡翠的加工，你才能看得懂翡翠成品的工艺，才能理解业内行家对"做工"的评价，领悟翡翠玉雕大师技艺的高超与奇妙，把握成品做工的价值。

我们已经知道，翡翠毛料从找矿、开采、运输到进入毛料市场，经历了艰辛的历程，又经过了赌石、倒卖、公盘等一系列环节，才来到了加工厂。可见毛料十分难得，毛料中的高档料更是稀少而又非常昂贵。因此，无论毛料的档次如何，任何一位毛料的拥有者都投入了大量的资金，他们都会千方百计在加工中充分利用毛料，去创造最大的市场价值。为达到这一目的，数百年来，翡翠的加工形成了一套基本的流程。

毛料的分类与解切

料进入加工环节后，无论是赌货还是半赌货，它们的皮壳都将被完全擦开（图6-1-1），最终变成明货，然后，与明货一样，根据可能制作的成品进行分类加工。

那么，怎样才能知道一块明料能做什么成品呢？这还需要从毛料的质地、大小、形状、是否带翠、颜色的多少、裂绺、脏杂、价格档次及其他一些条件，来综合决定。这是一项技术含量很高、实践性很强的工作。

图6-1-1　毛料剥皮

一　大料及其解切

几十公斤乃至十多吨的料都可以叫做大料。大料做何种成品？一般原则是：首先考虑做手镯，若确实不能做手镯，才考虑做挂件，或者做摆件。

1. 手镯料

（1）手镯料的确定

确定手镯料主要是看裂。从大料的各个方向仔细观察料上的大裂和细裂，同时注意这些裂的走向。无论大裂或细裂，裂与裂之间的距离至少必须等于或大于标准手镯的毛坯外径，一般按72mm计，再加上刀片的厚度一般按3~5mm计，合计76mm左右。如果等于或大于76mm（一般的大料会超过此数据），就可以按每公斤料可做1.5~2支手镯来进行估算，估算的幅度，是观察毛料的外形，毛料越小，外形越重要，毛料越大，外形越可忽略不计。

解切大料的师傅经验必须十分丰富。在缅甸的瓦城、国内的平洲、揭阳、四会、瑞丽等加工基地，加工厂分得很细，解大料有专门的解料厂，解料厂拥有经验丰富的有名气的师傅和解大料的设备，只解大料。大料拥有者首先就去找自己信任的解料厂解料。其工费一般按解开后毛料切面的面积以cm²计，每cm²从几元到上百元不等，视情况而定。

为什么要手镯优先而不是挂件优先呢，因为同一块毛料，做出来的手镯总价，必定是高于挂件总价的。虽然手镯的制作工艺并不难，但是制作手镯需要较大的片料，而不能像挂件一样使用边角料。

判断后，得出可做手镯的数量，再由这块料的品质档次，估算出这些手镯的出厂批发价，如果出厂批发价能抵过这块毛料的进价和加工费，那么，套手镯剩下的手镯芯和边角料，就可用做挂件，挂件就是可赚取的利润。这块料就可确定为手镯料。利润的多少，还需看实际做出手镯的数量与估算的正负差距。

这一方法来确定手镯料，可以保证基本利润，如果手镯的出厂价高过或者远超过毛料的进价，那就赚大了，如果低于或者远低于毛料的进价，那么还有挂件可以弥补保底，如果挂件也弥补不了，那就亏了。

（2）手镯料的解切

一般说来，首先沿最大的一条裂的走向切第一刀。第一刀非常重要，切开后，仔细观察切面与其他裂的大小和走向。最好的情况是，无细裂或细裂很少，另有几条稍大的裂，且裂的走向与第一刀的方向基本一致，这样，就可以继续沿稍大的裂切后面几刀。最差的情况是，出现的大裂和细裂都较多，而且方向交叉，此时，必须仔细比较，从何方向切第二刀、第三刀，才可以套出更多的手镯，这是最考技术的，这时，往往由毛料的主人和解切的师傅共同商议决定。因为，切的对错，可以决定手镯套出的多少，如果是低档料，一只手镯几十元、一两百元的，亏赢还不多；如果是中、高档料，一只手镯几千元上万元的，赢亏就会在几十万甚至上百万。

这样，大料被解切成若干块中料，中料是形状较为规则的长方体，只要一个人能抬起，方便下一步解片料就行。

（3）大料的解切设备

大料的解切是用专门的大料切割机，因为用水冷却，所以业内称为"水机"（图6-1-2）。切割时，用木料将毛料垫起适当高度，根据毛料的大小选配适当尺寸的锯片，最大可达60寸，可切割深度为1.3米。大料的搬运翻动普遍使用叉车。

这样的设备和解切方法，它的精度能

图6-1-2　20世纪90年代开始用水机解大料

达到要求，成本较低，若使用更大更复杂的设备，会增加成本而不被行业运用。

这样的设备和方法已堪称现代化。倘若退回二十多年，20世纪90年代之前，大料的解切是用大锯弓，锯条用钢丝锯，沾上金刚砂，浇上水，两人拉弓，慢慢锯（图6-1-3）。倘若再回到二十世纪中叶之前的数百年，大料是见不到的，因为矿区无起重设备和运输能力，那时还不算大的料，就须用当地最大的运输工具——大象来运输了（图6-1-4）。所以，大料是运不出玉石矿区的。大料必须在玉石矿区就解开，那是用传统的、也是原始的方法：先用湿泥把整块大料敷住，只留下要解开的那条缝，然后架柴火烧缝，最后突然向缝上泼浇冷水，毛料就会炸裂开。当然，这种裂开往往并不整齐，因为不在缝线上但薄弱的地方也会裂开，还会产生更多的裂隙，如此浪费了很多的宝贵的好料。

（4）片料的解切

要想做手镯，还得把块状的中料解切成片料。解切的方向，仍然是顺裂下刀。如果大料判断正确，则中料的方向与大料一致，最后的边料和废料较少；如果出现新的交叉裂，则需重新考虑切片方向，此时，边料和废料必然会增加，这也是无奈的事。最理想的情况是中料无裂。

图6-1-3　20世纪80年代仍用锯弓解大料，中间为摩仕先生　　　图6-1-4　大象拉玉

片料的厚度需考虑整块中料的厚度，在保证最小厚度的情况下，多切一片，就多出若干手镯。同一片料的厚薄必须一致，一头厚一头薄是废品。

片料的解切机与水机不同，是在一个有盖的机器里密闭进行，把待切料用夹具固定，选择适当的锯片，调好进刀厚度，夹具移动台会自动进料。因冷却液是用柴油与水混合的乳浊液，所以业内又叫"油机"（图6-1-5）。油机有盖密闭，就是为了防止溅出冷却液。

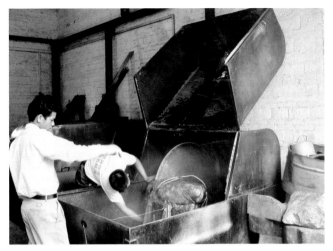

图6-1-5　油机解片料和中料

例如，普通师傅开一块料，只能制作5只手镯，而技术好的师傅在同一块料上，可能开出六七只手镯。

在上述加工基地，切片料也有专门的师傅和切割厂，切割厂有从小到大尺寸不同的数台系列油机，最小的8寸，可切6cm深度，最大的60寸，可切68cm深度。因此，一些几公斤到十几公斤的毛料，直接就用油机解料或切片。

2. 挂件料

（1）挂件料的确定。因为挂件的尺寸较小，大的5cm×9cm×1cm左右，小的3cm×2cm×0.7cm左右，所以，挂件料一部分来自手镯芯和套手镯剩下的边角料，一部分来自裂多做不成手镯的中料，还有一部分来自尺寸小做不成手镯的小料。

这三部分料的档次都要求在中低档以上，即要有一定的水头或者颜色。无水无色的玉料不用做挂件，因为做挂件需支付雕刻的加工费，无水无色的挂件卖不上价，连加工费都不够，是会亏本的。

（2）挂件料的解切。挂件与手镯一样，有裂的成品无人买或大打折扣，所以，挂件料的解切首要也是避裂，顺裂切。不过挂件料的轮廓和厚薄无须很规则，只要大概就行，但要尽量保留有色和有特点的部分，因为玉雕师依料设计时能启发灵感，出彩出价。加工基地的市场上，有专门买形形色色的小片料的商家，那就是解切好的挂件料。

解切挂件料的机器比水机和油机要小得多，也很简单：一台电机带一片圆锯片装在架子上便可。工作时，操作者用双手把片料小心地推向转动的锯片，用水冷却，便可切开。所以，业内把这种机器叫"推机"（图6-1-6）。推机还可以对小片料的轮廓进行整形。

推机、油机、水机，以及翡翠加工的其他切磨机，它们所用的圆形锯片的刃口都不锋利，锯片是靠粘镀在刃口两面的细粒金刚砂来切割的。前已述及，现在的金刚砂是合成的碳化硅SiC或合成的刚玉砂Al_2O_3等。

3. 珠子料

在解切挂件的过程中，又剩下了一些小于2cm左右的碎料，这些碎料

图6-1-6 推机解小料和整形

舍不得丢弃，就拿去做珠子。那些几万、几十万、上百万一公斤的高档玉料，它们碎料仍然种、水、色俱佳，这样的碎料小到只要能切出2mm的立方体，都不会丢弃，它们加工出的直径2mm左右的串珠，已是最小的珠子，仍然可以卖得好价钱。从这个意义上说，人们对中档以上的好料，从手镯一直做到珠子，除了磨去的粉末，已经"物尽其用"了。

一些细裂之间的距离小到不能做挂件的片料，也用去做珠子料。

二 摆件料

在大料中，有一部分适合做摆件，它们的特点是：

1. 体量大

几百公斤，甚至十几吨，大体量的玉料较少，它的稀少性就带有自身的高价值。

2. 颜色多

绿、黄、蓝，紫、黑、青、白，等等，一般都有三种以上大片的颜色，最多的可达七种颜色。另外，还有通体一色，常见的有通体的紫色、淡绿色、蓝色等，也别具特色。多彩的颜色可以给玉雕师提供广阔的创作天地，成品将会色彩斑斓而富于美感，可以卖得好价钱（图6-1-7）。

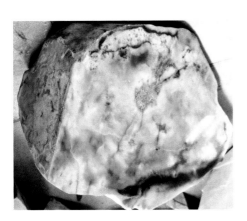

图6-1-7　极难见到的七彩摆件料

3. 裂绺多

大裂和细裂都多，取不出手镯或只能取少量手镯，也取不出足够量的挂件，做手镯和挂件的价值，明显低于做摆件的价值。但做摆件却可以通过巧妙的办法把裂"藏"住或挖去，而不掉价。

4. 水头短

通体干而无水，或变种的部分有水，整体算下来，有水部分少，无水部分多，若用有水部分去做手镯和挂件，将价不抵料，故做摆件反而可以巧用而出价。

5. 质地粗

若解开做手镯或挂件，将多是些质地粗的低档的料，只能做些低档货，还是价不抵料，而做摆件多从整体形象评估，不会掉价。

6. 脏杂多

脏杂的斑块或色点多，做手镯或挂件都难避开，但做摆件却可以通过巧妙的设计，把脏杂挖去，也不会掉价。

这六个条件综合起来，体现了摆件料"扬长避短，体色救料"的选料原则。可见，对那些裂多、水短、种粗、脏多的大料，如果体量大且颜色丰富，就应该用去做摆件，以摆件特有的工艺，注入艺术的附加值，创造出高价值的产品。

当然，也有很多情况是用水好种好的大料去做摆件，但这种料仍然有较多的裂，只是裂易藏，这种料如果颜色丰富体量大，做出的摆件价值会高达数百万上千万元，无水但绿色多或满绿的2米多高的大佛可以上亿元，远比解开做手镯和挂件价高，这时也会选它们作摆件料。

也有用体量较小的几公斤的小料做摆件，那是做普通的低档小摆件了。

三 手玩件料及其特征

在毛料里，有一类大小几公两不足一公斤的次生矿，它们形如鹅卵石，长轴方向约7~10 cm，短轴方向约3~5 cm，刚好能被手掌握住，这类毛料常用去做手玩件。它们是风化程度很高的砂矿，在数千万年的时间里，反复滚动碰撞，长期暴露于地表，或长期经河流冲蚀，其主要特点是：

1. 有皮有雾

雾的褐黄色至褐红色给后续的创作雕刻留下难得的好条件。少数无皮的，则是因为皮壳又被滚动和水流磨去。

2. 颜色多

玉肉往往带蓝、紫、白等颜色，也给后续的创作雕刻留下好条件。

3. 裂绺少

原生矿原有的裂绺处都已断开分离，所以个体小，裂绺少或无裂绺。偶有细裂，往往被后期填充物粘愈，形成可利用的翡色。

4. 玉质较细

若玉质粗，则已被进一步风化而沙化了，故这类小料玉质往往较细。

5. 水头短或无水

正因为水头短或无水，所以才整块使用，做手玩件。这类小料如果水头好，那就是很好的高档料，切成小片料做挂件，其利润反而远大于做手玩件。

四 戒面料及其特征

翡翠的戒面主要有三种：绿色戒面、无色玻璃种戒面、红翡色戒面。紫色戒面极少见。

1. 绿色戒面

有一类为数极少的毛料，种水很好，上面有几毫米到十几毫米团状的绿，这种绿浓艳且均匀，单独小块取出后仍能保持绿色不淡不弱，这就是戒面料。戒面料的绿团切割取出后，视其大小和形状，也可做成耳钉、耳坠、胸坠。如果同一块料上可以取出色调和浓淡几乎相同的十几颗小料，则可以做成多粒以上的项链，其价值将在数万到数百万，十分可观。

绿色戒面料的另一个来源，就是那些满绿高档料做挂件后剩余的边角料。同样，根据其大小、形状、色调，也可做耳钉、耳坠、胸坠、项链等，其中耳钉已小于绿豆。

2. 无色玻璃种戒面料

无色玻璃种戒面是2008年前后才时兴起来的。其料的来源，是做玻璃种挂件的边角料。也有较小的做不了挂件的玻璃种料，就直接做戒面了。但是，这种戒面料比挂件要求严格，必须没有任何棉点、脏点和微裂，有肉眼可见的一丁点都会掉价。如果其结构等晶，琢磨的蛋面弧度合适，便要能起荧光，一粒价就数万元。

3. 红色戒面料

翡翠中的红色常带棕色调，红色鲜艳而水头又足的料子非常少见，用作戒面的也是挂件的边角料，或是只有戒面大小的红翡料。故市场上优质的红翡戒面十分少见。

如果用水头短或无水的料，解为挂件料雕刻挂件，往往卖价不抵工价，就亏本了。所以，这类料适合整块使用，做手玩件。

各类成品的加工流程

一 手镯的加工流程

目前市场上的手镯有六种款式：扁框、贵妃、圆条、方条、雕花、镶金（图6-2-1）。其中扁框手镯因其内圈是平面，取其"平"的谐音，又名"平安镯"，正是由于内圈是平面，与肌肤接触面积大，贴身，很舒适，所以深受广大女士欢迎，在市场上最为畅销而成主流款。下面介绍平安镯的加工流程。

雕花镯

方条镯

贵妃镯

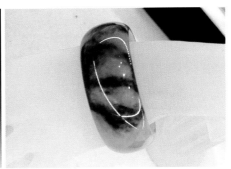

金镶玉镯 　　　　　　　　　宽板镯（平安镯）

平安镯

圆条镯

图6-2-1　六款手镯

1.放　样

　　在塑料片上取若干圆环作放样的工具（图6-2-2）。手镯的内圈或内圆业内称为"圈口"，圈口的两条边缘被称为"龙口"，而圆环则被称为"条子"。最常用的是标准环，标准环套出的手镯适合多数女士的手腕和手型，其圈口内径是56mm，加16mm圈厚（条子厚），则外径是72mm。然后，内径以1mm递减，到48mm时，是成人最小圈口手镯，只需加14mm圈厚，则外径为62mm；内径从标准圈口也可以以1mm递增，到60mm以上时，是成人大圈口手镯，须加18mm圈厚，则外径为76mm。

以标准环为主，其他的大小搭配，在切好的手镯片料上画环。画环的关键是避裂，同时力争在一块片料上多画出几个环，特别是中、高档料，多画一个就多几千几万，但画不好让一条细裂进入条子，或者整块片料安排不好少画一只，又丢了几千几万。所以，放样须由经验丰富的师傅来完成。

2. 套 坯

从片料上把手镯毛坯取出，叫套坯。套坯机（图6-2-3）其实就是一台小型的手动台钻，只不过夹头上夹的不是钻花，而是尺寸不同的套筒（图6-2-4）。操作工按放样的直径，选择相匹配的套筒，照样线垂直压下，套筒旋转，如此两次，便可取下一只圆环状毛坯。

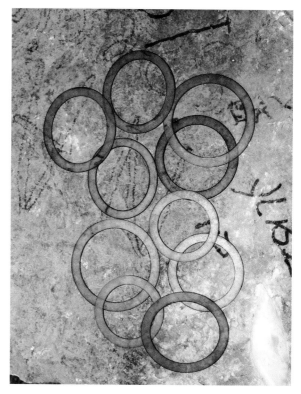

图6-2-2　手镯放样环

图6-2-3　手镯套坯机

图6-2-4　手镯套筒

图6-2-5　手镯角磨机

3. 磨外角

手镯毛坯有四个圆形棱角，必须把它们按一定弧度磨去。磨角也叫"倒角"，首先是倒外角。有专门的倒外角机，用夹具夹住毛坯，调整好倒磨的角度，用手柄控制，便可慢慢将两个外角磨圆（图6-2-5），形成手镯背（外圈）近似半圆弧的粗型。

4. 磨内角

与磨外角一样，有专门的机器可把内角按一定弧度磨去，磨内角即是磨龙口，龙口磨出一定的弧度，戴手镯通过手掌时和戴在手腕上都不卡手，较舒适。但缅甸工不磨龙口。

四角磨去，便得到一只基本成型的粗坯。

5. 整　形

因为倒角是用机器完成，所以粗坯上还有棱，还必须把这些棱磨去，使所有弧面圆滑，这就是整形，也叫细磨。从古到今，细磨都是手工，靠人工双手握住粗坯，在锥形的圆轮上反复滚磨（图6-2-6）。所用的锥形圆轮表面粘镀有粗细不同的金刚砂，业内称"砂砣"，整形时从粗到细，逐遍替换砂砣，最终把粗坯磨圆滑。

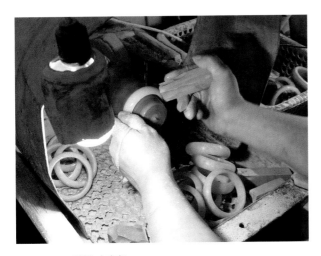

图6-2-6　手镯砣磨机

6. 抛　光

磨好的手镯还没有水头，还需抛光才会有水，所以，业内抛光又叫"出水"。出水就在砣上进行，只不过把砂砣换成了表面光滑的钢砣、木砣、皮革砣，一遍比一遍更细更软，所用的介质为抛光粉。

抛光粉也有粗、细的级别，有十几种型号，其作用就是把玉器表面0.01~0.1mm的极薄的糙面抛去，让玉器表面光亮而出现水头。

7.清 洗

抛好光的手镯表面会残留极少量抛光粉或其他污渍，需将其清洗。现今的清洗都是在超声波清洗机里进行，靠超声波的高频微震，洗液可将极细微的污物除去。

8.打 蜡

低档手镯的玉料结晶颗粒较粗，清洗后表面仍会有肉眼可见或不可见的微细凹坑，不仅影响光亮程度，而且会让今后使用时藏垢，所以还需上蜡，用蜡把这些凹坑填满封住。上蜡又叫打蜡，办法是，用热水浴把白蜡熔化，把批量手镯放入熔化了的蜡液中浸泡，十多分钟后取出，趁半热用毛巾把还未固化的多余的蜡擦去。

中档以上的手镯，尤其是高档手镯，它们的晶粒细腻，抛光后表面极为光亮，已达玻璃光泽，且水头十足，是不用打蜡的。

在手镯生产中，上面的八道流程还要细化，实际工序有近二十道，才可以生产出一只合格的产品。

其他款手镯的加工基本如此，只是还需加几道自身的工序。平安镯的条子宽度通常是1~1.5cm，近几年流行加宽款，达2~2.5cm，称为"宽条"或"宽板"；圆条手镯明清较多，故被称为"老款"；方条手镯近几年才从台湾传入大陆，故被称为"台湾款"。

二 挂件的加工流程

我们已经知道，玉文化众多的吉祥图案是在挂件上体现出来的，喜欢挂件的人非常多，而且男女老少都可以戴，所以，市场上挂件数量最多，加工十分重要。

1.选 料

挂件位于胸前，所以选料主要是考虑料子尺寸的大小。男款挂件，大的一般高×宽×厚为60mm×45mm×10mm，太大了感觉太重太笨，不如加厚一些去做手玩件；小的一般高×宽×厚为45mm×35mm×10mm，太小了男士佩戴感觉小气，适合女款。女款挂件，大的一般高×宽×厚为40mm×30mm×0.8mm，再大可与男款接轨，过渡为男款；小的一般高×宽×厚为25mm×15mm×0.7mm，再小则难于雕刻，若种水色好，可用简单线图雕成胸坠，或者制成素面而成为胸坠。

2. 创　作

创作是审料与设计相结合的过程。挂件虽是方寸之地，但翡翠材料的最大特点就是种、水、色的变化丰富，同时还可能带有脏杂，因此，每片料与另一片料都不尽相同，必须反复观察这片料子的特点，这就是审料。在审料的同时，自然就要考虑这块料适合做什么，吉祥图案数不胜数，选什么图案，如何搭配，玉料上的每一个细小部分用于表现吉祥物上的哪一个部分最为合适，等等，都须反复通盘考虑，这就是设计。

审料时，颜色最为重要，色用得巧用得俏，就称为"巧色"或"俏色"。例如，一块片料的一端有一小团红翡，欲雕一尊弥勒佛，哪一端雕头呢？如果红翡落在佛脸一侧或佛鼻、眼、耳上，很不妥，花了，对佛不敬；如果落在额头上，虽不甚美，却还可以，解释为"红运当头"，也算巧色；如果落在大肚子上，最好，释为"大肚藏金"，美且俏，为俏色；再考虑是否还有其他影响的因素，如无，则最佳方案应是红翡的一端雕肚子了。

脏杂是设计中最大的麻烦，常用的办法是将其挖弃，叫"挖脏"。方法是把脏杂的部分设计为图案中低凹的部位，或者是镂空雕"空"的部位，雕刻时便可将其挖弃。然而，脏杂有时也会变为美丽。例如，一块片料一角有一团黑色，透穿，难挖；设计"钟馗捉鬼"，那团黑色雕成鬼头，恰到好处，反而成巧色，增值。又如，一块片料种和水都很好，可惜上面有很多白色棉点，无法挖，弃之可惜；设计一大一小两头熊，题"雪地英雄"，另有意境，增值。这就是玉雕中常说的"化腐朽为神奇"。

审料和设计的创作过程可能几天、几周、数月，越是种、水、色都好的高档料，越是慎重，越要先用纸画出若干样稿，多方对比，方才定案。

好的方案，可以使玉质和文化融为一体，巧奇天工，天人一体，使成品卖出大价钱而数十倍增值。

3. 雕治

玉雕的机器是吊机和精雕机（图6-2-7），吊机可以完成几乎所有的挂件，精雕机的转轴比较平稳，专用于雕毛发等细微的部位，两种机器常配合使用。而雕针有十多种形状，每种形状又有大小、长短不同的几种型号，常用近二十种规格，所有雕针头部的工作面都粘镀着粒度不同的金刚砂（图6-2-8）。所谓"雕刻"，乃是靠无数金刚砂粒高速转动时的削磨。

玉雕的基本类型分为浅浮雕、高浮雕、薄意雕、圆雕和镂空雕。浅浮雕深度约1~2mm，高浮雕深度在3mm以上，两者都以突出形象主体为目的。而薄意雕常用在玉质特别美的情况下，只在玉的表面寥寥几笔，勾画出形象轮廓而不使其过于夺目，以突出玉质之

图6-2-7A 吊 机

图6-2-7B 精雕机

图6-2-8A 各式雕针

图6-2-8B 各式雕针

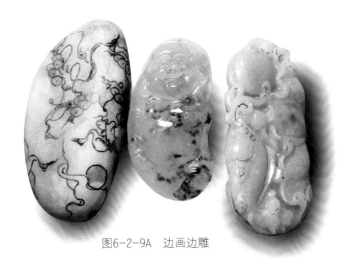

图6-2-9A 边画边雕

图6-2-9B 边画边雕

美，形在玉质之上，意在玉质之中，形玉相融，深度在1mm以内。圆雕和镂空雕常用于手玩件和摆件。使用何种雕法，则由玉质、题材、形象、和玉雕师的特长来确定。

雕刻时，先把设计好的图案用铅笔画在玉片上，再选适当形状的雕针雕磨。每雕去一层，就用铅笔再画一次，逐次递进，只要图案的某个部位欲雕的走向心中没有把握，就需再画出线条，才能雕；玉雕不像泥雕，加减随意，玉雕是纯"减法"，雕多了，就再也补不回去了。经验丰富，空间想象能力强，雕机操作娴熟的玉雕师们，画的次数会少得多（图6-2-9）。

与其他门类的艺术相似，玉雕师的技艺也各有所长，人物、佛像、动物、鸟、花草、神物、鬼怪等，玉雕师们各有专攻便各有所长。当然，这与他们的绘画功底，文化底蕴、艺术修养、悟性、灵性、眼界、心境密切相关。因此，玉雕行业有四个层次：学徒、玉雕匠、玉雕师、玉雕大师。学徒自不必论。匠与师的区别就在于作品是否有艺术性，匠虽然技术熟练，但作品无灵气，无艺术韵味；同样一个人物，一种动物，一片花鸟，师的作品必有创意，必有艺术性。而真正的玉雕大师为数不多，他们的作品充满了浓郁的艺术气息，彰显着强烈的个人风格，常创作出公认的艺术精品而足以传世。近年来，随着知识产权意识的增强，玉雕大师们已经开始在作品上刻上自己的名字，以自己的名誉和社会责任而独树一帜。例如平洲玉雕大师王国清、蒋红兵等的作品，便有志名（图6-2-10）。

正面   背面

图6-2-10　王国清墨翠挂件"春晓"志名

4. 抛　光

翡翠所有成品的抛光都叫出水。挂件的玉雕师并不抛光，抛光另有一门技术，有专门的抛光厂和抛光师傅。

挂件的出水有两种方法，对于材质是中档以下的货，常以粗线条构图，所以可用震机出水（图6-2-11）。震机有大有小，其中加有磨料，一次可放入一批数十个到一百多个小挂件一齐震动，靠磨料与挂件不停翻动磨擦而抛光。一般粗抛24小时，换细磨料又细抛24小时。两次便可达到

图6-2-11　震机抛光

出水效果。这种犹如洗大澡堂一样的抛光法，一个小挂件20元左右的抛光费，价廉物美。

对于材质中高档以上的挂件，则不能用震机出水。原因有二，一是出水不够，中高档料结构紧密，震机抛不够光亮；二是中高档挂件常做精细工，如毛发眼眉等等，震机不能区分，全部磨去一层，精细部分遭到破坏而变形。所以，中高档以上的挂件都是用手工抛光。

手工抛光的基本要求就是绝不能走形，零点几毫米细的毛发等细微部分都不能损害，但却要抛到位，这就十分费时耗工。其办法是，用铁钉、竹木、皮革等材质制的磨针，沾上抛光粉，沿着已雕好的图形，从硬到软，由粗到细，再细致地进行研磨。为了确保任何一精细点都抛到位而无遗漏，每遍工序前都要涂上红丹（Fe_2O_3），用以指示未抛点（图6-2-12A）。手工抛光十分专业，要经过10~12道工序（图6-2-12B），不同抛光师傅的技术和效果很不相同。当然，效果不同收费也不同，好的厂家看货收费，主要看待抛件的复杂程度、种质、档次，普通的一件100~200元左右，高档的一件数千元。这是一对一的VIP服务，有这种能力的抛光老板生意应接不暇。

图6-2-12A　手工抛光涂红丹

图6-2-12B　手工竹抛

5.清 洗

挂件也用超声波清洗机清洗，细微之处用人工检查清洗。挂件一般不打蜡。

6.挂件的半自动化机械加工

（1）2000年前后，玉雕行业出现了超声波玉雕机（图6-2-13）。其基本工作原理是，利用超声波的高频振动柱带动一个合金铸成的阴模，从上向下压在一块固定稳的玉片上，阴模与玉片之间喷入带金刚砂的冷却水，靠金刚砂在阴模的高频振动下将玉片压磨出形象。此法的产品业内叫"机压件"，机压件的产品形象很呆板，加上其他种种原因，只能做低档货，而且生产环境很差，污染严重。此法加工费仅几元十几元，因而火红了七八年，但因质量很差如今落潮，只有少数厂家还用于压低档货。

（2）2008年前后，有人把数控技术最新发展的三维数控雕刻机移植到玉雕上，开始制造并使用三维数控玉雕机，2010年首次用于翡翠挂件雕刻（图6-2-14）。这种机器雕出的产品质量为超声波机远不能相比，与手工雕件几乎相同，可雕刻数千元甚至数万元一片的中档玉料。但是由于涉及计算机设计、控制、选料、生产成本等等一系列实际问题，有的人买回去只能当摆设供着，很多人很难涉足。

图6-2-13　超声波玉雕机

图6-2-14　三维数控玉雕机

三维数控玉雕机用于雕翡翠才发展了三年多，它到底能为什么样的老板赚钱，还是一个大问号。

三 手玩件的加工流程

手玩件的加工流程与挂件基本相同，不同之处在设计。因其料子比挂件大，所以，可雕的形象较大，可利用的颜色较多，故常用圆雕的技法表现较丰富的内容。但手玩料常有色无水，故成品价位不会很高。需要注意的是，不应设计太复杂的和过细的图案，而应选择一些具大面的形象，无繁复细微之处，那样，在把玩时，不易藏污纳垢，而大面却会随把玩时间的增加而越玩越亮，越玩越水。

四 摆件的加工流程

虽然摆件的加工流程与挂件和手玩件基本相似，都须经过审料、设计、雕治、抛光等工序，但每道工序都要复杂很多。

1. 审料与设计

摆件料的审料与设计需综合考虑的原则是：空壑藏裂，镂雕挖脏，巧施俏色，随形保料。

（1）空壑藏裂：料上的大裂，常考虑为独立个体形象间的空隙部分，或山峰之间的沟壑及溪流；小裂则可考虑为树叶、花卉、岩石、衣服等物件自身的纹线。这样雕成之后，裂可不见，故被称"藏"。

（2）镂雕挖脏：这与挂件和手玩件一样，只是体量大脏杂多，设计处理的点面多，需注意不能过于零乱而干扰突出主要形象。

（3）巧施俏色：这也与挂件和手玩件一样。不过，摆件料常有大片和多种的颜色，这是摆件料的优势。设计者需观察有几种色，色的形状如何，色的浓淡如何，色与色之间的关系是相隔、相连，还是相渗，是否形成底色，色在玉质上的深浅如何，等等，然后考虑如何使它们与欲雕的形象融为一体。色用不好，弄巧成拙，形同贴膏，暴殄天物；色用得好，锦上添花，巧而生俏，天人合一。因此，用色是翡翠玉雕艺术的独特境界，也是翡翠玉雕师们的功力所在。

（4）随形保料：在多数情况下，摆件的体量越大其价值越高，所以，业界都尽量保持摆件的体量，这就是保料。保料的基本方法是随形，即雕治的题材须跟随毛料的外形。毛料的外形自然天成，若所选题材与其不符，则雕制时必然会被大量切割舍弃而减小体量。例如，一件近似三角形而又较薄的大料，若做站立的观音，站观音的基本形成是长方体，三角体就必然会被切去很多边料；但若做玉山子，随形造势，则可以保留最大的体量。下等的设计者其成品可不足毛料的一半，而高明的设计师却可能达百分之九十以上。因此，随形保料也是设计师的功力之一。

2. 题材与主题

虽然摆件的题材受形、色制约，但因其体量大，故可选取的题材依然十分广阔，这也是摆件的优势。

但是，题材选定后，主题的凝练就突显成核心的问题。无论是人物、动物、龙凤、神物、花鸟、山水、诗词、名句、典故，都有自身的历史和文化内涵，设计者须苦心钻研悟其真谛，方能虔诚取舍，精准布局，从而突出其主题，妙赋其神韵。

我们切不可把摆件体量大可容纳的东西多的优势用反了，杂乱无章地往上堆砌。若干吉祥物堆积在一起的摆件毫无艺术性可言，摆件若成"摆杂货摊"之件，便是失败之作。

摆件能够较为全面地体现玉雕师的综合素质与水平，所以，玉雕师们也往往创作出摆件去参加各级玉雕大奖赛。然而，对摆件复杂因素能够成功把控的玉雕师并不多见，这是翡翠玉雕艺术的高端境界，有的玉雕大师每雕一件都呕心沥血，把作品视为自己的孩子，"送"出去了也魂牵梦绕，常打电话去，请新"父母""好好照料"，痴迷以为终身。

摆件的创作，对玉雕师提出了更高的要求，不仅要有精湛的玉雕技艺，而且要有深厚的文学艺术修养。

3. 雕　治

摆件的雕治要除去的部分较多，所以一开始不能像挂件和手玩件那样粗雕，而是先用手提角磨机（图6-2-15）把大块的部分割开，用锤凿去，并磨出大致的轮廓，这叫打毛坯，也叫开粗。开粗的过程中可能出现色、裂、脏的变化，还需不断进行着设计的局部调整。开粗直到距离设计几毫米的地方才算完成，完成的粗坯应已无改动。

然后，换为吊机和雕针，进行粗雕、细雕、精雕（图6-2-16，图6-2-17），最后成型。

图6-2-15　手提角磨机打粗坯

图6-2-16　弥勒佛精细雕

图6-2-17　荷花仙子精细雕

4. 抛　光

　　摆件的抛光的工序与挂件手玩件一样，但因其沉重不易搬动，故使用吊机或其他电动工具，换上抛光磨头，沾上抛光粉，一道道抛亮。

　　以上四道主要流程耗时耗力，往往需要数月甚至数年才能完成。优秀的摆件是价值高昂的艺术品，常被藏家收藏，有的成为国宝而被国家收藏。

五 戒面的加工流程

戒面的加工主要有三道工序：取料、磨圆、抛光。

1. 取 料

取戒面料时，含戒面的毛料已被切割成小条状或小块状。根据条块上的绿色的形状和大小，在小型推机上，把这些绿色部分切割成小粒的近似长方体、立方体或锥形体，取出备用。

2. 磨 圆

翡翠的戒面、胸坠、耳坠、耳丁，不像钻石那样是刻面，而一律是蛋面，又称素面或曲面，即底部是平面，上部是整体曲面。珠宝玉石之所以有刻面和蛋面两种型制，是由于单晶体宝石和多晶集合体玉石的光学效应不同，因而分别采取最能体现它们材质美的不同型制。

为将戒面料的棱角磨圆，需将小料粒固定，业内是用"粘"而不用"夹"的办法。取10~15cm长，直径0.5~1cm的小木棒、竹棒、金属棒都行，用虫胶及配料配制的专用胶，把料粒的一个平面作为戒面的底面，粘接在棒端。这种胶的特点是，加热到50~80℃时，胶即软化，如橡胶泥一般，不粘皮肤，却能粘住石、木、竹、金属等，冷却至常温时，立即固化，粘接极为牢固（图6-2-18）。粘接好后，便可手持粘接棒，把棒端的料粒在金刚砂盘打磨，磨去棱角，磨出所需的曲面而最终成型。

打磨中途常要调整料粒的位置，只需在微火上微热，胶即软化，用手指即可将料粒轻松取下，在胶柔软的状态下，调整好，冷却，重新粘牢，继续打磨。

图6-2-18 老缅的戒面粘接

3. 抛 光

戒面的抛光仍使用粘棒，用手工。抛光材料同样是抛光粉、竹、木、皮等。在缅甸就地取材，最常用的是竹片（图6-2-19）。

在取戒面料时，不仅要看准条块上的绿色和大小，还要看清料上有无裂纹，若有，可顺裂纹切开，因为戒面有大有小，规格不受限制。

图6-2-19　老缅的竹皮抛光

六　珠子的加工流程

珠子的加工主要有四道工序：切料、磨圆、打孔、抛光。

1. 切　料

珠子料通常是普通的边料，故常将其先切割成小条料（图6-2-20），条料的横截面是正方形，其边长就是珠子的直径，但须留出后续加工磨耗的余量。然后，再将条料切割成立方体料粒（图6-2-21）。

中、高档的边料较零碎，但仍需先就其形，将其切割成立方体料粒。

图6-2-20　珠子的条料

图6-2-21　珠子的方料

2. 磨 圆

珠子都是标准的圆球形，故不使用粘棒，而是使用专门的珠子磨圆机。磨圆机的主要工具是磨圆棒，磨圆棒的顶端是一个内凹的半圆形，其内凹表面粘镀有金刚砂（图6-2-22）；内凹半圆的直径不同，同一直径又镀有不同粗细的金刚砂，由此组成不同规格的配套的磨圆棒。

加工时，将磨圆棒夹在可转动的夹头上，将料粒置于内凹半圆内，加工者用皮毡等按住料粒，磨棒旋转，凭手感施加压力，使料粒在内凹半圆内滚动磨削（图6-2-23），从粗到细，若干遍后，逐渐磨成球形。

3. 打 孔

使用专用打孔机（图6-2-24）。在水平方向，用端头有小凹面的顶杆，从两端将珠子夹住，露出珠子的垂直直径部分，从上到下，用镀有金刚砂的打孔针从珠子的中心直径旋转打孔。这种打孔机可以保证穿线孔准确在珠子的中心直径位置，从而保证珠子成品在穿成串珠时，在一条直线上而不会发生歪斜。九十年代曾使用过的超声波打孔机，虽然一次可打数十粒珠子，效率很高，但孔向常常歪斜，终被淘汰。

打孔机能在翡翠上打的直径，最小可到0.5mm，周围须留下一定的壁厚，所以，目前珠子厂可制作的最小的珠子，直

图6-2-22 珠子磨圆机与磨圆棒

图6-2-23 磨圆操作

图6-2-24 珠子打孔机

图6-2-25　珠子的计量盘与批发

径为2mm。

4. 抛　光

　　珠子的抛光与普通小挂件一样，使用震机，粗抛细抛各一遍，各一天一夜。最后的清洗也用超声波清洗机。

5. 计　数

　　在厂家或批发市场上，珠子的数量巨大，一粒一粒数其数量是笨办法，人们压制有半圆凹坑的塑料板，一板一百粒，十分简单方便又快捷（图6-2-25）。

翡翠的加工基地与批发市场

翡翠加工基地与批发市场的形成，是历史的传承、改革开放后边境与内地政策的限制、地方政府发展观念的差异、区域群体市场运作能力的强弱以及资金原始积累程度等诸多因素综合作用的结果。因此，下面介绍的目前的市场局面不应该是静止的，它仍处在不停地变化和发展之中。

一 缅甸的曼德勒

缅甸的中部城市曼德勒，汉人称"瓦城"，从明代起，就是滇西做玉人聚集的地方，现在也是华侨做玉人聚集的地方。由于历史的原因，再加上毛料比中国国内更易取得，所以，就数量而言，现在形成了整个翡翠行业中手镯和戒面最大的加工基地。瓦城有一个很大的手镯、戒面及边角料的批发市场（图6-3-1），众多普通的加工者就在此市场销售批发，有一批华侨和缅甸人专门在此购货，然后带到中缅边境的瑞丽市场上出售，已是二手货。较大的具有运输及通关能力的加工厂，则直接在瑞丽市场上设门市，把成品运到瑞丽，这是一手货。一些国内玉商到瓦城进货，鉴于缅甸的国情及沿途的关卡，只能谈好价后，由缅人送货，在瑞丽交货。

由于缅甸的劳动力成本十分低廉，所以二十多年来，缅甸加工的手

图6-3-1A　曼德勒翡翠市场

图6-3-1B　曼德勒翡翠市场

镯与戒面极具竞争力。但缅甸的手镯龙口较"快"，套入手掌时，如果较紧，会很疼痛，这是缅工的缺点。

缅甸人不会加工挂件、手玩件和摆件，原因是他们没有、也不懂中国玉文化。但是，从2012年以来，缅甸政局发生变化，缅政府出于创造就业机会、提高翡翠附加值等考虑，出台了各种优惠政策，欲吸引中国的玉雕师到瓦城，效果如何，拭目以待。

二 云南的腾冲、瑞丽、昆明

云南加工的毛料，主要是从中缅边境各种渠道进来，部分是从缅甸公盘或平洲公盘拍来。

1. 腾冲县

腾冲县隶属保山市，离中缅边境的猴桥口岸60多公里。前屡已述及，腾冲古称腾越，是翡翠开发、加工、集散、贸易最早、历史最悠久的"翡翠第一城"。 腾冲翡翠业的兴盛时期是明、清两代，不仅很多名玉名品源自腾冲，而且很多行规行话也源自腾冲。尔后，据《腾冲县志》载："民国初年，全县从事玉雕作坊100多家，工匠3000多人……

荷花乡当地农民这种自产自销的经营方式，无中间商环节，有较好的价格竞争优势。

图6-3-2　腾冲这几年的赶翡翠街

1950~1954年，从业者只有16户24人。"
再往后，县志对十年浩劫整个产业已近灭
绝未曾记载，但改革开放后直到1985年恢
复缓慢倒有记录："1985年仅完成产值
22.5万元"。

　　腾冲翡翠业恢复最具有特色的是每
五天一次的"赶翡翠街"。县城及其附近
有几个村庄，例如荷花乡的车里、雨伞等
村，世代与玉石场联系，三亲六戚分居两
国边境，毛料易得，因而农忙种田农闲雕
玉，每五天就带产品进城，自行集聚交
易，一直至今，成为全国唯一的翡翠风景
线（图6-3-2）。

　　腾冲翡翠产业的迅速发展是从九十
年代中后期开始，进入本世纪，在广东新
兴翡翠市场的刺激与示范下，县政府采取
了一系列有效措施，例如，对传统加工基
地荷花乡几个村的玉雕者进行免费定期培
训，在县职中开设玉雕班，在城区招商引
资，培育市场等等。近几年来，随着高速
公路的开通和腾冲机场的通航，旅游业也
日趋兴旺。目前，该县已涌现了数名全国
知名的玉雕师，县城内的批发与零售市场
从原来老街上的两个，发展为遍布全城的
十几个（图6-3-3），商户4600多家，仅
2013年春节期间十天左右，全县翡翠销售
额就超过1亿元，远非历史上任何一个时期
可以相比。

　　腾冲加工与批发的品种主要是挂件与

图6-3-3A　腾冲翡翠城

图6-3-3B　腾冲翡翠春秋店

图6-3-3C　腾冲翡翠街

如今的瑞丽翡翠市场，是我国翡翠交易最具有人文特色的大市场，"瑞丽翡翠""瑞丽珠宝"已成为蜚声海内外的知名品牌。

图6-3-4A 瑞丽珠宝街

图6-3-4B 瑞丽缅甸商人

手玩件。

2. 瑞丽市

瑞丽市直接与缅甸接壤，本身就是国家级国门口岸，有的地段边界线穿寨，形成"一寨两国"的特殊景观。瑞丽江对岸的木姐是缅政府控制区，也是缅甸的国门口岸。所以，改革开放后，瑞丽与腾冲几乎同时形成了最早的加工与批发市场。

然而，至少受边境情况特殊改革开放滞后的限制，1993年之前，从瑞丽进到保山须经三道边防检查站（瑞丽江、木康、怒江），旅客（笔者等）若随身带3支手镯，便受到"下次不许"的盘查规劝，批量带货则须办理复杂的海关手续和高额的税款。仅略此一例，发展缓慢也是无可奈何之事。

与腾冲一样，九十年代中后期，瑞丽翡翠加工与批发市场迅速发展。21世纪近十年来，随着国家把瑞丽定为面向南亚、东南亚经济桥头堡的战略建设，瑞丽的翡翠市场又上新台阶。目前，瑞丽拥有了数名全国知名的玉雕师，除老的珠宝街翻新扩建之外，全城遍布玉石店，国门所在0.4平方公里的姐告特区，几乎全是加工厂与翡翠店（图6-3-4）。

瑞丽市场批发的品种，主要是缅甸加工的手镯、戒面和片料，及本地加工的挂件。另有新兴的水沫玉、黄龙玉，还有缅产的红宝、蓝宝、葡萄石等多种彩色室石，特色非常。缅北野人山隔段时间又冒出新的玉种，瑞丽珠宝市场是敏感的窗口，那里商机无限，但陷阱也多。

3. 昆明市

昆明依托"玉出云南"的历史背景与美名效应，如今发展成了全国最大的翡翠零售市场。除了最早的传统的景星珠宝城（图6-3-5），近10年又建成了10余片"珠宝城"区域，近3万多家珠宝公司（店、柜）、30多万人从事此行业。同时，昆明有近10家规模庞大的旅游翡翠店，形成了全国最大的旅游翡翠市场。

图6-3-5　昆明景星珠宝商场

昆明市民对翡翠的认知度和佩戴率在全国也为最高，每有亲朋聚会，必有人戴翡翠，落座便侃"种、水、色"，能对翡翠评论和欣赏者比比皆是。

然而目前，昆明虽然有一些加工厂，但仍处于零散状态，未能形成基地和批发市场。

不过，近十年来，省、市政府设专门机构，例如"云南省石产业促进会"，把石产业作为重要产业扶持和发展。每年一届的以翡翠为龙头产品的"泛亚石博会"，全国和东南亚客商云集，已成为全国展位最多、占地面积最大的博览交易会（图6-3-6）。市政府在东部经开区给予优惠政策打造加工基地，成果如何，亦拭目以待。

改革开放以后，翡翠产业在昆明迎来新生。特别是近十年来，昆明培育出一大批在业界享有盛誉的珠宝玉石研究、开发、鉴赏和营销的高级人才。

图6-3-6　昆明泛亚石博会

三 广东的广州、平州、四会、揭阳

二十世纪七十年代后期，广东肇庆的四会有几家岫玉加工厂，他们加工的岫玉产品拿到广州老城区长寿路两边的几家店铺销售，长寿路紧接上下九步行街，商圈位置甚优，这就是如今长寿路"华林玉器城"的前身。八十年代后期，广东人看到了翡翠的价值，弃岫玉改做翡翠，这时，佛山的平洲和揭阳的阳美都有人开始加工翡翠。九十年代中期之前，云南边境翡翠受限发展缓慢，广东人不再从云南陆路进毛料，探出了一条把毛料从仰光经水路运到香港上岸，再进到平洲、四会、揭阳的新路，从此，广东三地的加工与批发迅猛崛起，终于发展成了今天的规模。

1. 广 州

广州荔湾区长寿路的华林玉器城（图6-3-7），取名于长寿路旁的华林佛寺。现在是国内最大的翡翠专业批发市场，除大型摆件外，所有翡翠品种都在此批发，包括零售时的配套用品，如绳线、盒子、架子、袋子等，还有加工机械，鉴定仪器，一应俱全。

该市场的玉器，主要来自平洲、四会、揭阳三个加工基地，以及城郊一些零散的加工厂。

图6-3-7　广州华林玉器街

2. 平　洲

佛山市的平洲镇，紧邻广州市，距华林玉器城仅20分钟车程。平洲的平东村，八十年代末之前，只是一个有数百亩水田的小村庄，手镯加工厂的引入使它发生了巨变。2000年后，平东村逐步拥有了五个毛料公盘，每个公盘占地约20亩，并拥有了数百家手镯、挂件加工厂，同时开设了数百家批发店铺。2008年，平东村引进了占地400亩的"翠宝园"项目，可以使现有的加工和经营面积翻一番。2012年，具有明清古建筑风格的翠宝园一期完工投入使用（图6-3-8），大大提升了平洲的竞争能力和美名度。

目前，平洲拥有若干名全国知名的玉雕师，成了国内的毛料拍卖基地，手镯与挂件加工基地，手镯与挂件批发市场。平洲玉器协会是全国最有实力也最为活跃的行业协会。

图6-3-8A　平洲翠宝园

图6-3-8B　翠宝园水景连廊

图6-3-8C　翠宝园金帕岗店

图6-3-8D　翠宝园野人山店

3. 四　会

四会从平洲把手镯加工后的边角料购来，进行挂件和珠子的加工；同时，进手玩件料和摆件料，加工手玩件和摆件；所以，四会是挂件、珠子、手玩件和摆件的加工基地，也是批发市场。

四会批发市场的一大特点是，很多挂件、手玩件、摆件都不抛光出水，还是毛货就放到市场上出售，而市场上同时有专门抛光的厂家在招揽买家买到毛货后的出水生意。这一方面固然说明四会玉雕业分工的精细，但更重要的却是卖家的心机：考验买家，看不懂不毛货的人很可能会出高价。然而此招一出，却引来更多买家，他们纷纷去四会淘宝，自信比卖家更有眼力，定能低价买到好货，于是双方博弈。翡翠这种天赐宝物很公平，双方都有人获大利，也有人吃大亏，只是吃亏者不说而已，所以，毛货特色一直延续至今。

左下图摄于20世纪90年代，半夜三更漆黑的夜里开市，天亮收摊散伙。

图6-3-9　四会的夜卖玉市

四会批发市场的另一大特点是，每天凌晨4点左右开市，市场原名"晨曦玉宇"，现名"玉器天光墟"（图6-3-9）。九十年代，卖家点一盏喷火的乙炔灯，漆黑的夜里照着不甚明亮的毛货，考验着买家的眼力；如今，条件好了，卖家都改成了射灯，但漆黑的夜里不甚明亮的毛货，依然考验着买家的眼力。据说，之所以反"无阳不看玉"之道而行"玉卖夜市"，是因为天亮后玉雕者们还要赶到华林去出货，四会离华林玉器城较远，九十年代要4个多小时，现在高速通了，也要1个半小时；同时，玉雕者们指望货卖了换现金，天亮后片料商开市，去买片料再雕。

不管原因究竟如何，其两大特色名扬业界，虽然中低档货较多，二十多年来越做越壮大。

4.揭　阳

揭阳市位于广东的东北部，离上述三地相对较远，需一整天路程。揭阳的加工基地与批发市场在阳美村。改革开放前，阳美村只是一个由"干打垒"建起来的普通小村庄。改革开放后，阳美人干起了翡翠加工与批发，几年时间迅速致富，九十年代末统一规划，建起了一排排整齐的四层楼新村庄也是新市场。一般布局是：4楼老板自己住，3楼小工合伙住，2楼搞加工，1楼开店铺（图6-3-10）。原来村子里的旧平房，多用去开加工厂和给外来工人住了（图6-3-11）。

由于阳美人主要做的是中高档手镯和挂件，所以，走进阳美村，家家都闻机器声，户户都见绿颜色。

阳美人做中高档货资金用量大，一块中高档毛料，九十年代动辄几十万上百万，现在动辄几百万上千万，怎么办呢？阳美人首开"凑份子"，例如一块毛料100万，一个老板家产刚好100万，若他一个人买下，

图6-3-10　揭阳阳美玉都

图6-3-11　旧时的阳美村

解开垮了，这个老板倾家荡产再也爬不起来；约上都看好这块石头的5个人，每人凑20万，开涨了，每人按股分，开垮了，谁也不会死，重新又再来。这种临时股份制使阳美人规避了风险，走上了不败之路。当然，如今翡翠业内用此法买毛料，已经很普遍了。

阳美拥有数位全国知名的玉雕师，阳美的高档货享誉市场。

四　其他的翡翠加工地

除上述大规模的加工基地与批发市场外，翡翠的加工还有河南的镇平、台湾、香港等地。其中，台湾和香港更出全国知名的玉雕大师，他们的作品畅销翡翠市场。

五　玉器的交融

九十年代之前，由于地域习惯、人员构成、历史沿袭等的不同，翡翠玉雕的成品即挂件、手玩件、摆件带有明显的地域特点，由此形成流派，如南派、北派、广派、滇派等。但近十年来，玉雕人员在上述所有加工基地广泛流动，作品材质与设计图样在网上瞬间传播，成品流通在云南、广东、北京、上海、全国各地上飞机几小时便到。空间犹在同一村，时间似处同一刻，玉器已经交融而难分流派，标准已经趋同而不分伯仲。

所以，在如今的翡翠市场上，流派与加工地已经逐渐淡化，买卖双方直接欣赏和评价某件欲交易的成品，成品的材质、文化、艺术性、加工水平上升成了价值的主体。

在这种情势下，玉雕师个人的风格逐渐突显，他们争奇斗艳的时代正在到来。

FEICUI
DE SHANGPIN SHUXING

翡翠
的商品属性

关于翡翠的来龙去脉，我们已经知道了很多很多，原来翡翠竟如此地摄人魂魄。很多人已经拥有了翡翠，更多人正想拥有翡翠。懂她，才能寻到她，愿天下爱翠人都能寻到自己心仪的翡翠。

翡翠从成矿到成品，携带着丰富的内涵，穿越亿万年时空，逶迤而来，与我们结缘、做伴，供我们享用、欣赏。正是在这一过程中，翡翠的商品属性及其行规行话逐步形成，不断完善，还在发展。我们要进行翡翠成品的交易，必须了解和掌握它们。

翡翠成品品质的优劣及行话表述

翡翠成品品质的优劣，可以用九个字表述。其中，可能使成品美丽、价值上升的，有五个要素五个字：种、水、色、底、工；可能妨碍成品的美、使价值下降的，有四个要素四个字：裂、癣、棉、脏。我们可以把前五个字归为优点，后四个字归为缺点，统称作"九字要诀"。这九个字以及由它们衍生出来的一系列用语，就是行话。

这些行话历史悠久，应用广泛，生命力强，是因为它们形象而又贴切地表述了人们在观察成品时的直观感受。整个翡翠行业都是用这些行话来表述、交流和交易，所以，任何一位入行者都必须学习和掌握它们，消费者也应该尽量了解它们。当然，很多行话都可以用现代矿物学的理论来阐释，能做到这一点，将使我们从本质上准确理解、把握和应用它们。

 种

1. 种的定义

定义：种是指翡翠的质地，即组成翡翠块体的晶粒的大小，以及晶粒之间结合的紧密程度。种又叫种质，矿物学中是指多晶集合体的结构与构造。

翡翠的结构与构造本书在"翡翠的自然属性"中已经述及。在实际应用中，晶体的大小不考虑晶体是硬玉、绿辉石、还是钠铬辉石，即不考虑晶体的类别；也不考虑晶体是纤维状、柱状、还是斑状，即不考虑晶体的形状，而仅仅关注"大小"，行话用"粗、细"来描述：大为粗，说种粗、种粗大；小为细，说种细、种细腻。结合的紧密程度不进行量化，只用紧密和疏松来描述；排列方式极少应用，更不考虑晶体之间三维空间关系，仅只在"起荧"现象上考虑了等粒与不等粒、有序与无序这一特质。

种、水、色、底、工五个字的内涵非常丰富。之所以把种排在第一，是因为种是物质基础，它在很大程度上影响着另外四个字的优劣好坏。

2. 种的定义的衍生——老种与新种

由于晶体的大小与它们之间结合的紧密程度正相关，晶粒粗则晶隙疏故结合松，晶粒细则晶隙小故结合紧。这一基本规律所产生的综合现象在行话中被衍生，用"老、新、嫩"来表述。

（1）老种：又常说"种老"。某块翡翠的种老，种很老，就是说它的晶粒细且结合紧，即种细，种质细，亦即质地好，质地很好。

（2）新种：又常说"种嫩"，习惯上不说"种新"，也不说"嫩种"。某块翡翠的种嫩，种太嫩，就是说它的晶粒粗且结合疏，即种粗，种质粗，亦即质地差，质地很差。

（3）新老种：介乎于老种与新种之间的种质，行话就叫新老种。这一说法在毛料中应用多，在成品中应用少。

3. 种的类别

由于种的粗细与疏密导致翡翠的质地及其外观上千差万别，这些差别难以用准确的词汇来描述和区别，行话就用日常生活中常见的物品来作比喻性的描述和分类。种的分类在传统中很有讲究，细数下来有几十种，但在实际应用中，掌握常用的有如下几种就够了：

（1）玻璃种（图7-1-1A）

看上去像块玻璃的那类种质，叫玻璃种。玻璃种几乎全透明，十分洁净，种老，为隐晶质，结构非常致密。玻璃种中最好的，看上去让人感觉非常舒服的，没有任何瑕疵的，被称为"老坑玻璃种"。

老种就是好种，种老就是种好。

新种就是差的种，种嫩就是种差。

请注意：老种是成矿时间较晚的，新种是成矿时间较早的，原因如"翡翠的产地与产出"部分所述。很多人受"新、老"通常概念的影响，把这个问题搞颠倒了。

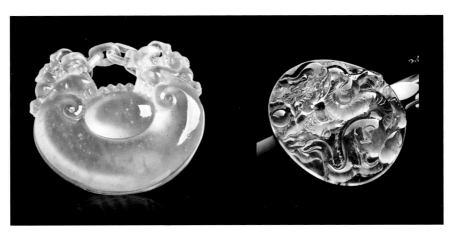

图7-1-1A　玻璃种挂件

玻璃种中有一类在光照下会泛出朦胧的、似有薄雾笼罩的微光，这种微光呈边界模糊的团状或条状，随光源的移动或成品的晃动而移动。这种现象被称为"玻璃种起荧"，移动的微光被称为"荧光"或"宝光"（图7-1-1B、图7-1-1C）。这样的玻璃种被称为"龙种"、"神种"或"帝王种"。

宝光究其原因，应该是隐晶质接近微晶的晶粒、等粒且定向有序排列的种质，方可产生。它不完全透明，由于等粒并定向有序排列，内部晶粒对入射光产生均匀的内反射，这种均匀的内反射与表面的漫反射叠加，便形成奇特的"起荧"现象。出现这种结构与构造的概率非常小，而且成品的表面还需成一定弧度的曲面，两者结合才可起荧，概率更小。所以，龙种极为稀有故十分昂贵，是所有种质中最顶级的种。

（2）冰种（图7-1-2A）

看上去像块冰的那类种质叫冰种。冰种在透明到半透明范围内。冰种可细分为三类：高冰种、普通冰种和糯冰种。比较像玻璃（靠近玻璃种）但又有絮状物像"冰渣"的，被称为高冰种，是冰种中偏上的、较好的。透明度不如高冰且冰渣更多的，就是普通冰

图7-1-1B 玻璃种起荧戒指

图7-1-1C 玻璃种起荧蛋面

图7-1-2A 冰种手镯

图7-1-2B　糯冰种雕花方条镯

种。既然有高冰是否有"低冰"之说呢？没有。这是因为业内很多可能把货品贬低的说法，都被忌讳，这种现象是一个规律，我们将在很多地方碰到。所以，透明度比普通冰种稍差，但有较为明显的絮状和团状的棉，像未搅开的蛋清，又叫"蛋清种"（图7-1-2C）。透明度比蛋清种更差，隐约可感到晶粒存在且较均匀的，另有其名，叫糯冰种（图7-1-2B），糯冰种介于冰种和糯种之间。

　　冰种是微晶质。高冰应在微晶与隐晶的过渡区内，而糯冰则应在微晶与显晶的过渡区内。冰种中也有老种，即结构十分紧密者。

　　（3）糯种（图7-1-3B）

　　看上去像煮得很久、熬得很化的糯米粥的那类种质，叫糯种。糯种又像果冻、肉汤冻。糯种主要在微透明范围，属微晶质，其晶粒细腻且大小均匀（等晶）。与晶粒较粗较明显的种质相比，业内常把这些晶粒隐约可见、细且均匀的糯种表述为"已经糯化了"，有褒扬

图7-1-2C　蛋清种挂件

之意。

糯种中最好的，结构较致密的，像微透明玛瑙似的，叫玛瑙种（图7-1-3A）。糯种中较好的，像烫熟了的藕粉似的，又叫藕种。藕种的晶粒在糯种中较细，藕种和糯种如果带上红紫色，则被称"芙蓉种"（图7-1-3C）。

糯种在外观上最大的特点，就是使人有"润"的感觉。前述玉德论中四位哲人两千多年前早就感受到"温润以泽"，若用国人传统成语"珠圆玉润"之"润"，来描述糯种所体现出的综合光学效应，是再贴切不过的了。

图7-1-3A　玛瑙种巧雕挂件

图7-1-3B　糯种手镯

图7-1-3C　芙蓉种挂件

很少数豆种成品的豆绿色数年后会变淡，行内便称其种嫩。

图7-1-4A　豆种手镯

图7-1-4B　豆种项链

例如八二种和八三种，分别是1982年和1983年发现的，十多年挖完了，做成成品上市也结束了，淡出市场变成了历史，我们不再逐一介绍。

（4）豆种（图7-1-4A）

看上去隐约或明显可见有如绿豆或豌豆般颗粒感觉的那类种质，叫豆种。豆种是显晶质，但微透明。豆种可细分为两类：颗粒较大的，叫粗豆种；颗粒较小的，叫细豆种。

翡翠有个一般规律：种粗则无水。但豆种例外：种粗有水，只是水多少而已；细豆种一般都有水，水头较好。豆种的另一特点是，都有淡淡的豆绿色，绿色较正且满色（图7-1-4B）。

豆种的价值不在种，而在色和水。水短色差，例如有灰暗脏色而又无水的，价值很低；但水好色好的，价值会很高，例如，水好满绿的豆种手镯，价值数十万上百万。而台北故宫博物院珍藏的慈禧的翡翠白菜，粗豆种，一般水头，绿菜叶，另有紫、白二色，工艺精湛，历史身份特殊，价值过亿。

（5）其他种质

还有一些种质，如马牙种、跳青种、卡达种、兹曲种、八二种、八三种等等，是业内对不同特征种质的更详细的划分。但正是由于太细，不容易辨认，所以业内使用的人很少，更不用说业外的消费者了。

（6）无　种

当组成翡翠块体的晶粒较大，晶型混杂，结合疏松，排列散乱无序，晶隙中充满了不透明的外来物，这样的翡翠不透明并给人有"石"的感觉，业内就说这类翡翠种太嫩、太差、或者干脆就说"没得种"——无种，即这类质地没有"种"的名分。但此时若用另一个概念"底"来描述，却是恰当的，详见后文"底"的概念。

看上去较好一些，有较纯的白色，像瓷一样的，叫瓷底；差一些，像石灰的，叫石灰底；最差的，有灰褐色脏斑的，叫狗屎底（图7-1-5）。当然，也有人以"种"类推，把它们叫瓷种、石灰种、狗屎种，也未尝不可，只是业内较少有人使用。

4. 种的概念的外延——品种

种的概念的内涵，已由其定义界定，指的是翡翠的质地。然而事实上，在对质地进行描述的同时，已经在给翡翠进行分类了，即分成了不同的品种。只是这种分类与其他矿物或者动植物的种属分类有很大的不同，那些分类只看物质组成或者形态特征，不计优劣，而翡翠的种的分类，却同时分出了优劣。

既然进行了分类，则必然具有了"品种"概念的属性，这便是"种"的概念的外延。它与其他事物种属分类的外延是重合的，故又具有普遍的品种的意义。

从最好到最差的种或品种的梯度顺序是：龙种→玻璃种（老坑玻璃种）→普通玻璃种→冰种（高冰种→普通冰种→蛋清种→糯冰种）→糯种（玛瑙种→藕种→普通糯种）→豆种（细豆种→粗豆种）→瓷底→石灰底→狗屎底。

石灰底和狗屎底等无种的料几乎是废料，或者拿去做B+C货。

图7-1-5　狗屎底与石灰底

"品种"是更广泛也是更容易被人们接受的概念，它是人们认识事物，使复杂事物条理化、简单化的媒介和手段。因此，在将翡翠分类时，把翡翠的"种"通过其外延也看成是翡翠的品种，是可行的。它对更多的消费者认识翡翠有极大的帮助。

二 水

1. 水的定义

定义：水是指翡翠特有的透明感觉；它是一种综合的光学效应，而不仅仅是单纯的透明度。

水又叫水头。透明感觉好的，行话用水头好，水好，水头足，水足，水头长，水长等来描述；透明感觉差的，就用水差、水短、水干、水木等来表述；没有透明感觉的，就说"没得水"，无水。对水的赞誉之词，常用的是水灵灵、水汪汪、一汪水等。

2. 水的形成

固体透明度的概念，在光学中是用光线穿过透明物体所损失的能量大小的百分率，来定量描述的；在宝石学中，则用全透明、透明、半透明、微透明、不透明等五种程度，来定性描述。但它们都远远不能表达人们在观察翡翠时那种微妙的感觉。倘若我们仅仅用透明度来定义"水"，那么，那些透明度很好的玻璃、塑料等，为何无人言其有"水"？再看那些透明度很好的钻石、水晶石、祖母绿诸宝石，我们言其美，是说它的有灿烂之美，亦无感觉它们有"水灵"之美。

同是透明物体却产生不同的视觉感受，原因何在？

我们知道，光线从一种透明物体（介质）进入到另一种透明物体（介质）时，会产生折射。由于玻璃、塑料等是非晶体，钻石、水晶等是单晶体，这些介质的共同点都是均一的，即它们内部的每个任意小的部分都是相同的，光线从空气射入时，只需经过两次折射就可透射而出，如图7-1-6所示。

透明度最好的无色玻璃种翡翠，亦无水的感觉，人们称赞它很"透"，却嫌它太"白"，常把它雕成圆弧状，如戒面、豆荚、佛的大肚等，让它"起荧光"而另现美感。

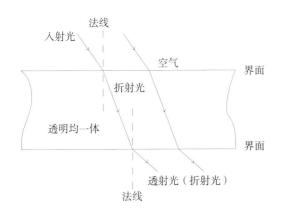

图7-1-6 光线射入均一体两次折射后穿出

但是，翡翠是多晶集合体，它的内部由无数小晶体组成，每个小部分都可能是不均一的，并且，晶粒之间还存在着晶隙或可能存在裂隙，光线要经过无数次折射才能穿过，如图7-1-7所示。

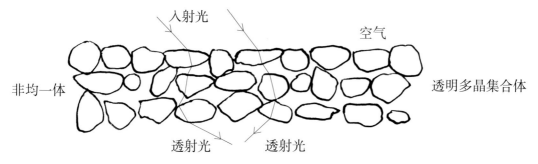

图7-1-7　光线在翡翠内部无数次折射后穿出

更重要的是，还有一部分光线在内部传播的过程中，发生了反射和全内反射，又被折射回入射面去，如图7-1-8所示。

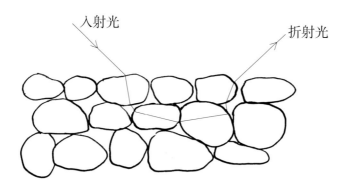

图7-1-8　光线在翡翠内部无数次折射后返回

同时，翡翠成品的表面虽然经过抛光，但毕竟是多晶体组成，在光波波长的纳米（nm）级之间，各晶粒仍不可能完全平整，故将有部分分散的漫反射发生，如图7-1-9所示。

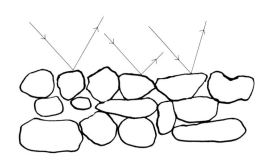

图7-1-9　翡翠表面的漫反射

　　由此可见，我们观察翡翠透明度的感觉，是外部透射光，内部折射光、内反射光、全内反射光，以及表面漫反射光叠加的综合的光学效应，它与单纯的透射光效应，有着本质上的区别。

　　随着光源或翡翠的移动，或者观察者不同角度的移动，这种综合效应还会恍惚晃动，这种朦胧而又恍惚的变幻毫不生硬，让人感觉无层无界，柔和自然，它与大自然的水，形虽异但却神相似，于是人们有了水的感觉，这就是翡翠的"水"。

　　水使翡翠温婉灵动，似乎可以与人的性情相通而具有灵气。数百年来，无数爱翠人神秘相传、苦苦寻觅的翠之灵韵，便出于此。无怪乎曹雪芹将其称为"通灵宝玉"。

3. 影响水的因素

　　我们懂得了水形成的过程，那么影响水的因素就不难理解了。

　　（1）种：翡翠的种不同，其内部晶粒的大小、形状、疏密都不同，因而它们对入射光的上述综合光学效应就不同，所以，不同种的翡翠，其水的感觉是不同的。

　　（2）透明度：如果翡翠不透明，则只剩表面的漫反射光，就不会有水了。所以，必须有从微透明到透明的一系列透明度，才可能有水。

从直观上说，透明度是水产生的先决条件。

　　（3）抛光：翡翠半成品毛货粗糙的多晶体表面有无数的凸凹面，会产生严重的漫反射而极大地干扰光线进入晶体内部，抛光可以使无数晶粒的上表面趋同，极大地改善上表面整体的平整度和光滑度，有效地减少漫反射，从而增加进光量和透明度，让我们看到水。

所以业内把抛光叫做"出水"。

（4）颜色：颜色太深太浓会掩盖内部光和透射光，故深色翡翠给人"水"的感觉大为减弱。但太浅太淡的颜色尤其是绿色，虽然显水，却又会使翡翠掉价。

所以深浅恰到好处的颜色尤其是绿色，极为难得。

（5）杂质：不透明杂质的存在会干扰光的传播，太多不透明杂质将破坏水形成的基本条件，甚至使水不复存在。

（6）厚薄：介质的厚薄直接影响透明度，故在"翡翠的自然属性"内容中，透明度的光学计算公式中已规定了单位厚度为1cm。所以，在相同光线下，翡翠成品较厚，透明度减弱，较薄，透明度增加，水便跟随着发生变化。

4. 调　水

在上述影响水的六个因素中，一块选定的翡翠毛料的种是不能改变的；不透明杂质在图案的设计中该挖的已经挖去，调整的余地极小；抛光是出水的先决条件，已经作为加工的最后一道工序必然进行。所以，有效的是，我们还可以通过加工雕刻时控制厚薄，在有限的范围内，改善透明度和色的浓淡，从而在一定程度上改善水头，这种方法业内叫"调水"。

有趣的是，成品的水头在一定限度内可以调整。怎么调呢？

严格讲来，控制厚薄在设计阶段就应该统筹考虑。高明的玉雕师在审料时，凭其丰富的经验，可以判断这块料的种质在某个厚度时水头最好，应该选择何种形象可适合这个厚度；更进一步精细化的是，如果某块料的

正面　　　　背面

图7-1-10　右图站佛背面的两个凹坑是为调水之用

我们可以在一些大师级的精美作品中，发现这些独具匠心的绝妙之处，然而殚精倾注，非数十年之功而不可及。

种质不均，方寸之内变种，那么形象需要突出水的部位，就将其设计在种较好的地方，或者，设计在可以雕薄的地方。

市场上常出现一些挂件，例如弥勒佛，正面看有水，背面看，只见佛头和大肚部位被挖出两个凹坑（图7-1-10），原来是调水之用。佛的头、肚出现凹陷，让人很不舒服，但为调水，两相比较，择其优而情属无奈。

5. 水的度量

由于水不是单纯的透明度，所以用光学公式来度量水是无意义的，即便是借助透明度间接度量，市场上也不会有任何人套公式算个结果后再来讨价还价。

也有用一块小铁片放在毛料切面上遮光，形成相邻的明、暗域来观察水头的，如今早已过时不用了。

其实业内早已用"分"来度量水。90年代之前，业内所说的"1分水"，是指在40W普通的白炽灯灯罩明暗域分界处，明域一方光线可射入3~5毫米左右的深度。但那是用于估计毛料的水头，毛料块体大，常说有几分水，方便买卖。然而近十多年来，各种功率的强聚光电筒大量上市，对同一块毛料，强光不同，可射入的深度便不同，何以能有统一的标准？只有傻瓜才会跟着卖家的强光去看水头，精明的买卖双方已不再谈几分水了，因而这一传统正在淡化。强光电筒往往用于察看裂绺和瑕疵，虽然也看水头，但只说长、短，只讲干、木，关键还在买家的眼力，心中的盘算。

对于成品来说，除摆件外，本身就不厚，用"分"来度量用处不大。更重要的是，成品已经出水，直接观察水好不好，足不足，干不干便可；很多人对水理解不深和感觉不细腻，在观察时其实是间接借用透明度，也未尝不可。总之，成品的水头靠的是买卖双方认可的感觉，感觉是"测不准"而不可量化的。事实上，任何事物的度量都有精度，从科学到生活，无一例外，精度按需要确定，超过需要的精度看似精确，实为更不准确，精而不准是徒劳的。

6. 种、透明度、水三者的关系

种是翡翠的物质基础，透明度和水是翡翠的光学现象。因此，种是透明度和水的决定性因素。透明度是种衍生出的中间结果，而水是透明度与其他光学效应综合的最后结果；种与透明度和水之间都是因果关系；透明度是水的重要先决条件，二者正相关而密不可分。

在从毛料到成品的使用过程中，很多情况下为表述为便，透明度可以被借用代替水，但在最终的成品品质的评价和买卖中，水是独立的概念而不能混淆。

绝大多数情况下，都是种越好，水也越好；种越差，水也越差，若无种，便无水。

所以，行话常将种与水连说：种水好，种水差。——我们千万不可以听见这两字连说，就认为种是水，水是种。

色

翡翠的致色离子和主要色系在"翡翠的自然属性"中已经介绍，当翡翠被制成成品后，这些色彩就带上了浓厚的商品气息。

1. 主要色系的市场应用

（1）绿色系列

翡翠的绿色系列又叫翠色。古时人们只认可带绿的是翡翠，称为翠玉、碧玉。

如果翡翠的绿不偏色，是较纯的绿色，就称为正翠，又被称为"祖母绿"。祖母绿并无中文字面上的意义，原是一种通体呈艳绿色的透明单晶体宝石的名称，是世界七大名贵宝石之一。祖母绿的英文"emerald"，译自古波斯语"zumurud"，中文沿古波斯语音译即为祖母绿，若意译是"漂亮的绿色"。然而"祖母"在中文中却有沧桑、敬重和慈爱的感觉。所以，把正翠称为祖母绿，不仅原意正确，字意还能引起神秘又古老的遐想，实是一

图7-1-11A　正翠色（祖母绿）戒面

种巧妙的借喻，被业内广泛使用（图7-1-11A）。

一件成品上的正翠色要达到最顶级，必须满足四个字：正、阳、浓、满（图7-1-11B）。正：不偏色，正翠；阳：正翠的色感还必须明亮、鲜艳，不能有"阴"的感觉，此为"阳"；浓：正翠不能浅淡，必须浓厚；满：整件成品都被正翠布满，无空漏，即绿色不能是色根引起的。拥有顶级绿色的成品十分罕见，若是一只手镯，其价格动辄也在数千万元以上。

很多情况是，绿不满，但正阳浓，鲜亮夺目，十分艳丽，使人感受到强烈的美的刺激，夸张地比喻如吃了辣椒般刺激，行话就说"色辣"，"色老辣"。

翡翠的绿色有三个偏向。一是偏黄，即绿色中带有黄色的味道，黄味可以从很轻到很重，形成一系列黄绿色。它们的价值依次是：翠绿、黄秧绿、苹果绿、豆绿等（图7-1-12）。二是偏蓝，即绿色中带有蓝色的味道，蓝味可以从很轻到很重，

图7-1-11B　正阳浓满平安扣

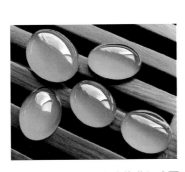

图7-1-12A　带黄味的满绿戒面

图7-1-12B　带黄味的满绿挂件

图7-1-13　瓜皮绿的绿花手镯

图7-1-14A　韭菜绿的绿花手镯

图7-1-14B　菠菜绿的绿花镯

形成一系列绿蓝色，价值依次为瓜皮绿（图7-1-13）、韭菜绿、菠菜绿等（图7-1-14）。同类同款的成品，带黄味的绿色价值高于带蓝味的绿色，这是因为偏黄比偏蓝更显"阳"一些。三是偏黑，即绿色中带有黑色的味道，形成墨绿色系列，当黑色的铬铁矿释放出绿色的铬离子时，在黑、绿两色的过渡带上，就会形成这种情况。

　　翡翠的绿色无论正色还是偏色，都十分美丽又非常稀少，所以特别珍贵，故业内有四句赞誉的行话："翡翠翡翠，以翠为贵""点翠值千金""一分色（绿），十分价""价在绿色"。

图7-1-15　光谱图

（2）黄—红色系列

翡翠的黄—红色系列又叫翡色。从光谱上看，红、橙、黄、绿、青、蓝、紫。红、橙、黄三色是连续的（图7-1-15），在翡翠中，纯正的橙色极少也极难界定，常见的有两个偏向：偏红和偏黄。偏红一直到很红的，叫红翡（图7-1-16）；偏黄的近橙色，一直到很黄的，叫黄翡（图7-1-17）。红翡较少，黄翡很多，红翡比黄翡的价值高。

翡色多为次生色，常生成在皮壳下的雾层与裂隙之中，因致色离子位于主要矿物的晶格之外，故少有明快的色感。如果出现水头足而又明亮的翡色，则无论红翡黄翡，价都很高。

由于黄色是黄金的特征颜色，民间历来在各种活动中就把它作为财富的代表，所以，翡色在业内被称为"招财色"，也代表财富。

黄色在中国古代是帝王的专用色，但在翡翠中，帝王之位被绿色占据，所以较少引申为帝王色。

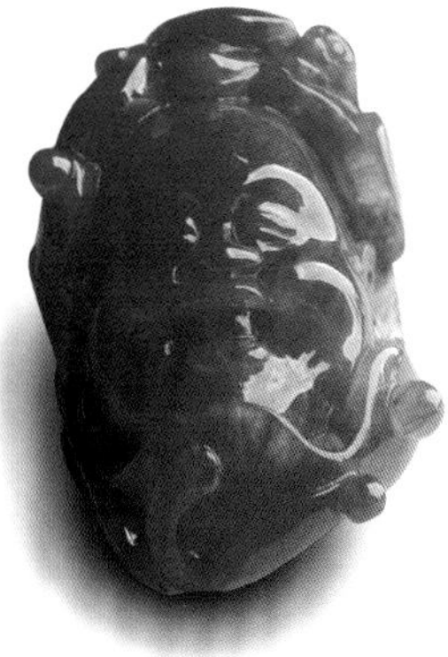

图7-1-16　红翡佛头挂件

图7-1-17A　黄翡珠链

图7-1-17B　黄翡手镯

（3）紫色系列

翡翠的紫色又叫椿色，也被美誉为一种紫色花的名字，叫紫罗兰。较纯的紫色叫茄子紫，又叫紫椿（图7-1-18），但较少见。常见的紫色也有两个偏向：偏红和偏蓝。偏红的叫红椿（图7-1-19），偏蓝的叫蓝椿（图7-1-20）。

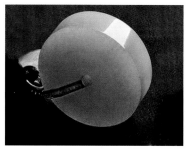
图7-1-18A 紫椿平安扣

图7-1-19A 红椿珠链

图7-1-20A 蓝椿福禄寿挂件

图7-1-18B 紫椿弥勒佛

业内使用"椿"字，是因为翡翠的紫色很像矿区常见的一种椿树木质的颜色，这种树春天发出的嫩叶可食用，很香，云南人就叫"香椿"。

图7-1-19B 红椿手镯

图7-1-20B 蓝椿弥勒佛

红椿随红味的增加，可呈现鲜明的色感，蓝椿随蓝味的增加，会变得阴暗。故红椿比蓝椿的价高。椿色的翡翠大多水短，行话说"十椿九木"。但如果椿色水头足，将十分艳丽，无论红椿蓝椿，价值会很高。

中国有"紫气东来"的成语，前已述及，成语出自老子出关的典故，老子自古都被尊为大贵人，故此成语意为"紫色升腾贵人来"，紫色是贵人贵事即将降临的征兆，所以，业内把紫色引申为"富贵色"，代表富贵、高贵。

（4）蓝色系列

因为中国古时把绿色和蓝色都称为翠色，所以翡翠的蓝色被称为"蓝花翠"。蓝花翠也有两个偏向：偏绿和偏黑。如果偏绿，随着绿色调的增加，色渐明艳，价值增加；如果偏黑，色渐转暗，价会降低（图7-1-21A）。

常见蓝花翠成絮状"飘"于冰种之中，行话说"冰种飘蓝花"。如果此时蓝花偏绿，而冰种水头好，恰似碧波之中水草荡漾，被称为"水草花"（图7-1-21B），十分美丽，价值高昂。

有的蓝色会很均匀地分布在种水很好的成品上，成品整体呈现水汪汪的淡蓝色，行话叫"蓝水"或"蓝晴"，价值很高。而如果蓝色带黑味，也是布满整件成品，又叫"油青"。

图7-1-21A　偏黑的蓝花手镯

图7-1-21B　水草花手镯

（5）白色系列

翡翠的白色从灰白到纯白，其中灰白的较多，常出现在不透明的种质上，成为其他颜色的衬底色。如果白色很纯净，组成不透明或微透明且十分紧密的种质，就叫瓷底或瓷种。其上若有斑状的绿色，则可单独分列为一个种类，叫白底青，见后述。白色如果呈絮状出现在玻璃种到糯种之中时，被视为缺点，称为棉。

（6）黑色系列

翡翠的黑色按其多少分为片斑状和全黑两类。片斑状的黑色在成品上影响美观，被视为缺点，见后述。全黑的又分为两类，都可以独立成种，一类叫墨玉，又叫乌鸡种，另一类叫墨翠，亦见下述。

图7-1-22A 墨翠挂件

图7-1-22B 墨翠戒面

2. 以色命种

在市场运作中，翡翠的品种并不是完全统一地从结构上分类，为使用的方便，还可以从颜色的角度进行分类，分类后也直称为"种"，但此处的"种"其内涵是颜色而绝不是结构，正所谓"此种非彼种"，是两个不同的概念，我们不可相混。只是两者都有为翡翠品种分类的功能，这倒是相同的。以色分类常见的有如下8个品种：

图7-1-23A　金丝种福瓜挂件

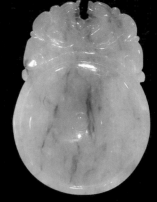

图7-1-23B　金丝种时来运转

（1）金丝种

成品上有丝线状绿色的，叫金丝种。绿丝何以称"金丝"？行话美誉"点翠值千金"，何况此种情况点已成线，故名"金丝"。绿丝可粗可细，可直可曲，可一条也可几条，常贯穿整件成品（图7-1-23）。

金丝种很美，却很少见，因而种水一般的便可以有好价，种水好的价值更高。

（2）花青种

如果成品上的绿色不是丝线状而是饰满了斑块状，那又叫花青种（图7-1-23）。质地为冰种和糯种的，都可能生成花青种。

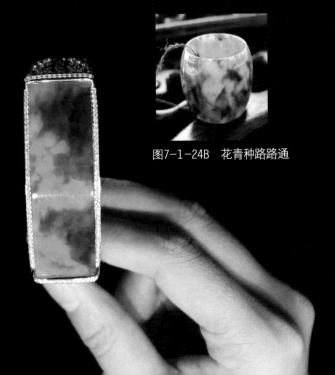

图7-1-24A　花青种手环片

图7-1-24B　花青种路路通

（3）白底青种

整件成品都是明快的纯净的白色，上面有一些斑状、片状的鲜绿色，就叫白底青种，简称白底青（图7-1-25）。白底青的绿色常为正翠，或偶有偏黄，搭配在洁白的底上，十分艳丽，很受人们喜爱，374年前徐霞客在腾冲喜欢上的，正是如今的白底青。白底青一般无水，即便如此，只要有翠，便有相当价值，而稍有水头翠色也多的白底青，价值很高。

图7-1-25A　白底青貔貅

图7-1-25C　白底青手镯

图7-1-25B　白底青平安扣

图7-1-26A　蓝水豆荚挂件

（4）蓝水种

有的成品整件都呈淡蓝色的，叫蓝水种（图7-1-26）。蓝水种必须有水，其质地必须是冰种，故为数很少，价较高。较常见的是灰蓝色不透明的底，是低档货。

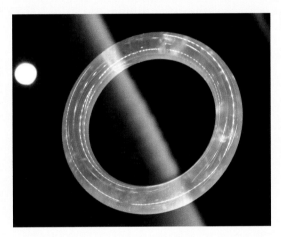

图7-1-26B　蓝水手镯

如前述，蓝水又叫蓝晴。因为较纯的冰种上布满较匀的淡淡的蓝色，整个感觉其蓝说有似无，说无似有，恰如万里晴空幽蓝高远，深遂令人遐想无限，所以做翡翠的先辈们取一个"晴"字，称蓝晴，贴切绝妙，令人惊叹。

图7-1-27B　冰油时来运转挂件

（5）油青种

有些蓝色会带有黑味，这样的蓝就变暗而转为暗青色，由于翡翠光泽的原因，这种暗青色会有一种油腻的感觉，故叫油青种，简称油青（图7-1-27A）。油青种如果种粗水干，则色肯定不佳，价值很低。但如果种好水好，此时青色转亮，呈现出另一种"冰青"的美感，被称为"冰油"，价又上扬（图7-1-27B）。

图7-1-27A　油青挂件

（6）墨　翠

墨翠的矿物成分是较纯的绿辉石。墨翠在所有宝玉石中独一无二的特征是，其成品顺光（反射光）看不透明，是纯黑色；但对光（透射光）看，厚度小于约2mm的部分呈半透明，显现出很特别的墨绿色。这种墨绿很特别的原因是还带有蓝色的味道，非常美丽，十分耐看，这是翡翠中一种特别的品种，名为墨翠（图7-1-28）。

墨翠中如果混有其他矿物杂质，黑色就会变浅，且显出灰绿色，透光看时的墨绿色也会变淡，品质降低。故越纯的墨翠越黑，越黑价越高。

图7-1-28　墨翠观音挂件

墨翠主要用于做挂件。因其是极细腻的隐晶质，用它雕治的形象，阳刻线条可细到约0.1mm，晶粒也不会崩落，如人物的发髻、飞鸟的羽翅，走兽的绒毛等，可以表现得极为精细，几近微雕，栩栩如生。

墨翠与墨玉在名称上只有一字之差，但却是两个完全不同的品种，墨翠以其精湛的雕工和奇特的变彩而有较高的价值。为保持其高贵的身份，切不可将它与墨玉混称混讲混用。

墨翠并不是墨玉，墨翠顺光看是黑色的，对光看是绿色的，是一种高档翡翠，而墨玉，价格一般，甚至很低。

（7）墨玉（乌鸡种）

当翡翠的晶隙和裂隙中含有大量的灰黑色杂质时，就生成了不透明的黑色翡翠，叫墨玉，也有人叫它乌鸡种（图7-1-29）。其黑色可以从墨黑到灰黑。墨玉与墨翠很好区别，对光看，再薄的墨玉也不会呈现美丽的墨绿色。在民间，墨玉这一名词还有另一个广义概念，泛指所有玉石中黑色的玉，一般价值都比较低廉。

图7-1-29　墨玉乌鸡种手镯

翡翠的墨玉或乌鸡种价值远不能与墨翠相比。

图7-1-30　墨玉巧雕摆件生生不息

不过，在毛料上，墨玉部分往往与白色或其他色的部分相连为一体，不少作品将它们巧用巧雕，在形象上表现出恰到好处的美，价值又大幅提升（图7-1-30）。

（8）干青种（铁龙生）

较纯的钠铬辉石业内叫铁龙生，又叫天龙生。铁龙生是缅语的音译，其意译为"满绿"。这是1998年玉石矿区挖出的一个新品种，其特点就是满绿，但其结构较为疏松，绝大部分干、木而无水头，故又被称为干青种，简称干青（图7-1-31）。

铁龙生的绿偏黄，较鲜，由于干木，鲜而不活，成品价低，近些年来市场少见。铁龙生因满绿无水种粗，常用去做B货。有少部分的铁龙生种细，做成较薄形状时略显水头，所以常做成平安扣、马鞍片、蝴蝶翅、树叶等，显出另样的美，价值提升，业内叫"广片"。

图7-1-31　干青种（铁龙生）手镯

3. 翡翠的品种

自翡翠形成行业的数百年来，人们从质地的角度对其区分并赋以其称谓，同时又从部分特征颜色的角度对其区分并赋以其称谓，逐渐地形成行规，成为传统。这是一个从个别到全体，从零散到集中的历史过程，在这个过程，事实上已经有意无意地从"种"和"色"两个角度对翡翠进行了分类，只是没有明确地给予"品种"这个名分而已。然而任何人想要改变这两个历史的沿袭，都肯定是不可能的。

如今进入民玉时代，翡翠一跃而成众星捧月之势，更多国人都想拥有这种美玉，为了让人们进一步了解翡翠，我们已经在"种"和"色"的传统概念中，剥离出"品种"的概念，综合起来，可得到翡翠的主要品种如下表：

翡翠主要品种一览表

分类角度	品种名称	晶粒大小	主要颜色	细分品种与水头	透明度与特征
结构（质地）	龙种	隐晶，定向排列	无色	水头最好	不完全透明，有荧光
	玻璃种	隐晶	无色或绿色	老坑玻璃种，水很好	接近全透明，无瑕
			无色或绿色	普通玻璃种，水很好	接近全透明，微瑕
	冰种	隐晶至微晶	无色或各色系	高冰种，水较好	较透明，冰渣即棉少
			无色或各色系	普通冰种，水较好	较透明，冰渣即棉多
			无色或各色系	糯冰种，水好	半透明，有棉
			无色	蛋清种，水好	半透明，无棉
	糯种	微晶	各色系	玛瑙种，水一般	微透明，各色系
			红椿色	芙蓉种，水一般	微透明，全红椿
			淡椿色	藕种，水一般	微透明，全淡椿
			无色或各色系	普通糯种，水一般	微透明，润，有微粒感
	豆种	显晶	全豆绿	细豆种，水好或一般	透明至半透明，见细晶粒
			全豆绿	粗豆种，水短或一般	微透至半透明，见粗晶粒
	瓷底	显晶	全白色	瓷底，无水	不透明，隐约见粗晶
	石灰底	显晶	全灰白色	石灰底，干、木	不透明，明显见粗晶
	狗屎底	显晶	脏杂褐、黑色	狗屎底，干、木	不透明，明显见粗晶粒
颜色	花青种	隐晶至微晶	团状绿	水好至水一般	微透明至半透明
	蓝水种	隐晶	全蓝色	又叫蓝晴，水好	半透明至透明
	金丝种	隐晶至微晶	丝状绿	水好至水一般	微透明至半透明，细腻
	油青种	隐晶至微晶	青色	冰油种，水好	半透明，细腻
			青色	普通油青种，水一般至无水	微透明至不透明，见粗晶
	白底青种	显晶	斑状绿	水短或无水	微透明至不透明，见粗晶
	墨翠	隐晶	全墨黑色	顺光无水，透光有水	透光显墨绿色，极细腻
	墨玉	显晶	全黑到灰黑	又叫乌鸡种，无水头	不透明，见粗晶
	干青种	显晶	全绿色	又叫铁龙生、天龙生，无水至微有水	不透明至微透明，见粗晶

4. 一件多色

一件翡翠成品上，可能一有种颜色，也可能有两种以上的颜色，业内有专门的行话描述。

（1）黄夹绿与椿带彩

一件成品，如果出现黄、绿两色，正是典型的翡和翠，但业内为了将其与整体名称区分，专门给了它一个称谓，叫"黄夹绿"（图7-1-32），黄夹绿如果种水好，价较高。

一件成品上，如果出现紫、绿两色，叫"椿带彩"（图7-1-33）。紫为椿、绿为翠，此处为何把绿叫"彩"不叫"翠"呢？因为绿色是翡翠诸色中最漂亮、最稀少、最昂贵的颜色，业内便借用民俗中最佳带财者为"彩"的褒意，如彩票、彩头、出彩、博彩等，把绿称为"彩"了。椿带彩往往出现在糯种上，且两色常交融映衬，色水润和，十分美丽，价很高。

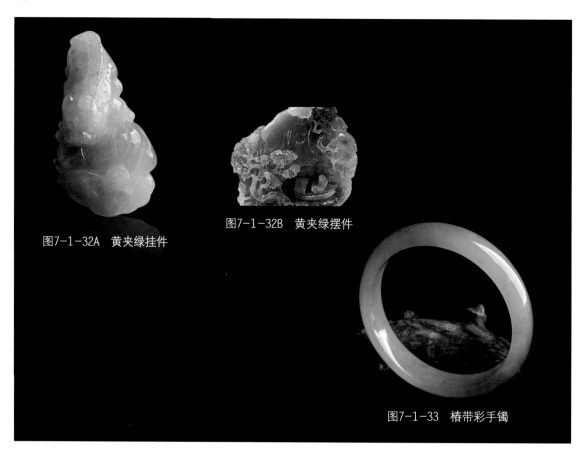

图7-1-32A　黄夹绿挂件

图7-1-32B　黄夹绿摆件

图7-1-33　椿带彩手镯

（2）多彩玉的吉祥含义

市场上，两种以上色彩的翡翠另有吉祥含义。双彩玉叫福寿双全，三彩玉叫福禄寿，它们可能同时出现在挂件上。四彩玉叫福禄寿喜，手玩件的体量才可能出现。摆件的体量大，五彩可见，六彩少见，最多可有七彩，但很少见；故五彩、六彩、七彩都可以称为"满堂彩"（图7-1-34）。

图7-1-34 满堂彩龙凤呈祥弥勒佛

5. 种水对色的影响

翡翠的种水对颜色有着非常重要的影响。各类色系的无论何种颜色，在色调和色饱和度相同的情况下，如果配在不同的种头水头上，将会呈现出完全不同的效果。

如果配在无种无水、干木的底子上，颜色将是平面而呆滞的，平凡无奇。

但如果是配在种水好的底子上，无论是翠、翡、椿、蓝何种色，将会变得立体而鲜活，色随水走，形若流溪（图7-1-35），浓淡相宜，舒卷任意（图7-1-36）。这种水色交融的韵味，独立于其他任何物体上的色彩，其美难以言状，却能意会，让人百品不厌。它是翡翠材质美的核心之一，是翡翠美学体系中的重要组成部分。

图7-1-35　色随水走，形若流溪

还有一种特别的现象是，一些玻璃种和高冰种的成品，例如整粒戒面，整块挂件，一段手镯，乍看上去是满绿的，但若仔细观察，却发现其中只有一点、一团或一丝是绿的。也就是说，这些很小的绿，可以映照而使整件成品都变绿。这一点、一团、一丝的绿，行话就叫"色根"。

图7-1-36　浓淡相宜
舒卷任意

民间盛传，把一颗满绿的戒面放入一碗清水中，如果整碗清水都变绿，那么，这粒戒面就是最好的戒面。其实，这也是一种"色根现象"，这粒戒面就是色根。

种水使翡翠的色彩有别于其他任何材质上的颜色，她是翡翠美的灵魂，山水的精酿，天地的杰作。

其实，这是翡翠和水这两种透明介质中共同的光学现象，人们相传"色根"，则更加形象而有情趣。所以，翡翠的种决定着水，水使色鲜活，赋以色生命；翡翠中方寸之地的水色相融，洽似广阔天地的山水相依，能怡情，可陶醉。

四 底

1. 底的定义

底是指一件翡翠成品除了绿色或者其他主色调之外的其余部分的总和。

底不是种，种也不是底，但底包含种，是另一个比种更宽泛的概念。如前所述，当种很差的时候，为避讳可以说无种，但底却是存在的，避不开，不可以说"无底"，底之不存，色之焉附？因此无种时用底来替代，是恰如其分的。

绿色，在翡翠的诸多色系中居主要地位，所以在建立底的概念时，把它独立出来，把它看作是绘于翡翠这种材质上的主要颜色而另行评价。

其他主要色调，是指当一件成品不带绿色时，其他色系的颜色如果分布较多，也可以居于主色地位，不列入底的范畴。

其余部分，是指种、种的变化、水头、各类次要的颜色、各类瑕疵缺陷等，这些所有因素的综合情况。其中，种的变化是指在同一件成品上，无论挂件或手镯，都可能出现某部分种好，而另一部分种会变差的现象，当然，水也会跟随变化。

2. 底的应用

底这一概念被广泛应用。在买卖或业内的交流中，当人们对一件成品的绿色或其他主色评价完后，常对其他因素进行综合观察，给出一个总的评价，用以估计其品质、档次及价位。评价的档次分三个等第：好、一般、差。对应的描述语是：好，一般，差；干净，脏（不干净）；清爽，一般，灰、发灰（不清爽）等。

例如，如果种好水好，种水不变差，无瑕疵无脏杂，就说底好、底干净、底清爽；如果种水一般，有少量瑕疵不影响美观，就说底一般；如果种水差，灰暗，有瑕疵脏杂，很影响美观，就说底差、底不干净、底不清爽、底脏、底灰、底发灰。

由于底包括种，若种水好，但其他不好，如有脏杂等，则底仍不好，即种水好底不一定好；反之，所有的条件好，底才会好，所以底好则种水必定好。因此，在某些情况下，底可以代替种来称呼，如：玻璃底、冰底、糯底、豆底等。但这其实是一种含混的称呼法，业内只有少数人在不甚明白地使用它。

3. 底的别称与由来

翡翠的底又叫底子、底张，也叫地、地张或地障。

其实，底或地这个概念，不唯翡翠独有，它在中国玉文化中早已存在，其他各种玉石，人们都要考虑其底子的干净程度。而在传统玉雕技术中，古人早就将阴刻凹纹和铲出大片低凹部分的工艺，叫做"剔地"。人们把玉雕的纹饰、图案和色彩剥离出来，看作是将其施治于某种衬底之上，尤如绘画的色彩，是涂布于何种纸张、画布、木片、墙壁、等等之上一样。这与翡翠的底的概念和所指一脉相承。

而且，底或地这个概念也不仅仅是玉器行业使用，其他艺术门类也在使用。例如瓷器，其上绘制的各式图案必须衬有底色，这些底色便被称为"地色"：白地、蓝地、红地、黄地，都是瓷器行业的行话。著名的青花瓷，便是青色绘于白地之上。

可见，艺术形象施治于各种"底地"之上，正像万物生长在大地之上，这是共性，也是"底地"概念形成的根源。

只不过翡翠的"底地"，有其自身的构成条件而已。翡翠之所以突出绿色，是因为绿色之于翡翠，犹如生命之于大地。

五 工

工即做工，做工的优劣，对成品的价值有着举足轻重的影响。从做工的角度看，可以把成品分为雕刻类与非雕刻类，现分述如下：

1. 雕刻类的做工

雕刻类指挂件、手玩件和摆件。玉雕的做工与钻石、红蓝宝石等刻面宝石的做工是性质完全不同的两个范畴。刻面宝石有标准的样式与尺寸，容易用一个标准去衡量，而玉雕则变化莫测，高档玉雕作品是艺术品，其境界永无止境，所以其优劣标准很难界定。

尽管如此，成品的优劣好坏是客观存在的，我们还是可以找到它们的若干共同点加以评价。这些共同点是：内涵的厚重性、形象的艺术性、工艺的精湛性、创作对玉质美挖掘的完美性。

据此，再结合市场上成品的实际情况，我们把翡翠玉雕类成品的做工从优到劣分为如下五个档次：

（1）做工高超。主要表现是形象虚实结合：构图于玉料之中，构思多巧妙之处，形有艺术夸张且可称绝；雕工精湛，料和形融为一体，抛光极好，更展现玉质美轮美奂；无论何种题材，主题含蓄深远耐人寻味，内涵丰富厚重；仅此一件，他人无法仿制。是完美的艺术精品。

（2）做工很好。主要表现是形象生动：所雕形象不仅逼真，而且灵动；线与面技法娴熟，光照明暗景深立体得当；俏色巧雕，翡翠的种水色与形象结合很好，可见若干匠心独到之处，抛光很好；主题明确，有创意，有相当的文化内涵。是品味浓郁的艺术品。

（3）做工好。主要表现是形象逼真：无论花草、鱼鸟、动物、人物都很逼真，给人有"太像了"的感觉，只有公众熟悉的人物如观音等的脸面尚有不足；总体线条流畅，面的层次与远近把控良好，技法熟练，抛光好；有巧妙组合的吉祥含义；但往往是照搬市场上好卖的某些成品，缺乏创意；介乎于艺术品与工艺品之间。

（4）做工一般。主要表现是形象生硬：花草类和鱼鸟类能够形似，动物类也可以形似但某些比例不当，人物类勉强可看；线面技法基本掌握，各构图元素布局基本得当；抛光一般；有简单直白的吉祥含义。是一般的工艺品。

（5）做工差。主要表现是形象不准：花草类尚可，鱼鸟类勉强，动物类难以辨认，人物类还无法涉足；立体雕刻的线面关系掌握不好；抛光差；只有简单的吉祥含义。

2. 非雕刻类的做工

非雕刻类包括手镯、戒面、胸坠、耳坠、珠链等。其做工的优劣主要由两方面决定：

（1）形状的规整性。除少量的随意形吊坠外，非雕刻类成品的外形必定是某种几何形状，因此，这些形状是否规整便是做工好坏的基本条件。例如，圆环状的手镯必须均匀，不可一段宽一段窄，一段厚一段薄；珠子必须是标准的圆球，不可呈扁歪的"橄榄球"，孔线必须沿直径穿过而不得歪斜；戒面坠子等的圆形、椭圆形、水滴形、方形、菱形、三角形必须对称，不可歪斜；曲面的线面过渡应该自然流畅，不能生硬突然；等等。

（2）抛光的好坏。非雕刻件全由大面组成，故抛光的好坏十分重要。种质越好抛光效果越好，但相同或相近的种质会有不同的抛光效果，这需要靠经常观察的经验来判断。

六 裂

民间常把裂和纹连称，叫裂纹。事实上，如"翡翠的自然属性"所述，裂和纹是有区别的，纹对翡翠成品的质量并无影响。但裂则不然，裂是影响成品质量的首要缺点，其原因有二：一是裂破坏了成品的整体性，降低了成品的强度，也降低了成品的美观性和持久性；二是消费者心里不舒服，总觉得买到一件坏东西，不愿意。所以，有裂的成品很难销售。当然，有裂的成品 也并非不能销售，还要看裂的大小与深浅，所在位置是隐蔽还是明显，对成品强度的影响大还是小，对成品美观性的影响重还是轻等。有时消费者特别喜欢某件成品，则对其裂具体分析后尚能接受，双方讨价还价，也可成交。值得提出的是，手镯上的裂有两种情况，沿圆弧方向的，称为顺裂，对手镯的强度影响不大，虽然掉价，尚可使用；与圆弧方向垂直的直径方向的裂，称为横裂，横裂若受外力，则会断开而使手镯报废，是最严重的缺点。

区别裂和纹的方法前文已经述及。开采前形成的纹只是线状痕迹，不显白色或灰白色。开采后人为因素造成的裂，都是新鲜的裂，只需将成品对光看，就会看到白色或灰白色的裂所在的断开线，两者区别十分明显，尤其是当场摔出的裂更加显眼。但开采前地质力产生的裂，多有外来物填充，其裂口是陈旧的，有时与纹难以区分，但只要多看多观察，还是能够区别开来的。

七 癣

成品中斑点状、片状的黑色被称为癣（图7-1-37），意思是，这种黑斑就像人皮肤上的癣，不好看。因此，癣被视为缺点。如前文所述，

裂、癣、棉、脏四个字是翡翠成品的缺点，也叫毛病。这些毛病越少越好，中高档以上的成品可能有少量的棉，其他缺点是不能有的。

图7-1-37　手镯上的癣

图7-1-38　挂件上的绿与黑

图7-1-39　挂件上的棉

这些黑色可能由三种矿物形成：铬铁矿、角闪石的交代产物、不透明黑色杂质。如果仔细观察，黑发亮，是铬铁矿所致；若是黑较暗，则是角闪石或黑色杂质所致。

成品上的癣另有一个重要现象，是有的癣旁边会有浓艳的绿色（图7-1-38）。这些绿会与黑互相掺和，有的也会稍有间隔，购买者看着浓艳的绿，十分美丽，心生喜欢，但旁边有黑，又觉可惜，因此纠结；这就看各人的审美，双方讨价还价了。

不过，黑色在雕件上常可能被巧妙利用。例如，挂件"黑脸钟馗"，把一小块黑雕成钟馗的脸，尤显钟馗的威猛；手玩件"飞龙在天"，把一黑斑雕成龙的眼睛，使这条龙活起来；摆件"生生不息"，把大片的黑雕成枯树桩，而把旁边浓艳的绿雕成新发的枝芽，惟妙惟肖。这就是玉雕师"化腐朽为神奇"的功力，反而卖得好价钱。

八　棉

在微透明至很透明的成品中，常见白色的斑点或絮状物，行话叫"棉"，简言之，像棉花的叫棉（图7-1-39）。

棉的矿物成分是钠长石，我们已经知道，钠长石去硅生成硬玉，所以，还未完成这一变化的钠长石会赋存于翡翠块体之中，不透明的翡翠中也有钠长石，只是因为不透明而不显眼。

微透明至很透明的成品中有棉，多数情况下都会影响美观，故被列为缺点。常见玻璃种和高冰种的成品因有棉而掉价，十分可惜。市场上具体看棉对美观影响的程度，买方能接受的程度，双方讨价还价进行买卖。

一些情况下棉被巧妙利用。例如，冰种上有很多斑点状棉，被设计为漫天飞舞的雪花；椿带彩的糯冰种上有一团絮状棉，被雕成一朵玉兰花，高冰种上有一片絮状棉，被雕成一只小白兔；一支玻璃种的手镯上，有一些不太显眼的棉点，乍一看似乎不美，取名为"满天星"，又引出另一番意境。这些情况都是化腐朽为神奇的佳例，反而卖得好价钱。

民间有人把棉说成"石花"，有人说"无棉不成玉"，这些都是粉饰性的说法。

九 脏

除了癣和棉外，成品上还会有些土褐、灰蓝等难以归类的杂色和斑迹，统称为脏、脏杂（图7-1-40）

脏杂的颜色和斑迹在制作雕件时，常被玉雕师设法挖去，所以少见；但手镯尤其是低档手镯很难避开，所以低档手镯上常能见到脏杂的斑迹。

脏杂影响成品的美观，它们很难被利用，只会使成品掉价。

以上四方面的缺点，有人又统称为瑕疵。自古有"瑕不掩瑜"之说，瑜便是美玉，如此看来，瑕到底掩不掩瑜，就要看具体的个案情况来确定了。

本书把瑕疵具体化为四个字，以便操作者明白掌握。

图7-1-40　手镯上的脏杂

翡翠成品的价值与价格

简单讲来，翡翠成品的价值由材质、文化与做工三方面构成。卖家卖什么？卖材、文、工。买家买什么？买材、文、工。而买卖的价格，则是其价值的货币化体现。

那么，翡翠的价格为什么会让消费者难以捉摸，让业内人士不断纷争呢？这是因为与其他商品相比，即使是范围缩小到与其他珠宝玉石例如与钻石相比，翡翠材质、文化与做工的构成因素，具有更复杂的不确定性。

只要我们认真加以分析，这些不确定性还是可以理解和掌握的。我们从业内对成品估价的一般过程入手，介绍如下。

一 成品材质的综合评价

珠宝玉石材质的优劣好坏是客观存在的，这一点翡翠并不例外。只是如上节所述，其优劣须由九个因素决定，远比钻石的"4C"标准复杂得多，况且，这九个因素尚未包括文化。这九个因素的综合评价。其基本规律是：先由优点五个因素的多少与程度确定一个大概的档次范围，然后再由缺点四个因素的多少与程度往下调整。业内正是按这个规律来给成品定档次然后又定价格的，无论操作者是否清晰地如此认识。

那么，优点的五个字和缺点的四个字到底谁先谁后，孰重孰轻，它们之间的关系如何，最后如何综合，这一系列具体问题怎样处理呢？这些因素虽然复杂，但也是有规律可循的。

首先，看种、水、色。此三项虽然互相影响，但决定性的因素是种，所以先看种；按上文所述把种的档次确定了，再看水的表现如何，把水的程度确定了，再看色；其实看水的同时就要兼顾色，色肯定是以绿为先，有绿者层次在上，其他颜色无高低之分，以美为准绳，但不管何种色，都要看与水的融合效果如何，融合好的可上层次上档次，这样，色的档次也可以基本确定。其中，业内早就有习惯用语"种水种水"和"水色水色"，可见，水居中，水是纽带，把三者结为一体，三者先作第一次综合，就可以给这件成品初步定一个基本的档次范围了。

一些很熟练的行家，还要用底从整体上给予调整，这样的调整幅度不会太大，只是同档次中不同层次的变动。

其次，再看缺点四个字。其中裂为先，有裂者掉大价；其他癣棉脏，看有无、多少、位置三个方面，视其对整体美观的影响程度，往下调价，即下调层次。如果缺点严重，下调的幅度可能会降低上一操作初定的基本档次。

再次，由于底包括了优点的种水和缺点的癣棉脏，所以在上述过程中，已经对底进行了综合分析，但是，因为底还有一些总体的特征需要考量，如整体的色调，整体的清爽与干净程度等。

二 成品做工的评估

材质的优劣综合评估后，要考虑的因素就是做工。对成品做工的评估，按上文的五个档次进行便可。此时要解决的是，工的优劣在成品价值档次中的分量，即权重问题。普遍规律是：两头不管，中间重要。

低档和很低档的料，不仅工肯定差，而且工对其价值也无所谓影响，反正是百十元的东西；而高档、很高档和超高档的料，不仅工肯定很好，而且工对价值的提升也影响不大了，因为本身就是数百万数千万的好货。可见，做工在高、低两头的分量轻，权重小，可不考虑，这叫"两头不管"。然而，中档、中低档和中高档的料，工就显得十分重要。设计是否巧妙，构图是否合理，雕刻是否精湛，工与料是否融合，是否充分挖掘了材质的美，是否具有艺术品的特质，等，这些都对成品的整体价值产生着重要的影响，所以需对其进行多角度的审视，从工对成品提升美感作用的大小，调整前面优点四个字初定的层次或档次。

在中间档次的成品中，工的分量重，权重大。由于中间三个档次的成品在市场上占绝大多数，所以对工的好坏的评估是十分重要的。这就叫"中间重要"。

三 成品的档次

　　经过以上操作，一件成品的档次就可以确定了，同时，它的价格区间也可以确定了。结合近几年翡翠的市场行情，列出下表以供参考。本表主要指手镯、挂件、手玩件、小摆件、素身串珠项链、手链七大类。

翡翠成品档次价格参考表　　　　　　2014年2月

档次	市场行话	价格区间	综合评价简述
很低档	几十元的	100元以下	①无种无水，有不亮丽的脏杂色；底很差；工差； ②有2~4项缺点，较重，有裂。
低档	几百元的	100~1000元	①种粗、水干、底差；有不亮丽的灰蓝或翡色；工差； ②有2~4项缺点，较轻，可能有裂。
中低档	几千元的	1000~1万	①糯种、细豆种，有水，有绿或有一两种亮色，但绿不太好，或色少；底一般；工一般； ②有2~3项缺点，有棉，棉多。
中档	几万元的	1万~5万元	①糯冰种、冰种、水好、底好；有少量绿，绿好，或有较多的一两种亮色；工好； ②有1~2项缺点，有少量棉，较明显。
中高档	十来万的	5万~20万元	①高冰种，水好，有1/3绿，但绿色不正，或有1~3种亮色，色多，底好；工很好； ②无色高冰种，有极少棉； ③有少量棉，不明显，其他无。
高档	二三十万的 七八十万的	20万~50万元 60~100万元	①无色玻璃种、龙种；无缺点； ②高冰种、玻璃种，水足，有1/2绿，或1~3种亮色，色很多，色形好；底清爽；工很好； ③几乎无缺点。
很高档	几百万元的	100万~500万元	①老坑玻璃种，2/3绿，正艳绿，或其他1~4种色满，水色交融，色形好，底干净清爽；工高超； ②无绿或无其他艳色者上不了此档次； ③无缺点。
超高档	七、八百万的 上千万的	500万~1000万元 1000万元以上	①优点五项都最好，满绿，近乎完美； ②多为手镯、挂件和串珠项链；工高超； ③无缺点； ④如果绿色达正阳浓满，可过亿元。

本表说明

1. 为什么使用"档次"而不使用"级别"？因为"档次"的概念较为宽松，正好适应九个字的变化及它们的交集性组合。须知，在同一件成品上，九个字出现有多有少，每个字又有量的多少和程度的高低，必须加以包容。"级别"的概念看似准确，但准确就窄小，反而难以包容复杂因素及其变化而更不准确。犹如大国的人口都用"亿"表示，精确到个位个位反而不准确了；或如核外电子运动因"测不准原理"只能用电子云表示，若欲测其运动轨迹则是不可能了。所以，超过特定事物衡量精度的"高标准"是无意义的，对数以千百万计的买卖双方也是不可能操作的。

因此，档次的模糊性恰好是准确的，因而被市场接受而广泛应用。而且，在市场上的买卖交流中，绝大多数情况下直接说出价格区间，即说个大约的价位，双方就明白是何档次了，根本就不与级别的概念沾边。

2. 从翡翠发展的历史来看，材质的档次在很长的历史时期内不会发生大的变化，例如，翡翠的绿从古到今都是最贵的。而翡翠发展至今，其材质特点的研究已趋于成熟，其评价的标准已趋于大同，所以在上表中，档次和综合评价两栏不会有大的变化。只是有时档次的范围嫌宽，可在同一档次中再分几个层次。

3. 但是，体现价值的价格，却会随着经济形势的变化和社会发展水平的变化而变化。经济形势决定货币的升贬，社会发展水平决定人们的富裕程度和文化程度，正是它们影响着价格。这种影响导致的价格变化，少则两三年，多则七八年就会表现出来，其总的趋势是上扬，当然是各档次相对不变的整体上扬。

所以在上表中，"行话"和"价格"两栏是每隔几年就会发生变化的。

4. 表中档次和行话的模糊，还为参与最终敲定价格的文化因素，商家因素，买家因素预留了空间，下面作进一步介绍。

四 文化在成品中的价值

如前文所述，翡翠承载着文化。对非雕刻成品如手镯、项链、戒指等来说，承载着固有的传统玉文化，如佩玉可以平安吉祥、保健强身、招财辟邪等；对于雕刻成品如挂件、手玩、摆件等来说，除固有的玉文化外，还承载着具体的吉祥文化，更加浩繁博大。不难想象，如果没有文化，翡翠将是死料一块，它与一块彩色玻璃并无二致。毋庸置疑，文化是翡翠的灵魂与血脉，它赋以翡翠永恒的生命，使翡翠充满无穷的魅力。

所以在成品上，尤其是在雕件作品上，文化体现着重要的价值。其主要表现是，优秀的文化内涵可以使成品跳跃档次，或者在同档次中处于高价位层次。跳档的情况可见于低档跳中低档，即几百元的低档料，题材好名称好可卖到几千元；也见于中低档跳中档甚至中高档，即几千元中水色一般但有少量色的中低档料，如果题材好名称好，可卖到几万元甚至十多万元。

高档以上的成品对材质的要求较为苛刻，材质的价值可占到整体价值

所谓优秀的文化内涵具体来说就是"两好"：题材好和题目好。题材即雕的内容，雕什么？题目即内容的主题，即画龙点睛为雕件取的名称，名什么？

的90%以上，下面档次的材料难以上跳。但摆件中的跳档情况较为常见，那些几百公斤到数吨重的大摆件，其料一般都是中低档，但体量大颜色多，可在上面施治的文化内涵很丰富，容易出彩，故成品往往是数百万元数千万元的高档价位。

同档高价的情况更为常见，各档次都有。例如高档成品，若论材质，应在三四十万之间，但如果题材好名称好，就可能卖到七八十万。

在中间三种档次的成品中，如果文化和雕工使其达到艺术品的境界，那么在其总价值中，文化的价值往往超过材质的价值。如台湾玉雕设计大师胡焱荣的作品（图7-2-1），平洲玉雕大师王国清的作品（图7-2-2）等等，都是具有这种特质的作品。

一露甘甜

百年好合

福从天降

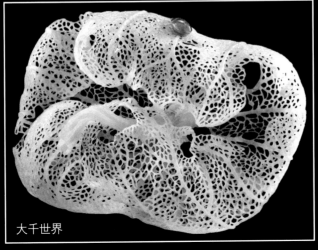
大千世界

图7-2-1　胡焱荣设计作品

乘龙观音

自在观音

飞天

图7-2-2　王国清作品

五　翡翠的价格特征

从构成翡翠价值的材、文、工三方面可变因素复杂性的分析，给其定一个价值档次是合理的。那么，价值的货币体现即价格，就必然只能是一个与之对应的范围了，我们不妨称其为"价格区间"，上表中已经使用。

也就是说，翡翠成品的价格是一个区间，而不是一个唯一的数值。使其形成区间还有另一个重要原因，就是同类同款的每一个具体的成品都不相同。业内常说：世上没有完全相同的两块翡翠，就像没有完全相同的两个人一样。这是由翡翠材质非均一而千变万化的多样性和玉雕师排他的个体性决定的，是不可改变的属性。它与其他商品尤其是工业化产品如汽车、电视机等完全不一样，不可能有一个明确的统一的价格。

那么，每一件成品的具体价格，最终是怎样确定的呢？这还得由下述地域、商家、买家以及买卖双方的博弈，才能最终确定。

六　影响价格的地域因素

同一件成品同一个出厂价，在北京、上海、广州、昆明、腾冲、瑞丽，等等全国所有不同地区，其零售价格肯定不同。原因是各地的物价水平、场地租金、员工工资、社会总体购买力、区域对翡翠的认知度，等，都不相同，正是这些因素导致地域价格的不同。

七　影响价格的卖家因素

商家进了某个档次的货后，要确定卖价。有下列因素左右着商家要卖的价格：

1. 进　价

各商家的进货价肯定不同，原因是：

（1）批发进还是零售进，批发进又看是大量批还是少量批，价都不同；

（2）厂家进还是中间商进，中间商又看是第几道中间商，价也不同；

（3）从哪个加工基地和批发市场进，价会不同。

2. 利 润

各商家追求的利润肯定不同，原因是各人对玉石生意的理解不同，有的认为是"货"，要快转，薄利多销，沾着点就卖；有的认为是"宝"，要多赚，"三年不开张，开张吃三年"。

3. 眼 光

各商家看货的眼光肯定不同，原因是对上述九字的综合能力，对文化内涵的理解，对加工水平的认知，高低参差不齐，则其认为可卖的价格也不相同。

4. 实 力

无实力的商家不敢亏本卖，卖了就没钱周转，严重的破产出局，所以价格死板；有实力的商家价高价低拉扯着卖，总体赚就行，所以价格灵活。不过正因如此，无实力的商家有时急等用钱，卖得几文算几文，价会低；有实力的商家好货价高，撑得住，整个市场不景气也不降，"又不等米下锅"。

八 影响价格的买家因素

与其他商品大不一样，买家也在影响着成品的价格，这与拍卖的商品有相似之处。下列因素会影响买家愿出的价格：

1. 实 力

买家的实力不仅决定着购买的档次，而且在同档次中也决定着价位的高低。中档以上的成品，价格的区间大，动辄数万、数十万、甚至数百万，并非小钱。但翡翠的魅力就在于，有实力的买家不太在乎钱的多少，而更多注意成品的价值与自己的感受，感觉好就愿出价。

当然，普通消费者同样在乎价值与感受，只是实力有限，必然会"寸价必争"。

2. 目 的

买家购买的目的不同，对价格的宽严也会不同。目的有：自己佩戴，自己收藏，赠送亲友，拉关系，跑项目，搞投资，等增值，等。因此，愿出的价也不同。

3. 眼　光

即识货不识货和懂不懂行情。不识货也不懂行情的，还价离实价差距远，要么还价很低，旁人笑话你不懂，货也买不到；要么还价很高，吃了大亏，旁人也笑你不懂，行话说"眼水差"。又识货又懂行情的，还价较准，让卖家纠结：卖了赚不了心目中的大钱心很疼，不卖又怕下次卖不出去连小钱也赚不到心也疼。行话就说买家"有眼水""眼光毒"。

买卖双方同是眼光，倾向截然相反，卖家的眼光是把价抬高，买家的眼光是把价压低。

4. 喜　好

买家的好恶起着关键的作用。不管钱多钱少，何种目的，眼光高低，一定要喜欢。不喜欢的，价再低也不要；喜欢的，价高些也无妨。故业内有权威人士说过："翡翠的价，喜欢就是价"。

买家的喜好又是由其审美观、吉祥企盼、生活情趣、文化程度等多方积累融成。

九　最终的价格

我们可以说，民间广为流传的"黄金有价玉无价"，大错矣！此话只应该是对翡翠价格难以捉摸而发出的无奈的感叹，也或许是某些混江龙为抬高玉价而用以唬人的托词。

既然买卖双方都有若干因素影响着成交的价格，那么双方的讨价还价就是一种博弈，经过这种博弈，才产生了成品最终的价格。

当然，翡翠的讨价还价，不仅是技术与金钱，而且还是心理、性格、智慧、毅力等多方面的交流与较量，很有意思。很多行家老手，翡翠达人，苦在其中，乐也在其中。

不过这个"最终价格"仍然隐藏着区间的烙印。几乎所有的消费者都会问："我这是××元买的，值吗？"回答是：只要是这个档次的，钱上下些都值。例如，几千元档次的，上下几百元一两千元，都正常；十多万档次的，上下一两万，正常；几百万档次的，上下十几万几十万，正常。只有太超层次甚至跳高档次或者降低档次的，才是另有蹊跷，不正常。

我们可以肯定地说，玉是有价的，只不过是一个价格的区间而已。经过从质地的品头论足，一直到价格攻守的明暗博弈，每一件成品才有了一个专属的价格而成为我们的宝贝。参与这一过程是一种享受，这正是翡翠不同凡响而独树一帜的精彩之处。如果翡翠简单到只有几条明白的标准和几种标准的价格，那么，它是直白，但它将失去浓郁的味道而不再迷人。所以，我们应该欢迎这种价格形式和过程，因为，正是这种纷繁的多样性，才给人们带来了个性化享受的广阔空间，使翡翠充满了永恒的魅力。

⊕ 翡翠的保值与升值

翡翠的保值升值在珠宝玉石中最为突出。从改革开放的八十年代中期到现今三十年左右的时间，中档以上的翡翠价格已经上涨了数十倍到数百倍，黄金钻石等远不可及。

翡翠保值升值的变现也较容易，只要价格合适，无破损，款式不落伍，则不论是何种类，很多翡翠店都乐于代销，双方写张代销单，就可以上柜，十分方便。

值得注意的是，档次越高，越有特色，越具艺术性的成品，其保值升值的潜力越大。万把几千以下的成品，保值尚可，升值则较难。

如前所述，只有那些种、水、色、底、工及吉祥含义具体的高档、特高档翡翠，才更具有升值空间。

⊕⊖ 翡翠的价格泡沫

当一种商品的价格远高于其价值时，如果是个别商家的恶意行为，那就是欺诈；如果是行业内很多商家无可奈何的非恶意行为，那就是泡沫。泡沫并不是由哪个权威机构或权威人士说了算，而是由市场说了算。但不是由业内互相炒来炒去的那个市场说了算，那些炒货的老板们只不过是泡沫生产的打工仔，当然很可能也就是泡沫陷阱的受害者。泡沫是由消费者的终端市场说了算，如果消费者"不买"的情况形成趋势，那么，商家写在标价签上那些自我感觉很美丽的数字，就是泡沫。

2010年前后至今，翡翠市场出现了泡沫。稍微带点绿有点种水，原来两三万的，动辄就是二三十万；原来一两百万的，开口就是几千万；原来几千元的，一喊就是八万十万。短短几个月内，仿佛中国大地上，只要跟翡翠沾边的，不管卖的买的，人人都是千万富翁、个个都是亿万富豪。业内理智者说"看不懂"，业外消费者说"不敢买"。价格虚高，高得离

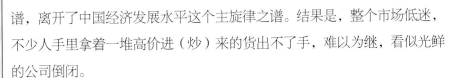

谱，离开了中国经济发展水平这个主旋律之谱。结果是，整个市场低迷，不少人手里拿着一堆高价进（炒）来的货出不了手，难以为继，看似光鲜的公司倒闭。

而与此同时，兴起的却是彩宝市场。人们的爱美之心不会消失，大量的消费者转向几百元几千元就可购到的水沫玉、葡萄石、琥珀、碧玺、坦桑石、托帕石等彩色宝石，照样漂亮，照样打扮。这一冷一热，不是巧合，都是翡翠惹的祸。

然而2013年6月15日，停止了一年的缅甸公盘重开，中国五六千玉石老板赴缅参拍，缅甸国内也有四五千玉石老板赴会参拍。其间传回国内的最大新闻又是：毛料价猛涨。但即便猛涨，仍拍出数百亿欧元。一时间业内哗然：面粉比面包贵。

为什么面包难卖面粉还在涨价呢？行业内外出现各种分析。如：资源稀缺不可再生使然；缅甸政府"饥饿营销策略"奏效；国内有人用100亿欧元的高价把上千份高档料假投中标，但不付款提货，以被罚款5万欧元的代价，确保其国内数亿元存货的销售；国内非翡翠业数百亿闲资参拍，其目的不是买回加工，而是买回留给子孙，等到数十年上百年后"保值升值"；等等。如此看来，这一行业已经有种种诡异的谋略渗入，而且是大资金大谋略，它们并不按行业的正常程序运作，这将大大增加行业的风险。

面粉与面包的关系何日理顺？翡翠的泡沫何时消散？各档次的翡翠价格会回落吗？如果不回落，主流消费人群哪年能买几十万元的手镯？这些问题都得看市场的博弈，我们需假以时日，拭目以待。

翡翠行业的其他行话

翡翠行业的行话，除了本书前面所涉及的那些外，还有很多，下面介绍一些常用的，掌握它们，有助于交流。

1. 配 景

在手镯、挂件、手玩件三类成品中，在种水好的底子上，各种颜色的位置、色调、多少，会形成互相搭配的整体效果，叫配景。效果好，漂亮，就说配景好。

2. 品 相

泛指各类成品的整体外形。整体外形的大小、宽窄、厚薄的比例是否协调美观，若是雕件，还要看与所雕内容是否协调美观。比例合适，协调美观，就说品相好；反之，就说品相不好。例如戒面，有的戒面为了就绿，或者舍不得磨去绿，结果成形后太长、太高、太薄、太歪，都不成比例，品相不好。又如手镯，圈口大的，条子如果太窄，不协调，品相不好。再如挂件，雕一个弥勒佛，外形是一个底边较长，两腰较短的近似梯形，大肚部分较薄，品相不好。符合人们视觉习惯的，或者夸张地突出某个主体形象的，往往品相好，销售时无须多说，客人自然而然就会相中。

3. 桩 口

交易中买卖双方对货品的整体看法，包括价位。桩口是中性词，不说好也不说坏，交易中经常使用。当买卖双方对货品各自评论，又一番讨价还价后，买方不想要，欲离开，此时不能说卖家的货"不好""太贵""太差""看不上"等等贬低对方的不吉利的话，就说"不对桩""桩口不合"，双方不伤和气，"体面撤军"。须知，各人对货的看法和心理价位各不一样，全国各地区的审美观和价位接受能力也不一样，你看不上，别人会看上，你不要，别人不一定不要。所以，这种说法和行规是很有道理的。

4. 档　口

为数众多的翡翠零售商和批发商，他们并不需要大的店面，十几平方米的小店，或者几节柜台，就可以做大大小小的生意，这些小店铺和几米柜台就叫档口。把大店小店都叫档口，是商家自谦的说法。

5. 松　花

毛料皮壳上一些松针粗细、米粒大小的绿色斑点，它们可能形成小苔藓状，叫松花。松花不明显，隐隐约约，一般人难以发现，它是一个好的征兆，是赌石内部可能有绿的表现。

6. 蟒　带

毛料皮壳上出现的条带状的色叫蟒带。蟒带可能绕毛料一周，这更是皮壳上的好表现，其色常为深灰蓝色，如果是绿色，则内部绿色多的可能极大。

7. 翠　性

翡翠毛料的切片上未经抛光时，在较强的反射光下（顺光看）观察，可看见明显的片状闪光，这就是行话说的翠性，又叫"苍蝇翅膀"，十分形象（图7-3-1）。其实，这就是组成翡翠毛料无数小晶体的解理面，最大的显晶可长2~3毫米，很明显；但有些种好的微晶或隐晶构成的冰种或玻璃种，则极难看到或根本看不到苍蝇翅。因此，有时翠性可以作为鉴别真假翡翠的重要依据。但抛光后翠性不可见。

7-3-1A　翠性，苍蝇翅膀

图7-3-1B　未抛光片料上的片状闪光

8. 眼　睛

在中缅边境的瑞丽、腾冲、盈江等地，有一批很会看毛料的人，内地一些有资金有实力很想买毛料的人就请这些人帮忙去看毛料，这些人被叫作"眼睛"。能当厉害眼睛的人并不多，这需要真本事而且业内还要有名气。眼睛向买家收取佣金，佣金多少，双方参照行规惯例自行商定，如果成交，卖家也可能会付眼睛一定的"好处费"，这是行规，并不违法。

9. 包包客

翡翠行业有一类专门给档口的零售商供货的商人，他们多为中间商，没有档口，背着包，装着货，走千家串万户地卖，被叫作"包包客"。

10. 卖　手

翡翠不同于其他商品，同一件货交给不同的售货员，销售的效果大不相同，有的人几个月成年都卖不出去，而有的人几天就卖出去了，业内便称其为"卖手"，说"卖手好"。细观之，能成为卖手者，必定是态度、知识、智慧、口才甚至形象都好的售货员。

11. 看客叙客

社会上不同职业、地位、收入、年龄、性别、性格的人都会进珠宝店，他们是闲逛、想买、要买、会买、买什么价位，等，都是营销学研究分析对象。珠宝营销学上给顾客分类，而有水平的管理者则要求服务员通过客人的言谈举止、穿着佩戴、气质形貌等，基本将其"看"出来，行话叫"看客"。而紧接着跟客人讲话，第一句怎么讲，第二句怎么讲，讲什么，讲多少，讲多深，怎样回答客人的各种问题等，使客人满意，最终促成交易，行话叫"叙客"。

12. 龙到处有水

玉质上有一种现象，整块挂件，整只手镯，整块玉料都干而无水，唯有绿色到达的部位有水，显得十分独特漂亮，这一现象与中国传统神话中的龙王与水的关，竟一模一样，翡翠绿色的尊贵正好被喻为龙，故称"龙到处有水"。

13. 货到地头死

翡翠交易中有一个规律，如果货主把货带到买方的驻地或档口卖，这种交易方式和交易场景本身就决定了买方主动、卖方被动。往往买方看货两三分钟就说"不对桩"，卖方虽长途跋涉却只能有一个销售对象一次销售机会，成交的概率极小，多数情况是无功无奈而返，于是业内总结为"货到地头死"。

14. 好货富三家

行业中还有一个规律，一件好的货加工出来后，十分有特色，人见人爱，加工者卖了个好价；中间商不管转了几道手，都喜爱，又卖了个好价；零售商最后与客人接触，客人还是喜欢，还可以再卖个好价；这就叫好货富三家。

15. 无阳不看玉，月下美人多

此话是说，观察翡翠的种、水、色要在阳光之下，实际操作中要避开中午强烈的阳光，应在早、晚柔和的阳光下，或者在充足的自然光下，才可能看到真实的玉容。尤其是翡翠的各种色，在非自然光下会产生各种色差，其中最贵的绿色在不同的光线下色调会发生变化，"一分色，十分价"，可能会导致数千、数万，甚至数十万的价差，所以行家都无阳不看玉。如若光线不好时看玉，就会像月光下看美人，朦朦胧胧，个个都很漂亮。

16. 宁买一线，不买一片

这是专对赌石皮壳上出现的绿色而言。一线，指皮壳上有线条状的绿色，即上述的蟒带，则绿很可能进入得很深，会有很多绿，会大涨；一片，指皮壳上有片块状的绿，这种绿看似多，但往往只是表皮有，有的甚至只有一两毫米，进不去，不会涨。所以有此经验之谈。有初入行者把此话用在成品的买卖上，那就大错了。

17. 绿随癣走（绿随黑走）

绿最好看，癣最难看，但翡翠偏偏令绿癣相伴，业内就说"绿随癣走"。其形成原因在前文中已述及。根据黑、绿生成的原因，它们也可能单独成色。所以，在实际上还可能有黑不一定有绿，有绿不一定有黑。三种情况都可能存在。

18. 死黑活黑（死癣活癣）

这是专对毛料上的黑色而言。毛料上有的黑色加工变薄后，不会发生变化，仍然是黑色，就称其为"死黑"，而有的黑加工变薄后会变为墨绿色，甚至艳绿色，就称为"活黑"。显然，死黑是不透明黑色杂质形成的，而活黑则是铭铁矿或者角闪石形成的。对于毛料商和加工者来说，会判断死黑活黑十分重要。

19. 看起来一碗墨，照起来汪洋色

这是专对墨翠的褒扬之语，墨翠顺光看是墨黑色，逆光看是漂亮的墨绿色，就用此语誉之。其中，逆光、对光、透射光都是一个意思，在行话中还叫"照光"，此处简称"照"。

20. 照　水

通过透射光看翡翠的水头，就叫"照水"。但通常照水不单独用，而是与色连用。在微透明的成品上，当绿、蓝、紫、红四种色分别布满整体成品时，顺光看由于水头不足，颜色普通而不甚美丽，但如果用透射光看，整体颜色将十分漂亮，行话就说这件成品是"照水绿"，或者照水蓝、照水椿、照水红等（图7-3-2）。

21. 看走眼

无论是品质还是价格，无论是毛料还是成品，当时看好买下，后来又觉得哪一点哪一部分不好，例如种、水、色、底、工哪点不好，价格还是嫌高，品质不满意等，就说"看走眼"。说自己，是自责的说法；说别人，是温和的说法。

22. 外行看色，内行看种

这是观察和评价成品的基本规律。因为颜色非常直观，谁都会看，所以业外人士、消费者、入行不久者首先注意到的就是颜色，他们由色确定喜不喜欢，好不好，买不买；但如

图7-3-2　照水椿观音

顺光

前所述，种是决定品质优劣的首要因素，所以业内人士都是先看种，由种出发再去综合评估品质。故这是业内对此规律总结的行话。不过种相对费解，即便是入行一段时间的从业者，如果不认真学习、观察，不看过成千上万件成品，要会看种和看准种，是不可能的。

23. 老和新（嫩）

新、老两字在行内用得很多很杂，我们一定要注意区分，不可以听混了而造成损失。

行话中有五个使用"老"和"新"的专用语，它们的含义各有不同，必须准确把握。

（1）老场石和新场石：见前"翡翠的产地与产出"所述。

（2）老种和嫩种：好的种就是老种，差的种就是嫩种。在对种质的交流中，"老""嫩"常用在种之后，当副词用：种老、种嫩。例如，结构特别致密的种质，就说种老，而种差和无种的，都可以说种嫩。种嫩是一种委婉的表述方法，双方交流时，不能说对方的货差，便以"嫩"代之，内业是很讲究和气礼貌的。注意，设有"种新"或"新种"的说法。

老种又叫老坑种，最好的老种是老坑玻璃种。但这绝不是说这块料是从最早最老发现的那些坑口中挖出来的，也许它就是上一两个月才从最新发现的最新开挖的坑口里最新挖出来的；也更不意味着它比种嫩的矿体形成的年代更古老，恰恰相反，前已述及，而是更新近。

（3）色老和色嫩：此处的色专指绿色。正、阳、浓的绿色就是老色；偏、暗、淡的绿色就是色嫩。行话中说色老，就是说绿色好，说色很老，就是说绿色很接近正阳浓，如前述，还有一个更形象的说法"辣"，老辣；说色嫩，就是说差的绿色，嫩又是差的委婉表述。

（4）老款和新款：在成品的款式上说老和新，就是时间前和后的概念了。例如，手镯上说老款，是专指圆条，因为清代较为流行，如今较少使用，而新款则指现在较为流行的平安镯，方条和雕花。挂件上说老款，例如观音坐莲台持净瓶的款式，已经在市场上卖了二十多年了，是老款；近期出现了站观音和仅是头部的观音，是新款。这样的例子很多。

（5）老玉和新玉：这是某些小摊点上对A货和B+C货的掩饰性的说法，货主把A货说成是"老玉"，品质很低档的也说是"老玉"；而把B+C货说成是"新玉"。业内绝大多数商家并不使用这一说法。业内只是在毛料上把种好的叫老场石，种差的叫新场石。成品和毛料不可混淆。

24. 不是石哄人，只是人哄人

无论是毛料还是成品，有些货主会把自己的货说得天花乱坠，如何如何好，如何如何便宜，经验不足的买家一时冲动，买下，回来后业内朋友们指点，清醒过来，才发觉上了大当。但这不是石头哄了你，而是有人哄了你，"哄"是云南方言，是含有"逗乐"意味的"骗"的意思。这是业内的一句诙谐的告诫语。

25. 石头的头和尾

一块赌石或半赌石，如果发生变种，那么，它的一端往往很好，但渐渐地向另一端去，就变差了，同时水和色也会跟着种的变差而变差。这种变化很多人都不会看，但行家是看得出来的，他们把好的一端叫石头的"头"，差的一端就叫石头的"尾"。而货主都把小窗开在头部，尾部从不开窗，赌石高手懂，就不会上当。当然，不变种的石头就无头尾之分。

26. 卖者如虎，买者如鼠

这是翡翠市场上的一个乱象。有的货主在与购买者交谈的过程中，发现购买者不懂货，就几十倍上百倍地猛开天价，业内形容其价猛如虎；反观买者，不知如何还价，怯怯语结，或不敢作声，其势怯如鼠。这是业内对不懂此行的买家的一种善意的告知。

27. 疯子买、疯子卖，还有疯子在等待

一些初入此行的人，卖的不懂价，卖得高；买的也不懂价，高价买；但不用担心，他买回去后，照样可以以更高的价卖出去。这种现象在懂行人的眼里看着十分可笑，就用此话调侃。

28. 冲视

在偌大的成品市场上，行家在快速浏览货品时，会猛然间发现某件成品特别抢眼，特别引人注目，这件成品必定具有某种特色。这种现象只会发生在经验相当丰富的行家里手之中，业内就说这件成品冲视好，或冲视特别好。

翡翠成品的选购实务

　　翡翠的美丽艳压群芳，翡翠的内涵富如金山。国人不分男女老少，不分钱多钱少，很多人已经拥有了翡翠，更多的人正想拥有翡翠。因为人们对玉的追求在精神层面上并没有区别，差别仅只是在玉的价格层面上而已。因此我们介绍一些选购时的知识和规律，希望更多的人少走弯路，淘得美玉，相伴终生。

一　手镯的选购实务

1. 品　相

　　手镯的品相，主要是圈口直径与条子宽窄、厚薄的比例是否得当，如图7-4-1所示。

　　如前述，手镯加工厂已经根据人们的视觉美感控制了这三者的比

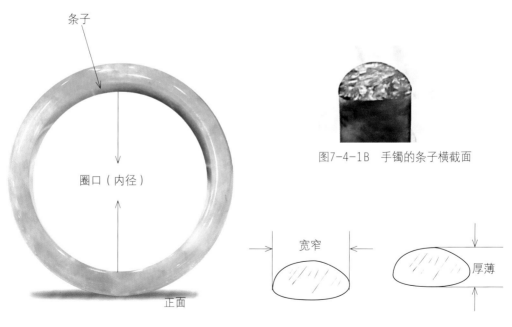

条子

圈口（内径）

正面

7-4-1A　手镯的圈口与条子

图7-4-1B　手镯的条子横截面

宽窄

厚薄

图7-4-1C　横截面

例，条子的宽窄和厚薄随着圈的加大而加宽加厚，只有少部分不成比例。选购时按本章"翡翠成品品质的优劣及行话表述"部分的要求注意做工的质量，质量过关，则品相只需自己看着顺眼就行，无须去测量三者的尺寸。

但另有一种条子约2~3毫米的圆环镯，很细，常五六只一起戴在手腕上，适合年轻女孩。

挑选手镯主要是看款式，市场上所有的手镯款如图6-2-1所示，平安镯、圆条镯、贵妃镯、方条镯、雕花镯、镶金镯共六大类。其中平安镯和圆条镯始见于红山文化，距今已有六千年悠久的历史；而近年来出现的新款宽条镯也叫宽板镯，另有一种更抢眼更厚实的美感，很时尚。注意，没有变窄的"窄条"，因为变窄会大大降低强度，受碰撞易断碎。总之，我们根据自己的喜爱选择款式。

2. 圈 口

手镯的圈口很有讲究。一般讲来，戴好后手镯能在手腕上前后移动自己两指宽的范围较为适宜。太小了，不活动易卡着痛，不舒适；太大了，不稳当易碰断，也不舒适。

但是，要刚好适宜却并非易事，图为圈口的大小受到戴入时手掌柔韧性和形状的限制。所有人的五指与手心合拢后都比手腕粗，但是粗细相差的程度不一样，相差小的戴入后易合适，相差

图7-4-2 游标卡尺量圈口

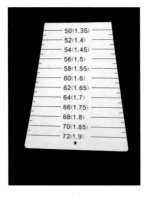

图7-4-3A 梯形尺正面

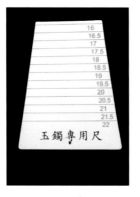

图7-4-3B 梯形尺反面

图7-4-4 梯形尺量圈口

大的套入手腕后，手镯会显得太大，难合适。

因此，圈口的大小，都是以能紧紧通过合拢的手掌为最合适的极限尺寸。所以在挑选手镯的圈口时，反复试戴，都需要由他人（售货员）在手背和手镯上涂上润滑液，如护手霜、洗手液、肥皂水均可，用力套入。如果自己要取出，最好是在清晨起床时，血不充手，涂上润滑液，对着床、沙发等软物，用力脱出。如果不用力就能轻松戴进取出的，肯定是圈口大了。

所以，购买手镯需要知道的，就是手镯的内径即圈口，圈口一律精确到毫米。测量圈口最好使用游标卡尺（图7-4-2），方便准确。不少商家使用一种硬纸片或塑料片制的"梯形尺"，梯形尺也叫手镯尺，有两个面，一面标有52~62的数字，未注单位，实为毫米（mm），用于直接量圈口直径（内径）；另一面标有16.4~19.5的数字，未注单位，实为厘米（cm），是间接表示周长；两面在纸板边缘重合的直线，就是对应的直径与周长（图7-4-3），但单位须换算统一；直径数字把毫米换算为厘米，乘以π（π=3.14），就是背面对应周长的数字；反之，把周长的厘米化为毫米，除以3.14，就是背面对应的直径数字。测量时，若遇不磨龙口的缅甸桩，看龙口读数即是，若遇龙口磨圆的国内桩，需往里看到卡住的住值，读数，才是正确尺寸（图7-4-4）。梯形尺测直径快捷，虽不很准确，却也马虎够用。

手镯的直径在任何地方任何人都容易测量，柜台上用卡尺卡的，也是直径，但手镯的周长却很难测量，所以常用的是直径数据。

但是，交易中经常遇到一种情况，那就是委托购买。要买的人不在现场，也从未戴过手镯，不知自己的圈口大小，代买的人也说不清委托人的手形胖瘦，怎么办呢？我们介绍一种量手掌周长，便可得其圈口大小的办法。请要买的委托人将五指与手心并拢，用一根线紧紧地环绕并拢后的手掌的最宽部位，即一边是大拇指根部关节（图7-4-5），另一边是小拇指根部关节（图7-4-6），然后松开，用直尺测量绕线的长度，除以3.14，就是此手所要选购的圈口的直径。注意，要绕紧，因此不能使用有伸缩性的线。此法简单，即使委托人远隔千里，打个电话几分钟便可解决。

有的小厂印制的梯形尺的两面的直线不吻合，数据也不准确，实为劣质产品，购买时要注意。

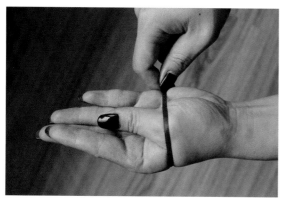
图7-4-5　过大拇指根部关节

图7-4-6　过小拇指根部关节

3.选　购

　　佩戴者的年龄、手形、高矮、胖瘦、肤色适合什么样的颜色和花口？一般认为，年轻、手形修长的适合戴细的和色、花多的；胖的、高的适合戴粗、宽的；年纪大的、皮肤白的适合戴深色和净色的，等。然而这些都无定数，因为手镯的佩戴重要的动机之一就是彰显个性，所以还是看自己的喜爱。

选购手镯的具体过程要注意：先查裂纹，严防横裂致命伤。

　　只有贵妃镯的佩戴稍认年龄。贵妃镯为椭圆形，纤巧温柔之感较强，同时，戴入时比圆口困难，要求韧带与掌骨的韧性要好，所以，很适合三十来岁以下的女士们佩戴。贵妃镯的圈口，以短轴方向为准进行测量，其尺寸比本人戴圆镯时的内径大2mm为合适。例如，如果戴平安镯的圈口是52mm，那么选贵妃镯时，量其短轴方向为54mm就合适了。

　　由上可知，要选一支适合自己的手镯是很不容易的。因为要价位、品质、花色、款式、圈口都刚好合适，的确难寻。常见女士们因其中某项不满意而踌躇徘徊，也见女士们千挑万选终得所爱而喜形于色。所以业内常说：挑手镯讲缘分，要珍惜缘分。

4. 手镯的养生说

　　手镯为何多戴于左手？除生活、工作的方便之外，佛教的静心观、道教的养生观、中医的经络观等，都给予了演绎。例如，认为左手离心脏近，养心；日常生活中，常听上年纪的女士们说，戴了手镯几年，发现手腕上的老人斑不见了，养身；等等。

5. 手镯的品质

手镯的品质优劣怎样判断评价呢？我们在下面"挂件选购实务"中品质部分一并介绍。

二 挂件的选购实务

1. 品　质

其实，所有翡翠的成品的选购，都可以从品质、品相、品味三个方面进行考量，可简称为选购翡翠成品的"三品法"。

我们已经知道，翡翠成品的品质需由九个字来综合评价。可是对于初接触翡翠的消费者来说，要在短时间内掌握这九个字是十分困难的。但是也不必担心，我们可以将其简化，用"简化判断法"，照样能够挑选。程序如下：

首先看水色。水进一步简化为透明度，这样，"透不透"和"色怎样"这两项就十分直观了。即便是临时进店购买，只需现场有人稍加点拨，人人都会看。具体办法是，消费者在柜台前请商家拿出三件以上的成品互相比较，其中须有很透明的和不透明的作参照，且须顺光看（图7-4-7），不可对光看（图7-4-8），顺光真实，对光不真实；比较几次，就可区别出透明度的优劣了。颜色主要是自己爱好，无论是单色还是多色，喜欢就行；如果要绿色，也请商家拿出几件绿色成品相比较，对比出自己喜欢的就行。

图7-4-7　顺光看

图7-4-8　对光看

水色二字有地域审美差别，一般是南方人看水，北方人看色。此时，水色二字无先后轻重之分；当然，水色皆有更好，但价就会高一些。

然后看缺点。裂癣棉脏也是稍加指点，人人会看。缺点多，碍眼，觉得不好看，就不选；有时又舍不得一些喜欢的优点，想要，就多砍点价；缺点少，砍价可能砍不下多少，因为商家早就看过了。

常见消费者拿成品对光看，其实，无论优点缺点，对光看只能看一项：裂。只有裂需要对光看，其他的都必须顺光看，而且最好在自然光下看，且要在自然光的阴影下看，最为真实。

至于种、底、工则比较专业，但不必去管，不必怕"看不来咋办？"。因为大多数情况下，成品的档次已经"管"住了这三个字。成品的档次由价格体现，可参照上列表格。中低档以下的，种、底、工自然较差或很差；中档的，自然可以或一般；中高档以上的，肯定好或很好；特高档超高档的，必然最好。这是不用消费者考虑的。例如，买几百元的低档货，就别指望种、底、工有多好；买十来万元中高档以上的货，也就别担心种、底、工会差。这就是"工随料高"，前已述及。

"工随料高"的基本规律，是由行业的运作规律决定的。在前述几个加工基地中，玉雕师们的水平、专长、收费，业内人士口口相传，清清楚楚。于是，作为毛料的主人，绝不会拿着几万、几十万、几百万的料子去找看不上眼的师傅做，因为做得出好工才卖得出好价，好料找差工，废了好料亏了本，是世上没有人去做的事。而作为玉雕师也清楚自己的水平，看不上眼的料子给他多钱他不做，因为料低档再好的工也卖不出好价，烂了名声是大事。所以形成的规律就是，差料是学徒做的，师傅不会去沾手，好料是师傅做的，学徒沾不到手。学徒做差料，一般师傅做一般料，名师大师才有机会做高档料。包括手镯、手玩等等所有成品，概莫能外。所以，既有此规律，便可以放心。

因此，对初接触翡翠的消费者，要选购无论挂件或手镯，考虑其品质时，看自己看得懂的颜色、透明度、毛病三项，也可以搞定。

2.品 相

挂件的品相主要是看长、宽、厚三者的比例是否协调。如"翡翠的

图7-4-9　挂件基本品相

加工流程"所述,挂件分男款和女款,男款大气,女款精巧。但长与宽的比例基本相同,都约为4:3或5:3,厚度男款在10~11mm左右,女款在7~8mm左右。挂件忌薄,太薄受撞击易碎,且太单薄不协调。厚些却可以,绝大多数挂件都要求厚实饱满,但有少数的厚似柱形,在胸前滚动,分不出雕刻图案的前后主次,也次一等。

无论所雕何种图案,挂件的外形,除挂牌和竹节等常为长矩形外,绝大多数都是上小下大的梯形(图7-4-9),这样的品相"垂垂如坠",符合人们审美"坠且稳"的感觉,是较好的品相。有些近似倒三角形、上大下小的,及那些歪斜的,或那些伸出尖角的,实为下等品相。

3. 品　味

从购买者欣赏的角度来说,品味是文化与做工综合表现的通俗说法。也就是购买者必定要品评和玩味挂件所雕的吉祥内容、所取的名称、雕工的优劣、雕工使形象与材质相融的程度等,最高层次的品味就是对一件艺术品的欣赏与享受。这些内容前已多方涉及。

简言之,中低档以下的挂件有简单的图案,直白的吉祥内容,通俗的常用名称,由于材料低档而少见雕工的施展(图7-4-10)。

中档以上的挂件,其吉祥内容、图案设计、匠心做工,都有特色,创造了千变万化的美丽,正是广大消费者漫步采撷的花园(图7-4-11)。

图7-4-10　低档挂件

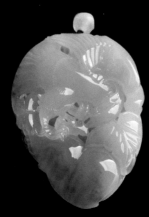

图7-4-11　中档挂件

图7-4-12　高档挂件

中高档以上的挂件，很多已进入艺术品的殿堂，其境界海阔天空。观之奇妙无穷，佩之风情万种；藏之价值连城，拥之尽享尊荣（图7-4-12）

每个档次都有自己的消费群体，每个群体都应该了解一些玉文化知识，知识越丰富，越能提升自己品味的水平，越能体验高水平品味所带来的愉悦与享受。

4. 选 购

在实际的选购中，一些专门的类别还有一些专门的要求。例如：弥勒佛的肚子要大，脸要笑；观音的面相要仁慈，但仁慈里要透威仪；貔貅的牙要尖利，面相要凶狠，屁股要大但不能穿洞；钟馗的眼要突，面要凶，胡须要刺；龙的头相要霸气，爪要有力，身要曲顺；豆荚的豆子要圆要饱满；等等，不胜枚举。应该做一些咨询和请教。

在自己预算的价位中，按上述"三品法"，即品质、品相、品味，再注意具体类别的一些细节，即可选购。

三 手玩件的选购实务

手玩件与挂件相似，用三品法选购。如前述，图案无须太繁杂，至少要留一个大面，另外，还需加一项重要条件：手感。太大，太小，太圆，太扁，都不合适，以自己握在手掌之中感到舒适为妥。

四 摆件的选购实务

从程序上讲，摆件也按三品法选购，但因其体量大，所以增加了需要考量的很多因素。

1. 品 质

一件大摆件上，多数情况下，各个局部之间种、水、底都会发生很大的变化，色不仅会变，而且有多色，多色的分布、色调都会变化；而裂、癣、棉、脏几乎不可避免。所以在选购时，需要仔细观察这八个字的走势、运用、掩饰、弃存。其设计与匠心突显得十分重要，比挂件、手玩件复杂得多。

2. 品 相

决定摆件的品相有两个主要因素：一是石形，山水摆件即山子，大多依石形而设计，单独的人物、动物、神物等则不一定；二是圆雕，摆件都是立体的全圆雕。所以在考虑摆件的品相时，既要观察对石形的处理是否合理，又要观察圆雕全方位前后左右的布局是否得体。综合两方面因素，才可对品相有一个中肯的评价。

3. 品　位

摆件的体量大而允许容纳的元素多，可表现的文化内涵远比挂件和手玩件丰富，即使是同一个人物或同一个典故，例如，同是观音，或同是老子出关，不同的玉雕师会有不同的理解而有不同的创作。单独的人物、动物、神物等，其局部更可以淋漓尽致地刻画而使整体更加生动。一件摆件上几乎可以施展玉雕师们所有的技艺才华。如果摆件艺术特质浓郁，属写意的艺术品，那么又将另有一番天地。

所以，要品味一件有特色的摆件不是一件容易的事。

4. 购　买

普通的摆件几万元十几万元（图7-4-13），写实，有生动的吉祥物和直白的主题，只要自己看着喜欢就行。

有品位的摆件是艺术品（图7-4-14），我们已经知道，决定其价值的因素很多，而其价格往往是数百万数千万元，是否物有所值或物超所值？这个问题的判断比起挂件手玩件要复杂得多。所以，购买高档摆件一定要有买前的知识准备，做足功课，最好能向两位以上真正懂行的人士咨询。

图7-4-13　普通摆件

图7-4-14　高档摆件

五 戒面、珠链的选购实务

1. 品 质

翡翠的戒面、胸坠、耳坠由两类材质制作。一类是种老水足的满绿高档色料磨制，也有极少的红翡和红椿。我们已经知道，最好的绿色有四字要求："正、阳、浓、满"。在选购时，一般人容易忽视"满"字，高档戒面的满，不能是色根映照的满，必须是绿色真正充满整个戒面的满，不满则价往下掉，若是由少量色根映照的绿，则价还往下掉。

除四字外，在戒面这种只有指甲大小的滴水之地，还讲究"匀"字，即色饱和度与色调都要均匀，不能部分浓部分淡，或部分色跑调。有这两种现象就得掉价。

戒面料本身就是从毛料中最好的部位取出，可以说，戒面是翡翠料中的精粹，所以，其大小也是决定价值的重要因素。有资料介绍翡翠价格以克拉计（1克拉=0.2克），指的就是戒面，同等种水色，越重（越大）的戒面价值越高。

最后，还要观察绿与水的溶化程度，绿不能浮于表面，也不能沉于底部，水色交融是天作之合，戒面应该完美体现。红翡和红椿戒面也参照这些要求。

另一类戒面是无色的玻璃种戒面。这类戒面要求有荧光，但要注意荧光的程度应该若隐若现、游移不定。太浓太雾，说明种不够，达不到玻璃种；但若太透太清真如玻璃，又没有水的感觉失去韵味，没有看头。

图7-4-15　手链

图7-4-16　项链

两类戒面都不能有任何毛病，有一点就大掉价。

胸坠、耳坠、耳钉的品质要求与戒面完全相同，只是形状或者镶嵌不同。业内不用普通料制作戒面、胸坠、耳坠和耳钉。

珠链由珠子串成。若做手链，可由普通低档玉料制作；若作项链，也可由各种档次的珠子串成；种水色都很好达到戒面档次的串珠项链是超高档品。另外，也有全是椿色或者全是翡色的串珠项链。无论何种颜色的珠链，珠子都不可有裂，有裂者掉价。

2. 品　相

翡翠戒面一律是曲面而无刻面。其品相是看长、宽、厚的比例和曲面的端正与否。比较符合人们美感的比例是7：6：3或者5：4：2的椭圆形（图7-4-17）。如果椭圆的长轴较长（图7-4-18），则更适合作胸坠（图7-4-19）和耳坠（图7-4-20），如果椭圆的长轴较短，近似圆形，则更适合做成镶嵌的项链或耳钉（图7-4-21）。

图7-4-17　标准戒面

图7-4-18　长轴太长

图7-4-19　胸　坠

图7-4-20　耳　坠

图7-4-21　圆形耳钉

图7-4-22　太低太平

图7-4-23　太高太凸

图7-4-24　各种品相差的戒面

但是如果太扁平（图7-4-22）或太高凸（图7-4-23），都会失去美感。太高凸作戒面佩戴还不方便。市场上常见一些歪斜的戒面（图7-4-24），虽然是取料不易而致，但从品相的角度看，确非佳品。

素身串珠项链的品相，无论何种颜色，整串的色调要均匀，大小要一致，珠孔要正中，保证无歪斜。当然，也有居中者最大、两边逐渐变小的款式，则其大小过渡不可忽大忽小，递减必须顺畅。

3. 镶　嵌

选好戒面、胸坠、耳坠、耳钉后，都需要镶嵌，当然，市场上也有镶好的成品直接出售。

在瑞丽市场上，缅甸商人常把戒面镶在铜架上出售，这样让买家容易找到往后镶好后的感觉，但也暗藏玄机：一是可能掩饰有的戒面太薄，二是有黄铜衬底，增加戒面绿色的阳气。所以买家一旦认为价位、品相基本可以，一定要求卖家把戒面取下进一步观察水色。

镶嵌用黄金（Au）架或铂金（Pt）架，有包镶和爪镶两种，款式由自己挑选。包镶用足金，但包镶把戒面的下沿包住，遮盖了部分很昂贵的美，所以现在多用爪镶。

爪镶不能用足金即99.0金或99.9金（百分含量），因为足金太柔，一克足金可拉成3420米长的极细丝而不断，太软，硬度2.5，四个爪扣不住戒面。也不能用足铂即Pt990（千分含量），因为足铂也很柔，1克足铂可拉成400米长的极细丝而不断，很软，硬度为4，四个爪也扣不住戒面。

有的戒面包括挂件的镶嵌成品，如果背面被黄金或铂金封死，购买者就看不清翡翠的全貌，有可能背面会有严重的缺陷，有时候背面会留一个小窗，但面积较小，还是很难看清翡翠的瑕疵。完美的戒面或挂件的镶嵌品，背面都会留大窗口或设计成可以打开的款式。

爪镶的黄金除传统的黄色18K金外，常用白色的18K金，市场上又叫18K白金，含黄金75%。现代冶金技术可以使黄金不仅仅只是金黄色，已经冶炼出若干种颜色的18K黄金，叫彩金。常见的有白色的18K白金，玫瑰色的18K玫瑰金，红色、蓝色、绿色、黑色等的18K彩金，任由自己喜欢挑选。

中高档以上的戒面常用白色的含铂千分之九百的Pt900镶嵌。使用18K黄金和Pt900铂金作镶嵌，是因为它们的硬度和加工性能刚好能满足爪镶的工艺和使用要求。

翡翠镶嵌常用其他宝石作配石。普通的几千元以下的戒指、胸坠等，可能用立方氧化锆ZrO_2，即市场上说的水钻。水钻是工厂里制造出来的人工合成宝石，十分漂亮却非常便宜，适合与18K金配千元以下戒面。但万元以上的戒面必然配真钻，戒面越高档，必然是碎钻换小钻，K金换铂金，即便铂金小钻其价数万，也远不及一粒戒面数十万数百万之价。市场上没有数十万数百万的戒面用水钻和K金去配镶的，因为，"宝马配金鞍"是人们对奢侈品的价值取向，也形成了业内的行规，那些上千万的套装镶嵌更是如此。

胸坠、耳坠、耳钉、项链等的镶嵌办法，与戒面的镶嵌完全一样。

六 成品的保养

翡翠的化学性质十分稳定，它即使是浸泡在强酸或者强碱溶液中，也需要加强热才能缓慢起反应而发生变化，而我们日常生活和工作的环境中并不会出现这种情况。所以，它不怕油、盐、酱、醋、酒，也不怕任何弱酸性、弱碱性及中性的肥皂、香皂、洗洁精、洗发液、沐浴露，更不怕种类繁多的化妆品、美容品。同时，翡翠的硬度高于木料、塑料、玻璃、铝合金、钢铁、石料（大理石、花岗岩等）等等材料制作的日用品和办公用品，与它们擦划时都不会被磨损而仍然保持原样。所以，翡翠的佩戴适应性特别强，根本用不着任何特殊的保养。戴脏了，随意用洗涤剂用牙刷清洗，不想戴时，取下擦净，放进盒子就行。

0.2克＝1克拉，1克拉＝100分。
通常，可独立作钻戒的钻石在15分以上。10分左右的太小，叫小钻，常用去做镶嵌的配石；5～6分左右的更小，叫碎钻，只能作配石。

翡翠只怕一件事：重敲重击，那样可能会使它断裂破碎。避免此事，便可以使"翡翠恒久远，一件永留传"。

SHICHANGSHANG
DE ZHENJIA FEICUI

市场上
的真假翡翠

理想的干净的市场并不存在，漂亮的表象下可能潜伏着险恶的陷阱。了解陷阱可能出现的时间和地点，避免金钱的损失和损失后糟糕的心境，会感觉很幸运，很有成就感。

什么东西值钱，就假冒什么，这似乎也算一个市场规律。翡翠如此广受欢迎又这般值钱，被做手脚搞假冒就不足为奇。不过翡翠是"货也特殊，假也特殊"，特殊到业内常有争议，业外很感迷茫。因此我们很有必要了解它们。

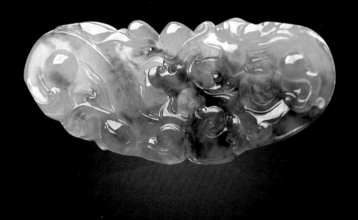

四种类别的翡翠

一 国标规定的优化与处理

我们已经知道，翡翠毛料从勘查、开挖到进入市场，经过了很多环节，人们承担着巨大的风险，投入了巨大的资金和人力物力，可惜其中高档毛料凤毛麟角，只是万分之几，大量的是中档和低档的毛料。低档料中很多都是种水色底很差、裂癣棉脏遍布的"粪草料"，如"狗屎底"之类，做出成品将毫无美感，卖价不抵工料钱，或者无人要，卖不掉，然而弃之又非常可惜。咋办?

这种情况不唯翡翠独有，其他宝石和玉石也有。例如钻石，巨大的资金和人力物力投入后，开采出来的金刚石也有很大一部分不透明、灰黑色、瑕疵多，根本达不到佩戴用须"美丽"的要求，业内说"达不到宝石级"。又如红宝石、蓝宝石、祖母绿、和田玉等，其原料都有很多达不到宝石级。

可见，这是自然界产出的众多珠宝玉石普遍存在的现象。于是，面对着可能产生的巨大的金钱和资源的浪费，人们想出了很多办法，力图除去这些缺点瑕疵，同时增加漂亮的色彩、透明的程度、牢固的程度等等。

这些"除劣增优"的办法，所得到的效果有两种情况，一种是不可逆转的、永久性的美，被市场认可而形成传统，则其方法被划为"优化"。而另一种的美是暂时性的、一段时间后又会返本还原或者更难看的，甚至破坏原宝玉石优点的，这样的结果是不被人们接受的，则其方法被划为"处理"。这是国家标准GB/T 16552-2010做出的规定。

在国标"定名规则和表示方法"中还进一步规定，优化的宝玉石可以直接标出或称呼其名称，但处理的宝玉石必须在其名称后面加括号标明"处理"二字，乃至注明处理的方法。例如，优化的红宝石就标"红宝石"，而处理的翡翠必须标明"翡翠（处理）"。

二　市场上的四种翡翠

令人遗憾的是，迄今为止，人们对翡翠劣质毛料采取的各种"除劣增优"的方法，除了某些褐黄色的黄翡经过加热变为漂亮红翡的"烤红"（广东叫"焗红"）属于优化之外，其余的都属于"处理"。于是，"处理"使市场上出现了四类翡翠成品。

1. A 货

全天然的，按前"翡翠的加工流程"部分所述传统方法加工出来的翡翠成品，市场上叫A货。

2. B 货

不是全天然的，经过人工酸洗注胶的方法加工出来的翡翠成品，市场上叫B货。

有些低档料，无种无水，裂隙和晶隙中有很多脏杂，加工出的产品被称为"粪草货"，无人要。如"翡翠的自然属性"所述，这些脏杂多为金属氧化物，可用强酸与其反应溶解而将其除去，整块毛料就会被漂洗白净；另有部分脏料，其颜色除杂质所致外，还有晶格中的致色离子所致，因为强酸不会与硅酸盐反应，所以晶格不会被破坏，晶格中的致色离子仍然存在，漂洗后仍保留着这部分颜色。无论全白还是留有部分晶格中的本色，最关键的是，在漂白的同时，杂质对晶粒的黏接作用和晶粒间的相互作用也被破坏，即结构被破坏，整个块体很疏松，就像是写黑板的粉笔，用手一掰就碎。于是，又使用高压下注入透明胶的办法把它粘牢，粘牢后的料子具有一定的透明度，少量有色，绝大部分无色，即可用去加工成品。

这就是"酸洗注胶"法。这种方法于八十年代中期源于香港，香港叫"漂白货"，内地叫"洗澡货"，又叫"漂白洗底货"。因漂白的英语是Bleached，港人中英文混说，取其第一个字母，称为"B货"。

所有无色的B货并不上市，中途用去做B+C货去了，只有少量有色的B货上市。另外，有少量种水色都好的A货，因表面少量脏杂用机械的方法难以除去，但在强酸中稍加浸泡便可除去，让表面洁净有卖相，业内称为"高B货"。高B货到底算A货还是算B货曾引起业界争议，因其内部结构未被破坏，一般仍认其为A货。高B货在市场上极少。

如前述，铁龙生干而无水，因其绿色是晶格中的Cr^{3+}所致，不会与强酸反应因而留存，故铁龙生常被做成有水又带绿的B货。还有前述的"八三玉"，有色无水，色是晶格中致色离子所成，但其种粗，晶隙大，很适合做B货增加水头，曾经大量出现了好几年，引得市场纷乱，只是后来该场口挖完了，其B货成品也卖完了，近些年才淡出了市场。

3.C 货

不是全天然的，经过人工染色的方法加工出来翡翠成品，市场上叫C货。

一些成品，稍有种水，但无颜色，或种水色皆无，虽然底干净，但仍无卖相，有人就用人工为其上色。因人工上色最早也源于香港，颜色的英文是"coloured"，故取其第一个字母称为C货。人工上色大大增加了成品的卖样，极具迷惑性，其方法目前可以归为两种：

第一种是表面上色。办法有三：一是液体染料浸泡，把抛光好的挂件或手镯放入染料溶液中浸泡1~3天，取出后晾干，用毛巾擦净即可，可染成淡紫色或淡蓝色；此法可使整块挂件或整支手镯都显现淡淡的椿色或淡淡的蓝色，不见固体色粒，真假较为难辨。二是固体染料硬磨，此法用于手镯，抛光时在手镯的某一段上用固体染料"硬磨"上淡紫色或淡蓝色，用毛巾擦净即可；此法粗看效果自然，但细看，尤其是用10倍放大镜看，在表面凹隙处会有残留的固体色粒，由此鉴别。三是用绿色的指甲油"包皮"，此法专用于戒面，将无色的高冰种或玻璃种戒面置于绿色指甲油中数十分钟，取出晾干，表面就会包裹上一层绿色的薄膜，由于种水好，整粒戒面透绿，一般人难以察觉，业内又叫"穿衣""包皮"或"镀膜"。

液、固染料上色的C货挂件和手镯，用酒精浸泡或擦拭，色就会退去，或者戴着洗几次澡，淡椿或淡蓝也会退去。有的消费者细心，发现了，奇怪，提出疑问；有的消费者不注意，没发现，也就算了。穿衣镀膜的戒面用手指擦摸有阻滞感，用小刀一刮即破，或在墙体或石板上一擦即破，若佩戴，数月即失去光泽而变闷难看。

以上三种方法染的颜色，都"浮"在表面，细心观察，经常对比，可以分辨。

另一种是内部上色，此法专在B+C货的制作中使用，下文继续介绍。

应该说明的是，在翡翠的全行业中，上色的C货根本不存在所谓"激光打色"的办法。激光致色，不仅其基本原理在翡翠这种多晶集合体上不能适用（恕本书不赘述），而且其设备的昂贵，与产品的低贱"不对称"，不会有哪位憨老板来干这种亏本生意。

4. B+C货

不是全天然的，经过人工酸洗、上色、注胶加工出来的翡翠成品，市场上叫B+C货。

B+C货十分漂亮，价格也很便宜。在云南大理、丽江、版纳等旅游景点的小摊点上，一支B+C手镯近些年来价在80~120元左右，趋于合理。九十年代北京某些店里曾卖到两三千元，实属"乱整"。B+C货虽然漂亮，但同时也有很多缺点，所以价值很低。

综上所述，A货、B货、C货、B+C货，是翡翠是否经过人工处理和怎样处理的分类，而不是翡翠的价格档次。须知，若以价格论，A货中的低档小生肖挂件二三十元一个，而B+C货的手镯还需一百多元一支。有的小摊点上借A、B、C在其他行业和其他场合的等级概念，在其低档的A货上标上1至5个A：A—AAAAA，吹嘘其货是如何的"5A"级别，这当然既不是国家标准，也不是业内行规，只是蒙人的小把戏而已。

B货、C货、B+C货在国家标准中划为"处理"类，销售时必须标明"翡翠（处理）"才合法。

B货、C货在业内被视为"做过手脚"的货，消费者则视为假货。B货、C货做手脚的目的是为了混入A货卖高价，属恶意做假，所以制假者心虚，从来不敢直言，在业内也只是避人耳目，悄悄而为之。

但B+C货则不然，作为对低档废料的再利用，是正当而合法的。作为一种工艺品的生产，B+C货有正式的制作工厂。在批发市场上，批发商明确告知是B+C货，并按工艺品的价格批发。但在零售市场上，名称和价格的情况却较为复杂，有正规店按国标规定标明"翡翠（处理）"的，有小摊上回答客人是"新玉"的，也有流动贩告诉客人是"翡翠"的，消费要注意区分。在卖价上，有卖七八十元、一两百元的，较为合理；也有胆子大卖两三千元的，纯属欺诈，要十分小心。

　　B+C货在要买A货的消费者眼中，仍然是假货。但"萝卜青菜各有所爱"，在一些低消费的人群眼中，既戴了玉又漂亮又便宜，戴上几年难看了扔掉再买，是十分划算的。所以B+C货还是有相当的市场。

B+C货的制作与鉴别

一 B+C货的制作

B+C货的生产技术一直保密，九十年代该技术曾卖到30万元左右，因此行业内外众说纷纭。我们在此介绍某家B+C手镯制作厂的加工流程，以飨读者。

1. 套 坯

如"翡翠的加工流程"所述，大块的低档毛料经过水机解切成块，又经过油机切成片，如果货主确认这批片料只能做B+C手镯，则会将其送到手镯厂套好坯后（见前图6-2-3），再送到B+C厂。

2. 酸洗漂白

把成批的手镯毛坯放进盛有强酸溶液的方形容器中浸煮，方形容器外壳用铁板焊制，内衬胶垫，上面有盖子，以便随时揭开查看漂白情况，下面用蜂窝煤炉加热（图8-2-1）。数十个这样的简单设备沿墙放置，组成酸洗漂白车间（如图8-2-2）。

图8-2-1 蜂窝煤炉加热的酸洗设备

图8-2-2 酸洗车间

　　酸洗的关键技术在于用何种酸来浸煮。如"翡翠的自然属性"所述，从理论上说，很多强酸都可以与翡翠裂隙和晶隙里的脏杂物质反应，但是从生产上说，生产不是实验室，只用试管、烧杯、酒精灯，生产还必须考虑诸多条件，如酸对操作人员的毒害性，酸的经济成本，酸的运输和保管的安全性，反应产物的毒害性，废弃物处理的方便与成本，等。

　　根据这些综合要求，在B+C厂的实际生产中，根本不能使用的有两种酸，一是氢氟酸HF，二是硝酸HNO_3。氢氟酸是挥发性酸，其蒸气有强烈的刺激性气味，其气体和溶液在危险化学品的三项危险系数指标中都是最高级别，属剧毒，空气中含量超过50ppm即百万分之五十，短时间内人的呼吸道、肺、眼睛和皮肤就会受到腐蚀和损害，因此，在非密闭并加热浸煮的条件下，无人能进入车间工作；同时，所有的酸都不能与硅酸盐反应，唯独氢氟酸很容易与之反应，虽然毛料中三种主要硅酸盐矿物的反应速度有所不同，但手镯坯体必将受到严重的酸蚀而不能使用。所以氢氟酸无论贵贱，都不能使用。

图8-2-3A　厂里堆放的磷酸

　　硝酸也是挥发性酸，而且具有强氧化性，很不稳定，无论稀、浓，稍微加热立即分解，浓硝酸分解放出红棕色剧毒二氧化氮NO_2，硝酸在危险化学品三项危险系数指标中也是最高级别，属剧毒腐蚀品，空气中含量超过62ppm即百万分之六十二，即会对呼吸道和皮肤造成烧伤损害，因此，在非密闭并加热的条件下，整个车间将弥漫着红棕色的毒气，无人能够进入工作。所以硝酸无论贵贱，都不能使用。

　　实际上，该厂使用的是盐酸HCl和磷酸H_3PO_4的混合酸（图8-2-3）。浓盐酸是挥发性强酸，有刺鼻气味，三项危险系数中等，但随着浓度的降低，挥发性减小，毒性亦降低，但太稀了作用缓慢，一般配制在18%~20%左右，加热时只有少量

图8-2-3B　磷酸桶

挥发但不分解；盐酸与翡翠裂隙和晶隙中的所有金属氧化物、氢氧化物及非硅酸盐都能反应，生成的氯化物除氯化银AgCl外，都极易溶于水不，很容易从微细的孔隙中带出，从而漂白翡翠，例如：

$$FeO（OH）\cdot nH_2O+3HCl=FeCl_3+2nH_2O$$

$$MnO+2HCl=MnCl_2+2H_2O$$

磷酸是不挥发的中强酸，且在82℃以下十分稳定也不分解，无任何气味，三项危险系数处于最低值；同时，磷酸是三元酸，与盐酸混合起到缓冲剂的作用，可以保持溶液的pH值即酸度长时间不改变，从而使反应顺利进行；通常磷酸的配制浓度为30%~40%。盐酸和磷酸都较便宜。

使用本混合酸的生产温度为70℃左右。漂白时间的长短还需看每批坯料的种质而定，种很粗孔隙较大的，时间短；种相对好些孔隙小些的，时间长。由技术员随时检查确定，一般至少10天，最长的可达45天。

也有的厂用硫酸H_2SO_4代替盐酸，组成硫酸和磷酸的混合酸。硫酸是不挥发的强酸，稀释后更为稳定，因此该配方的优点是几乎没有空气污染，且pH值更为稳定。但缺点是反应产物硫酸盐不溶于水的比盐酸盐（氯化物）较多，例如常见的硫酸钙$CaSO_4$等，它们会阻塞微隙而使漂白难于深入坯体内部，漂白效果不佳，所以通常较少使用。

还有文献提供实验室对比实验结果，用19%的盐酸与20%的柠檬酸钠组成的混合液，常温浸泡样品十天，可得到令人满意的漂白效果。

3. 清水漂洗

酸洗漂白达到要求后，将歪圈取出。此时坯圈已经变白变松，像粉笔，毫无翡翠的"水头"可言，被称为"粉玉"，粉玉须用水多次漂洗，目的是把残酸洗去，但因孔隙细微，实际上不可能洗净。

4. 铁丝加固

粉玉已经疏松，为防止后续工序搬运碰撞大量断碎，必须加固。加固的方法是沿外圈用铁丝勒紧扭死，若遇到很疏松的粉玉，还须在横向上再勒几道铁丝（图8-2-4）。

图8-2-4　铁丝加固的粉玉镯坯

5. 中和扩隙

　　为将粉玉中残存的酸渍洗去，需用碱液浸泡中和。通常用纯碱 Na_2CO_3 溶液，因纯碱是弱碱，无须特殊设备，加入清水配好溶液，将粉玉放入即可浸泡清洗。数天后，pH值为7时，即为中和完毕，取出后再用清水冲洗几遍即可。

　　有时，对于一些结构较紧，晶隙较细的坯料，酸液难于完全浸入，酸洗效果不好，仍有脏杂，则本道工序将纯碱换为烧碱氢氧化钠NaOH，烧碱是强碱，如"翡翠的自然属性"所述，可以与硅酸盐反应。于是，烧碱不仅中和了残酸，而且能继续与硬玉、绿辉石、钠铬辉石三种主要矿物成分的晶粒表面缓慢反应，将其腐蚀而使晶隙和裂隙扩大。之后，又复用混酸浸泡，便可将坯圈彻底漂白。

　　可惜的是，严格实施本道工序的B+C厂没有几家，尤其是酸洗已经达到漂白要求的。而这一点很容易做到，因为做B+C的低档料多数就是种粗裂大、容易漂白的。所以，为了节约成本，多数B+C厂都跳过本道碱洗中和工序，不顾粉玉中还有残酸，用铁丝加固后，就直接送去上色。

6. 人工上色

　　人工上色非常简单。由于粉玉有无数微隙，像粉笔或海绵一样极易吸水，所以，只需用毛笔沾上水溶性染料直接往上涂抹，颜色就会沿微隙透入，直到整体，这就是内部上色，如此而已。成本之低廉，才可能保证价格之低廉。

　　在上色室里，架子上摆放着各色普通水彩画颜料或丙烯画颜料（图8-2-5），常用的是翠色系列、椿色系列、翡色系列、蓝色系列，工人用清水调配好欲上颜色的色调和浓淡，若要在手镯上分段上色或点色或上几种色，就用毛笔随意点涂，也有仔细者小心点涂，让色向周围和内部慢慢渗透散开，接近自然更加逼真（图8-2-6）；若要整支上一种颜色，则在塑料桶里用清水调一桶颜料，把成批粉玉坯圈放入浸泡（图8-2-7），数分钟后取出，晾干即

图8-2-5　架子上的各色染料

图8-2-6　毛笔点色

图8-2-7　整体浸泡上色

可。何须传说中的"激光"？

7. 高压注胶

　　由于胶有黏性，粉玉的无数微隙中充有空气，要直接把胶压入微隙是十分困难的，所以要先抽真空。抽真空和高压注胶都在同一个特制的高压釜中进行（图8-2-8）。

　　将上好色的粉玉坯圈批量放入高压釜中，合盖密封。首先按下真空钮，空压机启动抽气功能，将釜中空气连同粉玉微隙中空气逐渐抽出，达到真空标准后，打开注胶阀，胶液被吸入釜内，将坯圈全部淹盖。此处所用的胶，是由环氧树脂与固化剂调配而成（图8-2-9）。胶将坯圈淹盖后，釜内恢复常压，然后再按加压钮，空压机启动加压功能，即可将胶

图8-2-8　抽真空与注胶的高压釜

图8-2-9　日本进口的环氧树脂

顺利压入粉玉的无数微隙。胶注满后，恢复常压，开盖，充胶结束。

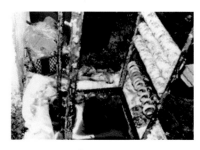

图8-2-10 淋胶风干

8. 淋胶风干

从高压釜胶液中取出的坯圈犹如从泥浆中取出一样，需要将其上架，让多余的胶自然淋去，并在常温下自然风干数天（图8-2-10），如果急于烘干，收缩太快，则会开裂。

9. 烘烤干固

图8-2-11 烤箱烘干

如果要在常温下等胶完全干固，则需耗时数十天，效率低下，所以，待风干的胶不粘手时，即可进行烘干。烘干设备是电烤箱（图8-2-11），将半干的坯圈批量放入烤箱中，加热烘烤，干固即可。但烘烤温度不可太高和太快，否则胶又开裂。

干固后，将原来紧固的铁丝拆除，B+C处理的工序即告完成。

酸洗、上色、注胶后的半成品，重新有了水头和颜色，细观之，发现下滴干固的胶很透明，可见其水头是由胶引起的（图8-2-12），若无胶，则只是一块毫无透明度可言的干涩的粉玉而已（图8-2-13）。

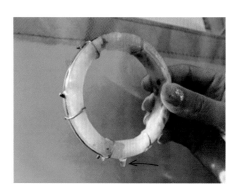

图8-2-12 B+C的透明度是胶引起的

图8-2-13 注胶与未注胶对比

图8-2-14　B+C手镯成品

10. 加工成型

B+C厂只做到上述半成品，货主把半成品再送到手镯厂加工。虽然加工与A货一样，也需近二十道工序，但由于B+C的结构被破坏，靠胶黏结，故硬度降低，所以加工速度提高，只需A货的一半时间，因而加工费也便宜。经过如"翡翠的加工流程"所述的工序，一支漂亮的B+C货的手镯成品便制成了（图8-2-14）。

此处特别要告知的是，笔者曾参与过手镯厂的生产管理，亲眼所见在打磨B+C坯圈的过程中，由于带有B+C石粉的冷却水的浸泡接触，部分工人的手指丫、手背、手掌会发生过敏、红肿、起泡，这在A货手镯的加工中是不会出现的。很显然，这是由坯料中残留的化学品毒蚀所致。这部分工人是戴着胶皮手套工作的。

二 B+C货的缺点

知道了B+C货的制作过程，其缺点就容易理解了。

1. 不牢固

B+C货毛料的结构已经被破坏，虽由环氧树脂重新黏合，但其牢固性大大降低，在相同外力的撞击下，A货不断裂，B+C货可能就会断裂。

2. 会老化

B+C货的透明度是由环氧树脂引起的，其颜色也是在这种半透明的条件下才得以显出。但环氧树脂会老化，就像塑料薄膜、塑料制品会老化一样。老化的时间，正常佩戴3~5年；如果经常晒太阳，遇高温，接触油盐酱醋和酸性碱性洗涤剂化妆品，则两年左右。老化的现象是变黄变脆，原来的透明度和漂亮的色彩也一同变暗变闷而失去光鲜。所以，B+C货并不会像A货那样"越戴越水，越戴越亮"，而是越戴越难看。

不过，B+C货人工所上的颜色在玉质内部，被胶封住，不与外界接触，不会褪色，只会随着胶的老化而变闷、模糊、淡化。

3. 有影响

从加工过程中部分工人的手会红肿来看，B+C货内部残留的化学物，的确会对部分人的皮肤造成损害，虽然胶封住了微隙，但长期处于人体温的热度下佩戴，不能排除这种损害对部分人皮肤的影响。

4. 不保值

由于B+C货的美不持久，不具备珠宝玉石"久"的特性，因而不具备珠宝保值的功能。将它作为普通的工艺品是恰当的。

三 B+C货的民间鉴别

B+C货在技术监督部门用仪器是很容易鉴别的，在对其经常接触的业内人士中，凭直觉也是很容易鉴别的；但对于消费者和入行不深的人士来说，还是难于鉴别。因此，我们总结了4条简单可行的民间鉴别方法，以供参考。它们是："感觉光泽，感觉颜色，听声音，问价格。"

所有的B+C货都是透明而有"水头"的，在这个前提下，使用这四种方法很容易对其进行鉴别。

1. 感觉光泽

有水头的A货，其表面的光泽是铮亮的，尤其是冰种和玻璃种，有玻璃的光感，即玻璃光泽；同时，其内部的内含物是清晰的，如有棉、冰碴等，较为清楚；如果水头不足，包括糯种，则内部颗粒状、斑块状的明暗差别有边缘，也是较为明显的。但是，B+C货表面的光泽是环氧树脂干固后的树脂状光泽，或者说，像有机玻璃板（亚克力板）的光泽，虽是亮，但无玻璃的光感；其内部的透明度，是浑而均匀的，像稀米汤，没有晶粒的感觉，即使有，因晶棱和晶面或多或少被腐蚀，其明暗差别的边界也是很模糊的。

2. 感觉颜色

A货的颜色是千百万年渐变渐成的，尤其在有水头的种质中，无论何种颜色，色调层次丰富，色形舒卷自然，色水交融有灵动之感。但B+C货的颜色除少数精心点画的较难区别之外，绝大多数的表现是，色调变化简单呆滞，色形成片成段均匀死板，色感或闷暗，或艳而妖冶，业内说

"邪，色邪"。

3. 听声音

此处专指听手镯的声音。用一根细线吊起手镯轻轻敲击，A货除种粗的低档货之外，糯种、冰种、玻璃种都会发出清脆的声音，声音中有悦耳的高音部分，业内说有"钢音"，且有余音，种越好钢音越明显，余音越长，越好听，正所谓"叩之其声清越以长"（孔子）。但B+C货的声音无钢音，闷而短促，酸洗越厉害，注胶越多，其音越闷哑。

消费者和初入行者需要用一支种好的手镯轻敲，两者对比，一听了然。

要说明的是，A货的低档手镯和有横裂的手镯，其声音与B+C货手镯差不多，但水色又不如B+C货，所以并不会相混。

4. 问价格

实际上，以上三种办法对于与翡翠接触不多的人士来说，短时间内还是难以掌握。最简单的办法莫过于问价格了。看着通明透亮，又有很多鲜艳的绿色、紫色、黄红色、蓝色中的一种或几种，便可问一问货主价格，通常货主开价两三百元，就算再狠一些开价到两三千元，那就是B+C货无疑了。即使是碰到开价两三万元的不法骗子，也是B+C货无疑。因为，那么漂亮的手镯，如果是A货，必定是几十万元，如果通明透亮绿又多的，肯定是几百万元。如此巨大的价差，绝大多数守法商户都不会干这种勾当。所以，问价格也是一个不鉴定就可鉴定的好办法。

当然，我们已经知道，如果小摊点介绍说是"新玉"，那就不用鉴别，是B+C货无疑了。

以上4种办法，如果能够四种同时综合运用，可靠程度就更高。

四 不正确的民间鉴别

民间流传的几种所谓"鉴别"办法并不正确，切不可使用，否则会上当受骗，现举三例。

例一：划玻璃。民间说："能划玻璃的是真玉（指翡翠，下同），不能划的是假玉"。此法大错。玻璃的硬度是5，硬度大于5的石头很多，除翡翠外，还有花岗岩、玛瑙、金刚石、刚玉、马来玉、水沫玉，黄龙玉等等数十种，都能划玻璃。所以，不能用是否划得了玻璃来判断是否是真假翡翠。

例二，烧头发。民间说：用头发缠绕玉，再用打火机去烧，烧不断是真玉，烧断了是假玉。此法大错，此法试一试就可知道，头发缠紧任何石料只要无空隙，石头传热快，无论真假翡翠，几秒钟都烧不断；头发缠松留空隙，无论真假翡翠，瞬间都烧断。

例三：试凉热。民间说：用手摸，用脸贴，感觉如果是凉的，是真玉，如果是温的，是假玉。此法大错。这是物质的导热率问题，导热快的感觉凉，导热慢的感觉温，但是与翡翠导热快慢差不多的石头和材料很多，包括玻璃，它们摸在手上贴在脸上都是凉的，根本无法区别。此法倒是可以将翡翠与塑料、木头等区分，但却是无用的。

真正的假翡翠

市场上确有一些其他材料和玉石，它们的外观与翡翠相似，但化学成分和矿物组成根本不相同，是不同的物质。它们的价格远不及翡翠，当它们以自己的名称即真实的身份销售时，与翡翠的真假风马牛不相及，无从谈假；但是，如果有人把它们冒充翡翠销售，那就是真正的假翡翠了。下面介绍几种可能拿来冒充翡翠的其他材料和玉石。

一 人工合成的假翡翠

1. 马来玉

八十年代末期，该产品出现在国内珠宝市场上，推销者为了打开市场，取假名"马来西亚玉"，简称"马来玉"，其实马来西亚根本不产此"玉"。

制造目的就是为了仿翡翠的，是所谓的"马来玉"。马来玉的化学成分是二氧化硅SiO_2的多晶集合体，其工业产品名称是"脱玻化玻璃"。玻璃本是典型的非晶体，在它从液态冷却为固态的过程中，通过技术控制，可以将其转化为多晶集合体，如此便脱去了非晶体的性质而被称为"脱玻化"，但仍是玻璃。绿色的脱玻化玻璃在国内工厂里大量生产，尤其是各

图8-3-1 马来玉戒面与手镯

型戒面，制造商只是用作仿翡翠的工艺品（图8-3-1）出售。

然而，绿色脱玻化玻璃制作的戒面与翡翠戒面非常相像，一上市就被不法商贩用去诈骗。曾有某店将5元一粒的马来玉冒充翡翠戒面，3000元卖给北京客人，被"焦点访谈"曝光；也曾有某贩用8元一粒的马来玉冒充翡翠戒面，5000元卖给某国驻昆总领馆官员；还有某贩用10元一粒的马来玉冒充翠戒面，1万多元卖给台湾游客。这些不法行为曾一度扰乱翡翠市场，这些恶劣案例都被重处重罚。

马来玉戒面其实比较容易识别。对光看，绿色是青苔状或丝网状，且戒面周围一圈都是光亮无色的（图8-3-2）；翻过来看戒面底平面，有浇铸时的冷却收缩浅凹坑（这一点染色石英岩没有）。如今市场成熟，已鲜闻用马来玉诈骗的事了。

被同时称为马来玉出现的，还有人工染成绿色的石英岩。它与脱玻化玻璃的化学成分一样，是SiO_2的多晶集合体，但它是天然产出人工染色。市场上有，但很少。

图8-3-2 马来玉的青苔状色网及明亮的边缘

2. 烧 料

所谓烧料，其实也是玻璃，是普通玻璃工艺品中的一种，常做成手镯，半透明到微透明，有绿色和各种颜色（图8-3-3），10元左右一支，与翡翠在外观上就有很大的区别。若观察两者断口，更为明显：翡翠是粗糙凸凹的，玻璃是光滑流畅的（图8-3-4）。

图8-3-3 烧料手镯

图8-3-4 翡翠与烧料断口比较

二 中缅边境市场的假翡翠

1. 水沫玉

　　七八年之前，水沫玉一直都专指钠长石玉，但近些年来，无色石英岩也参加进来，被称为水沫玉。故如今中缅边境的水沫玉就有两种，两者都是天然的，两者都产自缅北野人山，但石英岩不被质监部门认可是水沫玉。

　　钠长石水沫玉有无色和多种颜色，多数透明度很好，无色透明度好的可冒充玻璃种翡翠。但其最大的缺点是块体上都有很多黑色、灰黑色和黑蓝色的絮状和块点状杂物，恰似流水冲进不太干净的水塘里激出的泡沫，因而得"水沫"之名（图8-3-5）。若做手镯，取料套坯时几乎不可能避让"水沫"，所以手镯上都带有这一特征，与翡翠较易区别。但做小挂件和戒面时，可不出现黑色，便与翡翠玻璃种相似，此时，可以从光泽不及翡翠的玻璃光泽强，和掂重不及翡翠的手感沉两个方面加以区别。

　　无色石英岩水沫玉绝大多数透明，大块体上少部分有白色絮状或点状的棉，与高冰种和玻璃种翡翠十分相似，甚至透明度比翡翠还高。其做成的挂件和手镯都通明透亮，常有荧光，虽然没有水的感觉，但仍然很漂亮（图8-3-6），因其挂件和手镯的价在百元至几千元，所以近两三年十分畅销。

　　石英岩水沫玉很多，初接触的人士可以用"问价格法"简单区别，因为达到如此通透的翡翠玻璃种挂件很少，几十万一个，手镯更是极少，上百万一支，由此巨大的价差可以区别。戒面则较难，两者都有荧光，主要是看表面的光泽，翡翠玻璃种是很亮的玻璃光泽，而石英岩水沫玉则明显较弱，尽管它也许更透明。

　　两种水沫玉在中缅边境瑞丽、腾冲等地市场上都多，尤其是无色石英岩水沫玉做的手镯、挂件、戒面，更多。绝大多数商家明确告知是石英岩水沫玉。

图8-3-5　钠长石水沫玉手镯

图8-3-6　石英岩水沫玉挂件与手镯

值得指出的是，有部分石英岩水沫玉佩戴数月后，有变白"起棉"现象，影响美观。

图8-3-7A　不倒翁切料

图8-3-7B　不倒翁

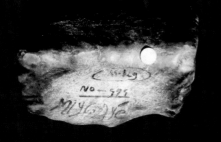

图8-3-8　困就

2. 不倒翁

　　一种产自缅北的绿色至半透明玉石，其绿色较淡，很像带绿的翡翠，微透明至半透明，但不及翡翠漂亮（图8-3-7），其主要矿物成分是水钙铝榴石。20世纪80年代末，不倒翁的毛料已在瑞丽、腾冲等市场出现，直接冒充翡翠，近些年因其较易识别，所以毛料还有，但成品已较为少见。

3. 困　就

　　"困就"是缅语音译，又译为"昆纠"等，产自中缅边境一带，其主要矿物成分是透闪石—阳起石，与新疆和田玉一样，但因成矿条件各异，缅产的困就半透明，上有带状和团状的绿蓝色或灰蓝色，质感与翡翠有明显差别（图8-3-8）。困就与不倒翁一样，20世纪80年代末就在瑞丽、腾冲等地市场出现，用以冒充翡翠，近些年毛料还有，但成品已较为少见。

4. 其他类似翡翠的天然玉石

如"翡翠的产地与产出"所述，缅甸北部地质条件特殊，是全球优质翡翠的唯一产地。不仅如此，那是还蕴藏有金、银、锡、铝、锌等金属矿，还产出很多的带绿色的各种玉石。随着翡翠行情的高涨，这些绿色玉石被缅甸商人零星地、不断地带到瑞丽、腾冲、盈江等地市场，多数冒充翡翠毛料出售，少数制成成品出售。据云南珠宝科研所近些年受理检测的毛料和成品，就有近二十种，例如镁钠闪石玉（图8-3-9），棕色钙铝榴石玉（图8-3-10），棕色石英质玉（图8-3-11），萤石玉（图8-3-12），铬云母石英岩玉（图8-3-13），角闪石—白云石玉（图8-3-14），等。其中有的正在谈价，有的已经成交，送检时才发现不是翡翠，例如某买家送检的"翡翠"满绿摆件，实为绿辉石—角闪石玉（图8-3-15），已谈妥价格为120万元。

虽然这样的情况不是很多，但消费者要出大价买毛料时，或者购买环境特殊时，还是先多咨询，若是成品，先请质检部门检验为妥。

图8-3-10 棕色钙铝榴石玉

图8-3-9 镁钠闪石玉

图8-3-11 棕色石英质玉

图8-3-12 萤石玉

图8-3-15 绿辉石-角闪石玉摆件

图8-3-13 铬云母石英岩玉

图8-3-14 角闪石-白云石玉

三 国内的其他绿色玉石

1. 绿独玉

图8-3-16　南阳翡翠（绿独玉）挂件

绿独玉即绿色的南阳玉，如"翡翠的文化属性"所述，为河南省南阳市独山所产。绿独玉半透明，绿色很艳，与翡翠十分相像，被称为"南阳翡翠"（图8-3-16）。曾有人将一块约60公斤的绿独玉毛料做上假皮，从河南运到云南，高价当翡翠毛料卖出（图8-3-17）。但独山玉的绿色多有很明显的蓝色调，能够与翡翠的绿区别。

图8-3-17A　绿独玉毛料

图8-3-17B　绿独玉毛料

2. 东陵玉

东陵玉的矿物成分是玉髓，即等粒的石英岩。东陵玉有几种颜色，其中最多的是绿色、满绿，色较艳。东陵玉在河南有产出，但国内市场更多的是来自印度，因与翡翠相似，故又被称为"印度翡翠"或"印度玉"（图8-3-18）。尽管东陵玉与翡翠都有绿色，但其质感、透明度、色调都有显明不同，并不难区别。

图8-3-18 东陵玉串珠

3. 绿岫玉

岫玉产自辽宁省岫岩县，是中国最早使用的古玉种之一。岫玉从不透明到透明都有，也有多种颜色，很多岫玉都是淡的草黄绿色（图8-3-19）。绿岫玉的黄绿色调与翡翠的黄秧绿色调仍然不同，常看并不会混淆。

图8-3-19 绿岫玉手镯

4. 碧 玉

碧玉曾经是一个泛称，自古以来，很多绿色的玉石都被称为碧玉，翡翠在进入中原的零星异宝时期，也曾被称为碧玉。虽然国标规定不按产地名命名玉名，但民间仍然沿袭这一习惯，以地名称呼并区分碧玉。目前市场上的碧玉，有和田碧玉，产自新疆和田县，绿色似菠菜绿（图8-3-20）；玛纳斯碧玉，产自新疆玛纳斯县，因在准噶尔盆地南缘，又叫准噶尔玉，其绿色偏黑，且有黑点（图8-3-21）；青海碧玉，产自青海省，色为青色，2008年北京奥运会银牌和铜牌上的玉正是此玉（图8-3-22）；俄罗斯碧玉，产自俄罗斯，色较艳，黑点较少（图8-3-23）。

图8-3-20 和田碧玉手镯

图8-3-21 玛纳斯碧玉手镯

图8-3-22　青海碧玉手镯

图8-3-23　俄罗斯碧玉手镯

每一种玉石都将长期存在着真假鉴别的课题。向读者介绍本节的目的，仅在于此。

其实，这四种碧玉的主要矿物成分都是透闪石—阳起石，即与和田玉是一样的，因此可以说，碧玉是和田玉的一个品种。这四种碧玉的绿色不仅互有差异，它们与翡翠的绿色也有很大的差别，再与各自的底子玉质相配，是很容易区分的。

四　市场的成熟及其他

真正的民玉时代在中国经济腾飞的大背景下，迅猛发展至今不过二十多年，每一种玉石都有被假冒的经历和过程。随着市场的成熟，恶意的、以此冒彼的非法行为将被打压至阴暗的角落。但即便如此，理想化的干净的市场并不存在。

中国玉石大家族的成员有六十多种，每一种玉石在其发展的过程中，都形成了自身独特的审美和价值体系，都拥有自己的粉丝和一片天地。正是由于众多玉石的争奇斗艳，才汇聚成了这座"外国人没有、中国人独有"的宝玉大花园。

东方人喜爱玉石，其性格便如玉石般温润含蓄；西方人喜爱钻石、红、蓝宝等彩色宝石，其性格便如彩宝般明朗直率。这绝非偶然。这种有趣的差异，正由东、西方文化世世代代酿造而成，无所谓优劣，都是甘美的硕果。

这其中，翡翠与和田玉尤为艳丽。和田玉中最好的品种并不是绿色的碧玉，而是白色的羊脂玉。以羊脂玉为代表的和田玉，从其发现、发展、加工、使用、品种、色彩、审美、价值等诸方面，形成了历史最悠久的以白为美为贵的白玉文化。而翡翠也如本书全面介绍的那样，形成了自己完整的审美与价值体系——翠玉文化。她们各领风骚，名扬四海，正如本书开篇所述，西方人将她们以"帝王玉"之尊小小心心带回家，用他们的方式，认认真真加以研究，得出自然科学方面的成果。不过直到现在，对其文化，仍大惑不解，毕恭毕敬。

后语

翻过山，渡过江

问道野人山，品翠滇池畔。彩云之南，普天之下，问道品翠者何止千万，笔者一品，若蒙赐教，不胜感激。

翡翠，这种集种质美、水头美、色彩美、文化美、工艺美、艺术美、变幻美、神秘美为一体的大美之物，是大地母亲送给我们东方这个民族的温馨的礼物。即使有一天，她被从地下全部搬到地上，她也不会消失，她将在人间辗转留传，永远散发着那无穷的魅力。

古人云："知行合一"（明：王守仁）。笔者以在翡翠学界和商界操作二十多年的亲力亲为，深深地领悟到先贤的这一哲理。翡翠特殊，其美丽倾国，其变化无穷，其知识博大，其市场诡异，"它山之石"，难以齐眉。所以其"知""行"之间，确实隔着一座山，隔着一条江。只知不行，知非真知；只行不知，行之不远；知行合一，乾坤定矣！

因此，无论您是从业者、消费者，还是欣赏者、研究者，都需翻过山，渡过江。

在您翻山渡江的辛苦行程中，愿本书能为您提供思考，增添乐趣，助力前行。

附录一　翡翠雕件常用吉祥语与对应的组合吉祥物

1. 财富类

招财进宝：聚宝盆、元宝、铜钱等。

财源茂盛：金蟾含钱；豆荚、玉米、石榴。

聚财行善：布袋和尚。

招财驱邪：貔貅、瑞兽。

四季进宝：四季花、果、元宝、铜钱。

财神进宝：文、武各二财神及元宝。

财源茂盛：元宝、铜钱、藤蔓。

财富有余：元宝、铜钱、双鱼。

富贵有余：元宝、铜钱、牡丹、鱼。

金玉满堂：鱼、池塘。

富贵无限：牡丹、盘长。

富贵绵长：牡丹、藤蔓。

玉堂富贵：玉兰、牡丹。

功名富贵：雄鸡、牡丹。

长命富贵：寿石、寿桃、牡丹。

十全富贵：十个铜钱、牡丹。

神仙富贵：水仙、牡丹。

平安富贵：花瓶、牡丹。

渔翁得利：老翁、竿、鱼。

马上进宝：马驮元宝。

广进百财：白菜。

招财童子：童子、元宝、铜钱。

代代富贵：大袋鼠、小袋鼠。

生意兴隆：花生、龙、元宝。

一路有财：鹿、元宝、铜钱、貔貅、金蟾踩铜钱。

财运亨通：胖猪、推车、元宝。

一统富贵：桶、元宝等。

富甲一方：豆荚、甲壳虫。

招财进宝："招、财、进、宝"四字一体符。

一夜致富：叶子、草龙。

2. 福寿类

福禄寿：蝙蝠、鹿、寿桃；葫芦、桃；三彩玉。

福禄寿禧：蝙蝠、鹿（葫芦）、桃、喜鹊；四彩玉。

仙寿无疆：寿星、寿桃。

龟龄鹤寿、龟鹤齐龄、龟鹤延年：鹤、龟。

福寿双全：佛手、蝙蝠、寿桃、2个铜钱；双彩玉。

翘盼福音：童子、蝙蝠，或"迎福纳祥"。

福寿绵长：佛手、蝙蝠、寿桃、藤蔓。

福寿如意：蝙蝠、桃、（佛手）、如意。

寿山福海：蝙蝠、寿石、水波纹。

五福临门：5只蝙蝠、灵芝；五彩玉。

福运天来、福从天来：蝙蝠、云纹。

福禄双全：蝙蝠、鹿（葫芦）、两个铜钱。

五福捧寿：5只蝙蝠围寿桃（或寿字）。

福上加福：佛手、蝙蝠。

钟馗引福：钟馗、蝙蝠。

双　福：两只蝙蝠。

福如东海：蝙蝠、水波。

妙手回春：寿星、葫芦。

福在眼前：蝙蝠、铜钱。

鹤寿延年：鹤、桃。

福寿三多：佛手（蝙蝠）、寿桃、石榴。

松鹤延年：松、鹤。

多福多寿：数个蝙蝠与桃子。

金猴献寿：猴、桃。

3. 平安如意类

竹报平安、节节高：竹节。

四季平安：四季花或果、花瓶。

岁岁平安：有裂纹的瓶子，花。

平平安安：瓶、鹌鹑。

玉堂和平：玉兰、花瓶。

永保平安：平安扣。

辟邪平安：腰牌，龙之七子狴犴，似虎头。

吉祥太平、太平有像：象驮瓶。

马上平安：马驮瓶。

平安如意：瓶、如意。

马上如意：马驮如意。

万事如意：万年青（似兰草及串果）、柿子、如意。

百事如意：百合、柿子、如意。

吉祥如意：象、童子、如意。

事事如意：2只狮子、绣球；2个柿子、如意。

人生如意：人参、如意。

万事如意：万年青、如意；万字符、如意。

吉庆如意：橘子、磬、如意。

四时如意：四季花或果。如意。

富贵如意：牡丹、如意。

称心如意：秤、如意。

喜报平安：喜鹊、花瓶。

福禄如意：葫芦、如意。

和合如意：和与合二仙；盒子、荷叶、如意。

4. 吉庆类

喜报三元：喜鹊、3桂圆，或3元宝、3荔枝。

连中三元：3桂圆、3元宝、3铜钱，相连。

喜庆有余：喜鹊、鱼。

室上大吉：雄鸡、寿石。

大吉祥：2只羊。（古时羊同祥）。

喜上眉梢、喜气盈门：喜鹊、梅。

喜在眼前：喜鹊、铜钱。

喜上加喜：喜鹊、喜蛛。

喜从天降：喜蛛、蛛网；或喜鹊、天竹。

吉庆有余：鱼、橘子；或鱼、磬。

连年有余：莲藕、荷叶、鱼

欢天喜地：上喜鹊、下獾

欢欢喜喜：喜鹊、獾

一路平安：鹿、花瓶。

路路顺利：双鹿、梨

万事大吉：万年青、柿子、橘子

百事大吉：百合、柿子、橘子

大吉大利：橘子、梨。

5. 其他吉祥类

鸳鸯戏荷、鸳鸯贵子：鸳鸯、荷花、莲子、

望子成龙、苍龙教子：上大龙，下小龙。

二龙戏珠：两条龙，一火球或宝珠。

灵龙戏珠：龙、火球。

双凤朝阳：2只凤、太阳。

丹凤朝阳：凤凰、太阳。

龙凤呈祥、龙飞凤舞：龙、凤。

龙凤牌：龙、凤，可分合。

凤麟呈祥：凤、麒麟。

麒麟送子：麒麟、童子。

麟吐玉书：麒麟、书。

狮滚绣球、事事如意：狮子、绣球。

聚宝虎、镇邪虎：虎、元宝。

官上加官：鸡冠花、公鸡。

万象更新：象、万年青、童子。

幸福美满：双蝠、双鱼。

安居乐业：鹌鹑、橘子、叶子。

五谷丰登：谷、麦、玉米等。

红运当头：头部有翡色的佛、动物。

定海神针、镇邪神柱：龙盘柱。

鲤跃龙门：鲤鱼、龙门。

英雄斗志：鹰与熊，2只斗鸡。

金枝玉叶：叶子。

英雄独立：1只鹰站立。

贵人相助、仙人指路：老者、童子。

四海升平：水波纹、芦笙、瓶。

瓜瓞绵绵：大瓜、小瓜、蝴蝶、藤蔓。

国色天香：牡丹、凤凰，又称"荣华富贵"。

玉树临风：玉兰。

五子闹弥勒：5童子、弥勒佛。

胜算在握：算盘、元宝、古钱。

钟馗捉鬼、钟馗驱邪：钟馗、剑、小鬼。

太师少师：大狮、小狮。

五毒避邪：蛇、蜈蚣、蝎子、蜘蛛、蟾蜍。

三阳开泰：3只羊。

知足常乐：人足、蜘蛛。

路路通、一路通：一孔腰鼓形，或多孔镂空坠。

时来运转：圆环抱珠子。

天长地久：天竹、地瓜、四季花（月季）。

今非昔比：蜥蜴、元宝或如意。

一步登天：一足直，一足弯的弥勒佛。

英雄教子：大熊、小熊。

十拿九稳、手到擒来：鹰抓蛇，鹰抓鱼。

一马当先、马到成功：一匹马。

天马行空：飞马、云纹。

马上封侯：马驮猴。

一夜成名：叶子、蝉。

英俊威武：鹦鹉

指日高升：红日、翔鹤、云纹。

独占鳌头：鹤、鳌。

附录二 一种形象的多种含义

1. 两只蟋蟀、竹节、如意：长相厮守、夫妻恩爱、成双成对、和和美美。

2. 大獾、小獾：辈辈欢乐、合家欢乐、和气生财。

3. 乾坤袋、猴子：乾坤在手、金猴献宝、财源滚滚、代代封侯。

4. 葫芦、如意、獾：福寿双全、福禄如意、欢乐如意、福禄寿。

5. 鹦鹉、如意、梅枝：英明神武、一字千金、金口玉言、英俊威武、喜上眉梢。

6. 竹节、貔貅：胸有成竹、虚怀若谷、竹报平安、步步发财、步步有财。

7. 蜥蜴、宝珠、铜钱：财富通达、今非昔比。

8. 如意带钩、鼠：财运如意、金鼠运财。

9. 佛手：福寿如意、福寿双全、得心应手、手到财来。

10. 圆环套圆珠：时来运转、好运连连。

11. 玉手、如意、宝珠链：福寿如意、财运如意、珠联璧合、得心应手、一切尽在掌握中。

12. 玉斧：遇福、开创大业、创业遇福。

13. 麒麟、宝珠：满身金甲、麒麟献瑞、招财辟邪。

14. 螃蟹、铜钱：富甲一方、八方来财、红运当头。

15. 花生、龙：落地生财、生意兴隆、龙生好运。

16. 螺蛳：赚钱、弯弯顺、步步高升。

17. 上山虎：八面威风、功成名就、事业有成、占山为王。

18. 下山虎：猛虎下山、势若破竹、势不可挡、虎啸风生、虎虎生威。

19. 蜥蜴、树叶：事业有成、一夜致富、今非昔比。

20. 蛹化蝶：喜出望外、苦尽甘来、生生不息。

21. 灵芝、两只猴子：金猴献寿、金猴献瑞、聪明伶俐。

22. 虾、财宝篓：富足有余、满载而归。

23. 龙、凤、宝珠：龙飞凤舞、龙凤呈祥、门当户对。

24. 孔雀、芦笙、如意：四海升平、富贵如意、多彩人生、歌舞升平。

25. 钵、米、鼠，如意：金玉满钵、金鼠运财、财富如意。

26. 蚕、桑叶：一夜致富、事业有成、商运长久。

27. 豆荚：财源滚滚、四季发财、连中三元。

28. 五鼠、玉米棒：五鼠运财、连环进财、财源广进。

29. 大小鹦鹉：金口玉言、教子有方、英明神武、飞黄腾达。

30. 霸下（龙之七太子）：雄霸天下、蓄势待发、背走千金。

31. 大象、猴子、灵芝：向上封侯、必定富贵、王侯将相、官运如意、官运亨通。

32. 琵琶：风调雨顺、琴谢知音、知音。

33. 蝉：蝉鸣高枝、常赢、一鸣惊人、金蝉脱壳。

34. 睚眦（龙之二子）吐长舌：一言九鼎、一诺千金、君子一言驷马难追。

35. 蛇、兔：蛇盘兔必走富、相辅相生。

36. 貔貅、聚宝盆：招财聚财、善理钱财、只进不出、家有万贯。

37. 貔貅、双足及背上有铜钱：一路有财、辈辈有财。

38. 蝙蝠、貔貅：财运亨通、福到财到、福禄双收。

39. 蝙蝠、葫芦、铜钱：福上加福、双福双寿、福禄尽收。

40. 叶子：金枝玉叶、事业有成、事业兴旺。

41. 蜘蛛、蝎子：多方来财、知足常乐、喜从天降。

42. 两只凤凰、牡丹花：艳压群芳、国色天香、双凤朝阳、花开富贵。

43. 叶子、蝉：一夜成名、一鸣惊人。

44. 钟馗、美女：钟馗嫁妹、喜庆有余、知恩图报。

45. 大小甲壳虫、铜钱：子承父业、富甲一方、富足天下。

46. 白菜：百财、家有百财、百财自来、人才、成才

47. 玫瑰、心：爱到永远、情爱至深、我心永恒。

48. 鬼怪头：红色精灵、保护神。

49. 佛手（水果）：福寿无限、福寿双钱。

50. 蜗牛：安居乐业、心宽体健、稳步高升、背有千金。

51. 两只螃蟹、时来运转：时来运转、财上加财、八方来财。

52. 人参、两只甲壳虫：富甲天下、多彩人生、人生带财。

53. 马、祥云、如意：飞黄腾达、马到成功、天马行空、独往独来。

54. 五毒：百毒不侵、招财辟邪。

55. 苦瓜、灵芝：苦尽甘来、事事顺利、事事如意。

56. 雄鸡、灵芝、人参：功名富贵、人生如意、金榜题名。

57. 两只蝙蝠、两只喜鹊：双喜双福、福至心灵、欢喜无限、喜在枝头、福在眼前。

58. 鹰抓鱼（蛇等）：十拿九稳、手到擒来。

59. 甲壳虫、石榴：财源滚滚、富甲天下。

60. 长者、童子、书：教子有方、苦读成才、望子成龙、书中自有黄金屋。

61. 关公：驱邪招财。挥刀向上，扫天财、天上来财；挥刀向下，扫地财、地上来财。

62. 比干：比干无心、公正刚烈、诚信经营、善理财富。

63. 赵公明：招财进宝、运作市场、市场精英。

64. 范蠡：理财高手、商界奇才、儒商鼻祖、富可敌国。

65. 公鸡、蝙蝠、铜钱：福到眼前、金鸡独立、功名富贵。

66. 鹦鹉、杜丹、枝蔓：男才女貌、门当户对、美满姻缘、守望幸福。

67. 牡丹、蝴蝶：花开富贵、国色天香、富贵有福、福至贵来。

68. 牡丹、喜鹊：国色天香、喜庆满堂、喜报富贵、富丽喜庆。

69. 钟馗、铁链、小鬼：钟馗捉鬼、镇宅驱邪。

70. 达摩：一代宗师、大师泰斗、学富五车、禅悟人生。

71. 拖鞋、鼠：财随我走、脚踏实地、步步发财。

72. 狗、叶子、元宝：旺财、旺福、事业兴旺、财运兴旺。

73. 叶子、蜘蛛、铜钱：网尽财富、喜从天降、双喜临门、一夜致富。

74. 凤凰、牡丹：荣华富贵、尊荣富贵、美丽富贵、好事双收。

75. 足、两只貔貅、元宝：财运跟我走、脚踏万金、一路有财。

76. 桶、金鼠、元宝：一统江山、聚财、一桶富贵、福禄双全。

77. 玉米、铜钱、灵芝：财源滚滚、五谷丰登、财富如意。

78. 葡萄串：硕果累累、财源滚滚。

79. 鹿、灵芝：一路连科、一路如意、一路顺利。

80. 貔貅、时来运转、宝珠：时来运转、财来运转、好运常转。

81. 带翅的龙：飞龙在天、飞黄腾达、飞龙献宝。

82. 飞天（天龙八部神之一）：舞神、欢乐神、乐满天下、福满人间。

83. 大象、如意、铜钱：太平有相、吉祥如意、富贵吉祥。

84. 两只蝴蝶、一串铜钱、荷叶：比翼双飞、福到眼前、和和美美、财富无限。

85. 两只蝴蝶、百合花：喜结良缘、百年好合、双福双喜、蝶恋花。

86. 三只羊、岩石：三阳开泰、万象更新、喜迎新春、福瑞吉祥。

87. 两只貔貅咬铜钱、叶子：咬住商机、把握机遇、大富大贵连环中、招财驱邪一夜富。

88. 算盘、貔貅：盘算天下、胜算在握、神机妙算。

89. 战国时期古钱币：一本万利、世代富贵。

90. 麒麟、玉书：家出贵人、麟吐玉书、博学多才。

91. 青牛：牛气冲天、扭转乾坤。

92. 渔翁、鱼竿、鱼、篓：渔翁得利、聪明之道、意外来财、一网打尽。

93. 大、中、小三只狮子、绣球：太师少师、霸王教子、合家欢乐、万事如意。

94. 喜鹊、獾：欢天喜地、欢欢喜喜。

95. 千手观音：普度众生、有求必应、大慈大悲。

96. 一脚站佛：一步登天、一步来财。

97. 麒麟、铜钱、喜鹊、玉书：麟献万宝、麟吐玉书、喜报状元。

98. 蜜蜂、蜂巢：甜甜蜜蜜、同甘共苦、勤劳致富、同心协力。

99. 猴子、月亮：梦想成真、心想事成。

100. 罗汉、把壶、灌耳：挖耳罗汉、洗耳恭听、虚怀若谷、广纳百家、胸怀天下。

附录三　中国历史朝代简表

朝　代		起　讫	都　城	今　地
神话传说时代		距今3000多年前		
夏		约前2070～前1600	安邑	山西夏县
			阳翟	河南禹县
商		前1600～前1046	亳	河南商丘
			殷	河南安阳
周	西周	前1046～前771	镐京	陕西西安
	东周	前770～前256	洛邑	河南洛阳
	春秋时代	前770～前476		
	战国时代	前475～前221		
秦		前221～前206	咸阳	陕西咸阳
汉	西汉	前206～公元23	长安	陕西西安
	东汉	25～220	洛阳	河南洛阳
三国	魏	220～265	洛阳	河南洛阳
	蜀	221～263	成都	四川成都
	吴	222～280	建业	江苏南京
晋	西晋	265～316	洛阳	河南洛阳
	东晋	317～420	建康	江苏南京
十六国	十六国	304～439	—	—
南北朝	南朝　宋	420～479	建康	江苏南京
	南朝　齐	479～502	建康	江苏南京
	南朝　梁	502～557	建康	江苏南京
	南朝　陈	557～589	建康	江苏南京
	北朝　北魏	386～534	平城	山西大同
			洛阳	河南洛阳
	北朝　东魏	534～550	邺	河北临漳
	北朝　北齐	550～577	邺	河北临漳
	北朝　西魏	535～556	长安	陕西西安
	北朝　北周	557～581	长安	陕西西安
隋		581～618	大兴	陕西西安
唐		618～907	长安	陕西西安

朝代		起讫	都城	今地
五代十国	后梁	907～923	汴	河南开封
	后唐	923～936	洛阳	河南洛阳
	后晋	936～946	汴	河南开封
	后汉	947～950	汴	河南开封
	后周	951～960	汴	河南开封
	十国	902～979	—	—
宋	北宋	960～1127	开封	河南开封
	南宋	1127～1279	临安	浙江杭州
辽		916～1125	皇都	辽宁
			（上京）	巴林右旗
西夏		1038～1227	兴庆府	宁夏银川
金		1115～1234	会宁	阿城（黑龙江）
			中都	北京
			开封	河南开封
元		1271～1368	大都	北京
明		1368～1644	北京	北京
清		1644～1911	北京	北京
中华民国		1912～1949	南京	江苏南京
中华人民共和国1949年10月1日成立，首都北京。				

主要参考书目

[1]　摩　仔：《帕岗地区硬玉矿床地质特征剖析》《摩仔识翠》《翡翠识别标样集》

[2]　欧阳秋眉：《翡翠全集》

[3]　周经伦：《玉石天命》《云南相玉学》

[4]　张竹邦：《翡翠探秘》

[5]　袁心强：《应用翡翠宝石学》

[6]　杨伯达：《杨伯达说翡翠》

[7]　周南泉：《中国玉器鉴赏图典》《王礼器》

[8]　杨德立：《翡翠神韵》《珠宝首饰基础知识与销售技术》

[9]　王国清：《王国清翡翠艺术》

[10]　刘　东：《枕石艺术》

[11]　陈逸民：《红山玉器图鉴》

[12]　陈　莺：《良渚玉器鉴定与珍赏》

[13]　王大鸣：《古玉收藏入门不可不知的金律》

[14]　杜奎生：《中华宝玺探秘》

[15]　许　泳：《玉魂国魄》

[16]　陈才俊：《礼记精粹》（原编：〔西汉〕戴圣；海潮出版社2012年10月版）

[17]　殷　伟：《图说喜文化》

[18]　韩德英：《缅甸经济》

[19]　盖沂昆：《缅甸联邦计划财政部统计年鉴》

[20]　编委会：《腾冲县志》（腾冲县志编纂委员会编；中华书局1995年3月版）

[21]　〔明〕徐宏祖：《徐霞客游记》（时代文艺出版社2001年11月版）

[22]　〔清〕檀　萃：《滇海虞衡志》（宋文熙校注；云南人民出版社1990年12月版）

[23]　〔民国〕章鸿钊：《石雅》（百花文艺出版社2010年1月版）

[24]　〔民国〕尹明德：《云南北界勘察记》（1933年版）

鸣谢！本书的完成得到他们的大力帮助，在此特别鸣谢！

◎ **大量实物和场景拍摄于下列珠宝公司和珠宝店：**

大理滇缅玉石城（秦安）　　丽江滇缅玉石城　　平洲金帕敢玉器行

平洲金帕敢抛光厂　　四会金中宝玉石加工厂　　昆明翠玺珠宝

国家珠宝玉石质量监督检验中心云南实验室　　昆明野人山珠宝

昆明永鑫珠宝　　昆明九天珠宝　　昆明金鼎典当行

昆明翠玺·大美珠宝　　昆明宝立德珠宝店　　平洲滇缅玉石加工厂

平洲心清阁玉雕工作室　　腾冲翡翠博物馆　　大理天盟珠宝

昆明吉宝斋珠宝　　昆明苍丽珠宝　　昆明世纪融通珠宝

昆明美钰珠宝　　瑞丽春玉工作室　　丽江玉翠龙珠宝玉石城

◎ **珠宝界的实业家和朋友们：**

摩伕先生　金悦耕先生　杨杰先生　李水庭先生　施加辛先生

张竹邦先生　吴子如先生　陈和平先生　马佳先生　王惠强先生

卢天佑先生　邢天恩先生　李为先生　李飞先生　胡昆生先生

雷强先生（历史学者）　　杨明月女士（传媒学者）

◎ **我的学生：**

陈　波　杨　阳　周　波　杨荣康　马　骏　黄楠琦